中国建筑电气节能发展报告 2016

中国建筑节能协会建筑电气与智能化节能专业委员会
中国勘察设计协会建筑电气工程设计分会　组编

中国电力出版社
CHINA ELECTRIC POWER PRESS

内 容 提 要

中国建筑节能协会建筑电气与智能化节能专业委员会与中国勘察设计协会建筑电气工程设计分会组织全国建筑电气行业的知名专家学者编写了此书，内容共7章，包括建筑电气节能现状和发展趋势、供配电系统电气节能技术、建筑照明的电气节能技术、建筑智能化节能技术、建筑新能源的电气节能技术、绿色建筑电气节能环保技术和数据中心节能技术。

本书具有较强的权威性、实用性和参考性。适用于建筑行业一线技术人员、相关产业从业人员以及各大高校、设计院研究人员进行智能建筑设计参考。

图书在版编目（CIP）数据

中国建筑电气节能发展报告：2016/中国建筑节能协会建筑电气与智能化节能专业委员会，中国勘察设计协会建筑电气工程设计分会组编．—北京：中国电力出版社，2017.5

ISBN 978-7-5198-0491-6

Ⅰ．①中… Ⅱ．①欧… ②中… ③中… Ⅲ．①房屋建筑设备－电气设备－节能设计－研究报告－中国－2016 Ⅳ．①TU85

中国版本图书馆CIP数据核字（2017）第051974号

出版发行：中国电力出版社
地　　址：北京市东城区北京站西街19号（邮政编码100005）
网　　址：http://www.cepp.sgcc.com.cn
责任编辑：周　娟　杨淑玲
责任校对：马　宁
装帧设计：左　铭
责任印制：单　玲

印　刷：北京九天众诚印刷有限公司
版　次：2017年5月第1版
印　次：2017年5月北京第1次印刷
开　本：787mm×1092mm　16开本
印　张：19.125
字　数：430千字
定　价：88.00元

中国建筑电气节能发展报告 2016

编 委 会

李清文　高级工程师　世荣电子（广州）有限公司　技术总工
孙　靖　博士　施耐德电气建筑能效中心　总监
任国军　高级工程师　大盛微电科技公司技术中心　主任
王陈栋　高级绿色工程师　中国建筑设计院有限公司绿色中心　主任
黄群骥　副研究员　北京科计通电子工程有限公司　总经理
孟焕平　研究员　湖南省建筑设计院　副总工　湖南省设计大师
郝　军　教授级高工　中国城市建设研究院建筑院　总工
黄世泽　博士　同济大学　助理教授
于　娟　亚太建设科技信息研究院有限公司　主任
吕　丽　研究员　亚太建设科技信息研究院有限公司　主编
林承过　教授级高工　厦门合立道工程设计集团有限公司　副总工
张　莹　高级工程师　北京消防局技术处　处长
陈延安　高级工程师　厦门合立道工程设计集团有限公司　副总工
屠旭慰　浙江中凯科技有限公司　副总经理
王柳清　广州世荣电子股份有限公司　首席运营官
王　旭　高级工程师　中国建筑设计院有限公司绿色中心　主任工程师
王辉明　高级工程师　厦门合立道工程设计集团有限公司　副总工
孟庆祝　高级工程师　北京国安电气公司　副总工程师
刘力红　高级工程师　清华大学建筑设计研究院有限公司　电气室主任
卢朝建　工程师　清华大学建筑设计研究院有限公司
王新军　厦门万安智能有限公司设计研究院　总工
回呈宇　高级工程师　北京消防总队顺义支队防火处　处长
董　鹏　施耐德电气绿色建筑及能效应用中心　经理
王　维　施耐德电气建筑智能化及弱电应用中心　经理
王　磊　工程师　北京消防局建审处　副处长
范梦琪　施耐德电气解决方案　架构师
肖昕宇　副编审　中国航天建设集团有限公司情报处　处长
龙海珊　高级工程师　湖南省建筑设计院　所长
汤小亮　工程师　中信建筑设计研究总院有限公司绿色建筑研究中心　副主任
冯晓良　工程师　中信建筑设计研究总院有限公司
陈　实　浙江一舟电子科技股份有限公司　技术副总监
齐　爽　亚太建设科技信息研究院有限公司　运营总监
屠瑜权　浙江中凯科技股份有限公司　董事长
田新疆　浙江中凯科技股份有限公司　总工程师
李华民　浙江中凯科技股份有限公司　副总经理
张　辉　工程师　中国建筑设计院有限公司绿色中心
吴中洋　工程师　中国建筑设计院有限公司绿色中心

王芳芳　工程师　中国建筑设计院有限公司绿色中心
胡思宇　助工　中国建筑设计院有限公司第一工程设计院

审查专家　排名不分先后

李雪佩　高级工程师　中国建筑设计院有限公司　顾问总工
郭晓岩　教授级高工　中国建筑东北设计研究院有限公司　常务副总工　辽宁省设计大师
王　勇　研究员　中国航天建设集团有限公司　电气总工
陈众励　教授级高工　上海现代建筑设计（集团）有限公司　总工
杜毅威　教授级高工　中国建筑西南设计研究院有限公司　副总工
孙成群　教授级高工　北京市建筑设计研究院有限公司　总工、设计总监
陈建飚　教授级高工　广东省建筑设计研究院　总工
徐学民　悉地（北京）国际建筑设计顾问有限公司　副总工
周名嘉　教授级高工　广州市设计院　副总工
李陆峰　教授级高工　中国建筑设计院有限公司智能工程中心　主任
高青峰　中国航空规划设计研究总院有限公司　副总师
赵东亚　中国电子工程设计院　副所长
刘水江　天津市建筑设计院　副总工
张大明　教授级高工　深圳华森建筑与工程设计顾问有限公司　副总经理
汪　明　山东建筑大学
刘银玲　教授级高工　中国建筑标准设计研究院有限公司
魏　东　教授　北京建筑大学电气与信息工程学院　副院长
孙智敏　中海文旅设计研究（大连）股份有限公司　董事长
王　亮　中国中元国际工程有限公司

序

我国城镇居住建筑、农村住宅建筑、公共建筑处于逐年增长趋势，2014 年建筑总面积约 561 亿 m^2，2015 年 580 亿 m^2，2016 年 591 亿 m^2，照此估算到 2020 年建筑面积总量到达 700 亿 m^2 左右，这将导致建筑用电总量也不断增加。随着我国社会经济水平的发展，人们对建筑使用功能与性能的要求也越来越高，建筑能耗占人类活动所需总能耗的比例也越来越高。有资料表明，建筑能耗占总能耗的比例已经达到了 30% 以上。因此，建筑电气节能技术的发展和应用对节能减排具有重要的意义。

为了在中国建筑行业推广电气节能技术，促进行业科技进步，继《中国建筑电气与智能化节能发展报告（2014）》之后，中国建筑节能协会建筑电气与智能化节能专业委员会、中国勘察设计协会建筑电气工程设计分会、中国建设科技集团股份有限公司再次联合，力邀行业内知名专家作为本书编委和审查专家，编写《中国建筑电气节能发展报告 2016》。

本书总结了建筑电气节能现状和发展趋势，以工程实例为依托，理论结合实际，详细介绍了供配电系统、建筑照明系统、建筑智能化系统、建筑新能源、绿色建筑电气节能环保、数据中心等方面了电气节能技术，在本书的最后，对影响中国建筑电气行业品牌评选进行了介绍。

本书内容翔实，重点突出。采用新颖时尚、吸引读者、图文并茂的编写形式，简单扼要、透出要点、实操性强、创新性强，力求做到了发展报告的前瞻性、准确性、指导性和可操作性。适用于一线技术人员、相关产业从业人员以及各大高校、设计院研究人员。

由于本书的编委均是利用业余时间编写的，时间紧工作量大，采用了大量的国内外的节能资料和数据，有的数据和观点不一定准确，希望通过借他山之石，起抛砖引玉之用，为大家提供一点参考，有不妥或不准确之处，敬请大家批评指正。

中国建筑节能协会副会长

中国勘察设计协会建筑电气工程设计分会会长

2017 年 4 月 18 日

目录

CONTENTS

序

第1章　建筑电气节能现状和发展趋势

1.1　建筑电气的能耗现状 1

1.1.1　中国绿色评价标识建筑 1

1.1.2　LEED 认证 5

1.1.3　绿色建筑存在的问题 14

1.2　建筑电气的节能标准 17

1.2.1　节能标准现状和编制规则 17

1.2.2　全国各省市绿色建筑政策汇总 20

1.3　建筑电气的节能措施及节能设计原则 34

1.3.1　绿色建筑设计的原则 34

1.3.2　建筑电气节能技术 35

1.4　建筑电气的发展趋势 41

第2章　供配电系统电气节能技术

2.1　建筑供配电系统概述 43

2.1.1　电源供电 43

2.1.2　发电 43

2.1.3　变电 44

2.1.4　输电 44

2.1.5　配电 44

2.1.6　用电 44

2.2 建筑供配电技术节能的设备现状 45
2.2.1 概述 45
2.2.2 UPS 电源 45
2.2.3 配电变压器 45
2.2.4 铝合金电缆 46
2.2.5 变频器 47
2.2.6 CPS 47
2.3 建筑物电气能耗现状 48
2.3.1 概述 48
2.3.2 气候分区典型城市建筑能耗数据 49
2.3.3 电力能耗分析结论 67
2.4 建筑供配电系统节能标准 67
2.4.1 国际电气节能标准发展概况 67
2.4.2 国内供配电系统节能规范 72
2.4.3 中国建筑电气与智能化节能有待完善和补充的标准规范 75
2.5 建筑供配电系统节能措施 75
2.5.1 节能设计原则 75
2.5.2 供配电系统的节能措施 75
2.5.3 供配电系统的设备节能 79
2.5.4 供配电设备的运行节能 80
2.5.5 供配电系统的管理节能 82
2.6 供配电系统的技术节能应用案例 82

第 3 章 建筑照明的电气节能技术

3.1 建筑照明的能耗现状 85
3.1.1 建筑照明能耗现状 85
3.1.2 建筑照明能耗分析 85
3.2 建筑照明的节能标准 87
3.2.1 公共建筑照明节能标准 88
3.2.2 居住建筑照明节能标准 99
3.2.3 室外照明节能标准 99
3.3 建筑照明的节能措施（含电气照明节能设计原则） 103
3.3.1 合理选择光源（LED 灯代替传统灯） 103
3.3.2 合理选择灯具（LED 灯代替传统的灯具） 105
3.3.3 智能照明控制 109
3.3.4 照明节能设计原则 111

3.3.5 照明节能设计措施........112
3.4 建筑照明的节能典型案例........118
3.4.1 地铁站使用智能照明的优势........118
3.4.2 地铁站特点........118
3.4.3 系统设计的总体思路........119
3.4.4 智能照明控制原则（1-3-6 原则）........119
3.4.5 地铁站智能照明控制系统结构........121

第 4 章 建筑智能化节能技术

4.1 建筑智能化技术现状........122
4.1.1 建筑智能化定义........122
4.1.2 建筑智能化国内外发展现状........123
4.1.3 建筑智能化技术发展趋势........126
4.2 智能建筑智能化技术的标准........127
4.3 建筑智能化技术的节能措施........133
4.3.1 建筑能效水平的定义........133
4.3.2 建筑智能化技术与绿色建筑及能效水平关联度分析........134
4.3.3 建筑智能化综合能效管理平台一体化架构........142
4.3.4 建筑智能化综合能效管理平台软件界面功能架构........144
4.4 建筑智能化的节能典型案例........145
4.4.1 整体改造（相当于新建）建筑智能化节能案例........145
4.4.2 局部改造建筑智能化节能案例........150

第 5 章 建筑新能源的电气节能技术

5.1 建筑新能源的现状........153
5.1.1 太阳能光伏发电........153
5.1.2 太阳能热发电........156
5.1.3 风力发电........158
5.1.4 生物质发电........160
5.2 建筑新能源的标准........162
5.2.1 国际标准........162
5.2.2 国家标准........163
5.2.3 地方标准........167
5.2.4 行业标准........168
5.2.5 相关政策法规........170

5.3 建筑新能源的应用措施 173
5.3.1 太阳能光伏发电 173
5.3.2 太阳能热发电 177
5.3.3 风力发电 178
5.3.4 生物质发电 180
5.4 建筑新能源的典型案例 181
5.4.1 太阳能光伏发电 181
5.4.2 太阳能热发电 188
5.4.3 风力发电 195
5.4.4 生物质发电 201
5.4.5 微电网 204
5.5 充电桩、充电站应用推广及设计 207
5.5.1 发展现状 207
5.5.2 国家政策指导 208
5.5.3 众多标准出台引领技术进步 209
5.5.4 国家投资将大幅增长 209
5.5.5 建设模式细分促进市场多方发展 210
5.5.6 规划及设计的技术要点 211

第6章 绿色建筑电气节能环保技术

6.1 绿色建筑节能环保技术的现状 214
6.1.1 绿色建筑的内涵 214
6.1.2 绿色建筑的发展现状 216
6.1.3 绿色建筑的发展趋势 222
6.2 绿色建筑节能环保技术的标准 224
6.2.1 国际绿色建筑节能环保技术标准 224
6.2.2 中国绿色建筑节能环保技术标准 235
6.3 绿色建筑节能环保技术的措施 242
6.3.1 绿色建筑节能环保设计原则 242
6.3.2 绿色建筑评价标准对电气节能环保设计的要求 244
6.3.3 绿色建筑评价标准中的电气技术措施 246
6.3.4 绿色建筑电气环保措施 251
6.3.5 绿色建筑环境质量监控 251
6.4 绿色建筑节能环保技术的典型案例 252
6.4.1 住宅建筑节能环保技术典型案例 252
6.4.2 办公建筑节能环保技术典型案例 254

6.4.3 博展建筑节能环保技术典型案例 256

第7章 数据中心节能技术

7.1 数据中心节能技术的现状 259
7.1.1 绿色数据中心发展概况 259
7.1.2 数据中心节能现状 262
7.1.3 数据中心节能存在的问题 263
7.2 数据中心节能技术的标准 265
7.2.1 数据中心标准体系 265
7.2.2 数据中心节能标准 267
7.2.3 政府关于数据中心节能的政策 269
7.3 数据中心节能的技术与措施 273
7.3.1 数据中心节能设备 273
7.3.2 数据中心节能技术与设计 276
7.3.3 数据中心节能的运维管理 279
7.4 数据中心节能技术的典型案例 280
7.4.1 小（微）型数据中心的节能案例 280
7.4.2 中型数据中心案例 281

附录1 影响中国建筑电气行业品牌评选 284
附录2 《智能建筑电气技术》杂志与中国智能建筑信息网 289
参考文献 290

第1章 建筑电气节能现状和发展趋势

1.1 建筑电气的能耗现状

推进建筑节能，有利于从根本上促进资源能源节约和合理利用，对缓解资源环境压力、发展循环经济具有重要的现实意义。我国从2005年开始全面推行建筑节能标准以来，在推广建筑节能技术、建立相关标准体系、加强立法方面做了大量工作，建筑节能成效显著，为国家实现节能减排目标做出了重要贡献。但是，目前全国城镇既有建筑中不节能建筑占比依然较高，建筑节能整个体系还不完整，部分城市建筑节能发展缓慢，重建筑节能设计，轻施工、监理、竣工验收环节的管理，建筑节能水平与发达国家相比仍有不小差距等突出问题。截至2015年底，全国共31个省市编制了绿色建筑实施方案，并采取多种类型的强制政策、鼓励政策，部分省份还将发展绿色建筑提升至法律层面。

1.1.1 中国绿色评价标识建筑

绿色建筑指在建筑的全寿命周期内，最大限度地节约资源（节能、节地、节水、节材）、保护环境和减少污染，为人们提供健康、适用和高效的使用空间，与自然和谐共生的建筑。绿色评价标识是指依据相关标准和管理办法，确认绿色建筑登记并进行信息性标识的一种评价活动。

1.1.1.1 全国概况

《绿色建筑评价标准》（GB/T 50387—2006）实施以来，尤其是2008年4月开始实施绿色建筑评价标识制，我国的绿色建筑数量始终保持着强劲的增长态势。截至2016年3月底，全国已有4195个绿色建筑评价标识项目。

1.1.1.2 各地区概况

中国 30 余省市均建有绿色评价标识项目，其中，绿色一星建筑数量为 1704 个，绿色二星建筑数量为 1693 个，绿色三星建筑数量为 782 个，总计 4179 个。其中，江苏、广东、上海、山东、浙江、陕西的绿标建筑居全国前六名，约占全国绿标建筑总数的 53%。表 1-1 为 2008—2016 年各地区绿色评价标识项目数量统计表和图 1-1 所示 2008—2016 年全国主要地区绿色评价标识项目数量。

表 1-1　　2008—2016 年各地区绿色评价标识项目数量统计表

序号	地区	一星	二星	三星	总计
1	江苏	305	378	151	834
2	广东	259	98	83	440
3	陕西	157	45	12	214
4	浙江	83	87	48	218
5	湖北	77	84	18	179
6	河北	71	105	13	189
7	山东	69	181	28	278
8	福建	67	33	10	110
9	湖南	59	30	17	106
10	江西	58	9	7	74
11	吉林	50	35	2	87
12	上海	48	118	119	285
13	天津	42	65	80	187
14	安徽	40	39	13	92
15	河南	38	77	5	120
16	四川	38	12	8	58
17	广西	37	45	11	93
18	山西	32	36	3	71
19	辽宁	29	14	10	53
20	重庆	27	44	9	80
21	贵州	25	26	7	58
22	甘肃	20	13	2	35
23	北京	18	48	83	149
24	黑龙江	18	3	4	25
25	内蒙古	16	13	3	32
26	云南	10	14	16	40
27	宁夏	7	5	2	14

续表

序号	地区	一星	二星	三星	总计
28	新疆	2	11	8	21
29	海南	1	9	10	20
30	青海	1	16	0	17
31	西藏	0	0	0	0
总计		1704	1693	782	4179

注：1. 以一星标识建筑数量由多至少排序。
2. 数据来源于绿色建筑评价标识网。

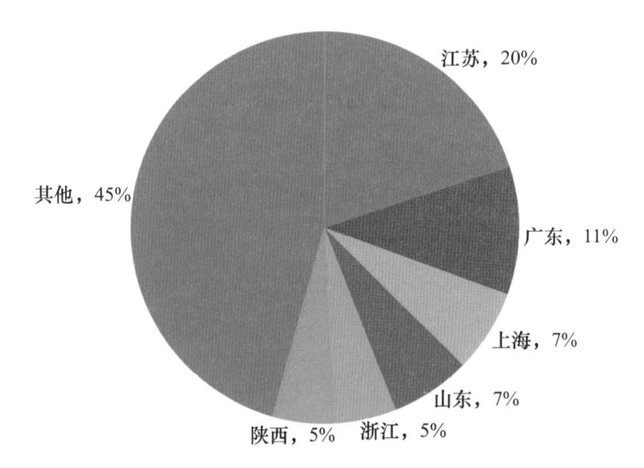

图 1-1　2008—2016 年全国主要地区绿色评价标识项目数量

1.1.1.3　中国公共建筑能耗（电）参考指标值

北京市公共建筑能耗（电）参考指标值及各建筑类型能耗比例见表 1-2 和图 1-2 ~ 图 1-5。

表 1-2　北京市公共建筑能耗（电）参考指标值　单位：kW · h/（m^2 · a）

参考指标 \ 建筑类型		政府办公楼	商业写字楼	酒店	商场
总电耗		78	124	134	240
分项	空调	26	41	59	120
	照明	15	24	18	70
	电器	22	35	15	10
	电梯	3	3	3	15
	给排水泵	1	1	3	0.2
	其他	11	20	36	24.8

注：数据来源于《中国建筑节能年度发展研究报告（2010）》。

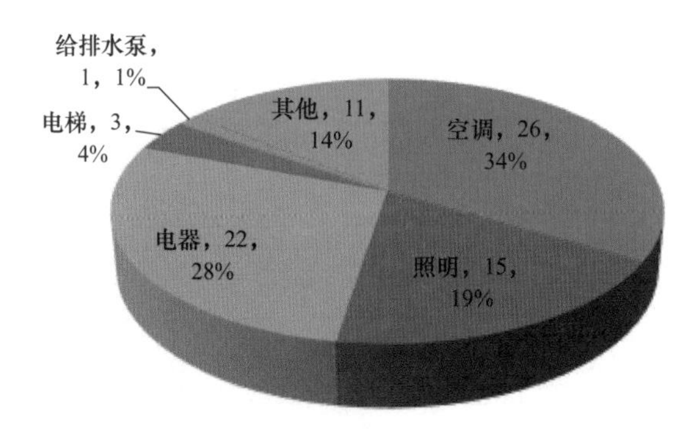

图 1-2　政府办公楼能耗

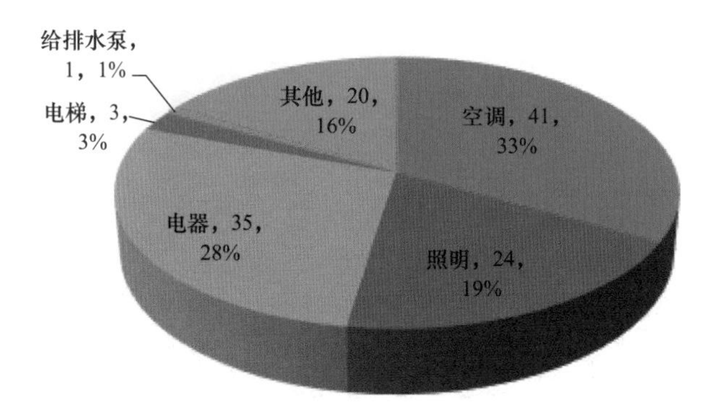

图 1-3　商业写字楼能耗

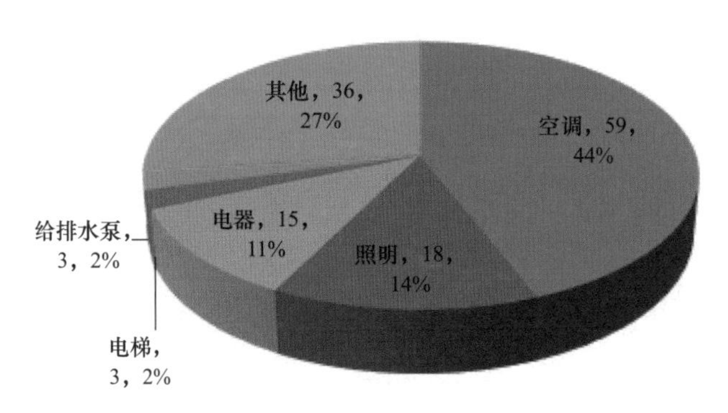

图 1-4　酒店能耗

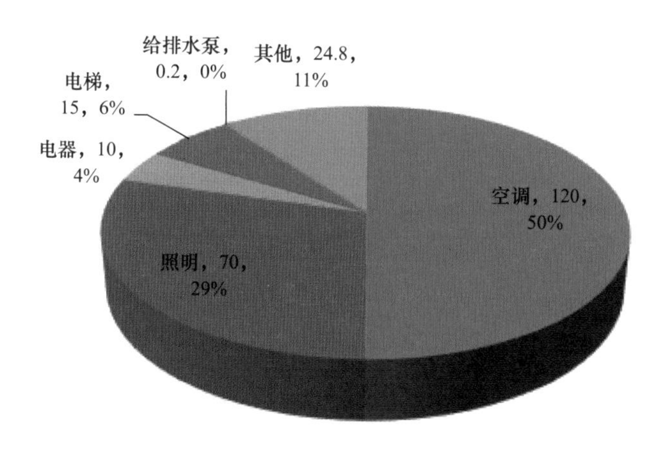

图 1-5　商场能耗

1.1.1.4　北京大型公共建筑能耗（电）参考指标值

北京大型公共建筑能耗参考指标值见表 1-3。

表 1-3　北京大型公共建筑能耗参考指标值

建筑类型			参考指标值 /[kW·h/(m²·a)]
公共建筑[kW·h/(m²·a)]	办公	党政机关	70
		商业办公	80
	酒店	三星级及以下	100
		四星级	120
		五星级	150
	商场	大型百货店	140
		大型购物中心	175
		大型超市	170

注：数据来源于《民用建筑能耗标准》（GB/T 51161—2016）。

1.1.2　LEED 认证

LEED（Leadership in Energy and Environmental Design）是一个评价绿色建筑的工具。宗旨是：在设计中有效地减少环境和住户的负面影响。目的是：规范一个完整、准确的绿色建筑概念，防止建筑的滥绿色化。LEED 由美国绿色建筑协会建立并于 2003 年开始推行，在美国部分州和一些国家已被列为法定强制标准。分四个认证等级：认证级 40 ~ 49；银级 50 ~ 59；金级 60 ~ 79；铂金级 80 以上。

1.1.2.1 全国概况

1. 中国 LEED 项目情况简述

根据 USGBC 官方数据，截至 2016 年 7 月 30 日，中国（含港、澳、台地区）共计有 3154 个项目（含保密项目），如图 1-6 所示。其中有 1115 个获得最终认证，2039 个仍处于认证中。

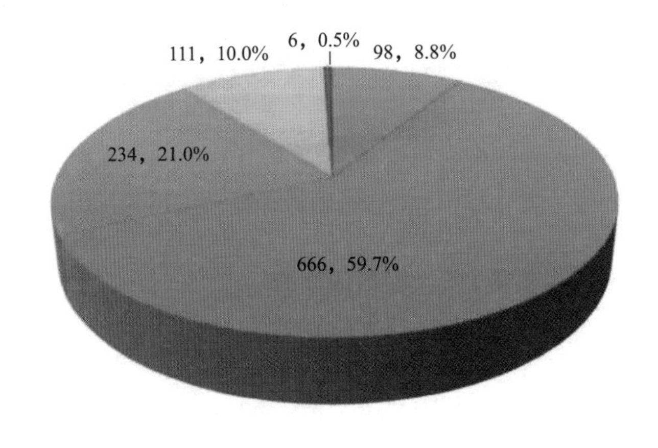

图 1-6 中国（含港、澳、台地区）已获得认证情况（合计：1115 个）

据统计，对于公开项目信息的 2477 个 LEED 项目，排名前 10 的城市集中在北上广深等一线以及部分二线经济发达的城市，占比约 70%，如图 1-7 所示。

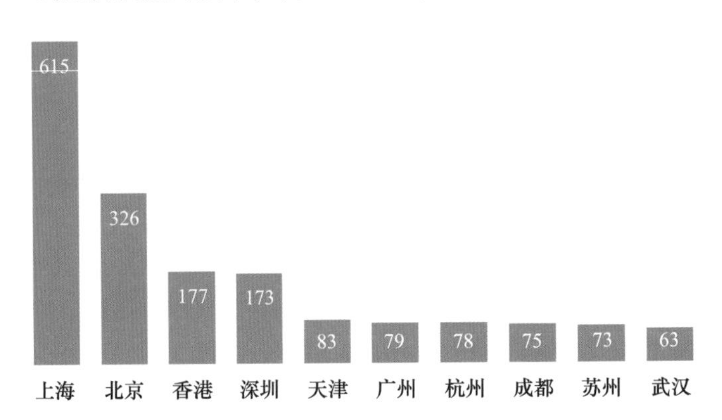

图 1-7 中国（含港、澳、台地区）项目注册量前 10 的城市

同时，已获得最终认证结果且公开项目信息的 985 个 LEED 项目，排名前 10 的城市大致与注册城市相同，如图 1-8 所示。

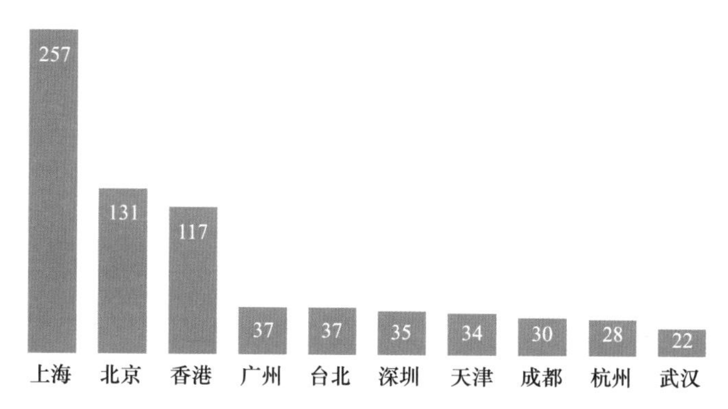

图 1-8 中国（含港、澳、台地区）项目完成量前 10 的城市

2. 中国注册项目走势

中国第一个 LEED 项目于 2001 年在北京注册。此后 2002—2003 年 LEED 项目数量一度为 0，2004—2006 年 LEED 项目数量也仅为个位数。2007 年 LEED 项目终于突破 2 位数。由图 1-9 可以看出，在 2013 年前 LEED 注册项目呈上升趋势，2013 年后注册量开始放缓。不过，需要注意的是，2016 年的 372 个注册项目仅是今年前 7 个月的数据。

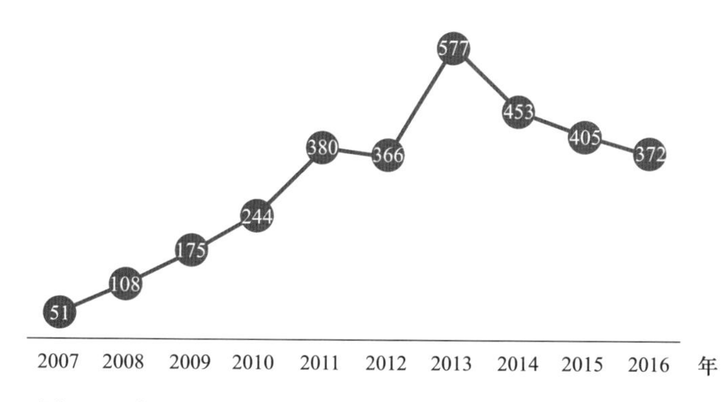

图 1-9 中国（含港、澳、台地区）注册项目量（单位：个）

图 1-10 显示 2016 年前 7 个月中国注册项目的情况。其中 4 月注册量暴增，主要原因是 USGBC 一则关于最低能耗的消息。前 7 个月每月平均注册量约为 53 个项目，相信剩下的 5 个月，注册量会反超 2015 年的 405 个。

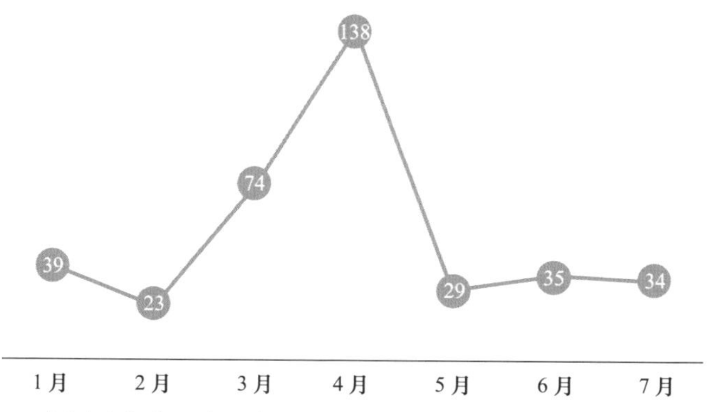

图 1-10 中国（含港、澳、台地区）2016 年前 7 个月注册量（单位：个）

将国内较主流的注册体系（含保密项目）进行了统计，如图 1-11 所示。

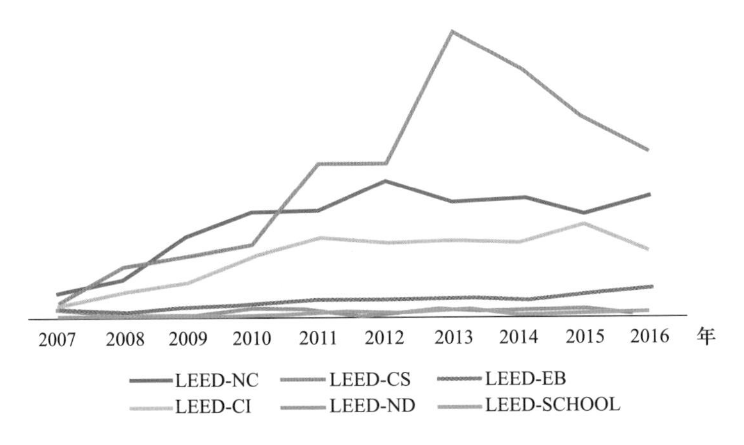

图 1-11　中国（含港、澳、台地区）LEED 各体系注册趋势

2013 年后，LEED-CS 注册量开始下降，这与 LEED-CS 主力军的商业地产市场开始下滑有着不可分割的关系，如图 1-12 所示。

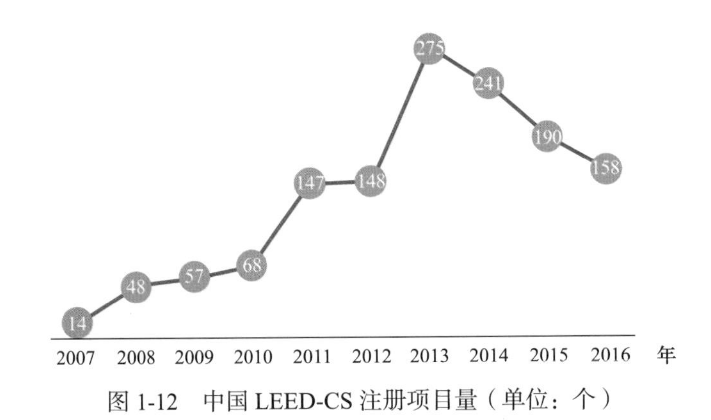

图 1-12　中国 LEED-CS 注册项目量（单位：个）

而 LEED-NC 体系的注册则呈平稳上升的趋势。申请该体系的大多为厂房、展示中心、业主自己运营的总部大楼等项目。可见自持的项目并未受到太大的负面影响，如图 1-13 所示。

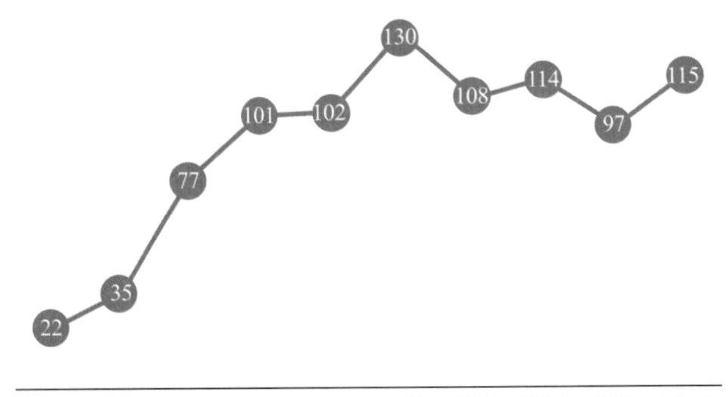

图 1-13　中国 LEED-NC 注册项目量（单位：个）

受国家及各地政策的影响，业主和物业对大楼的运营水平也越来越关注，因此 LEED-EB 呈平稳上升的趋势就不足为奇，如图 1-14 所示。

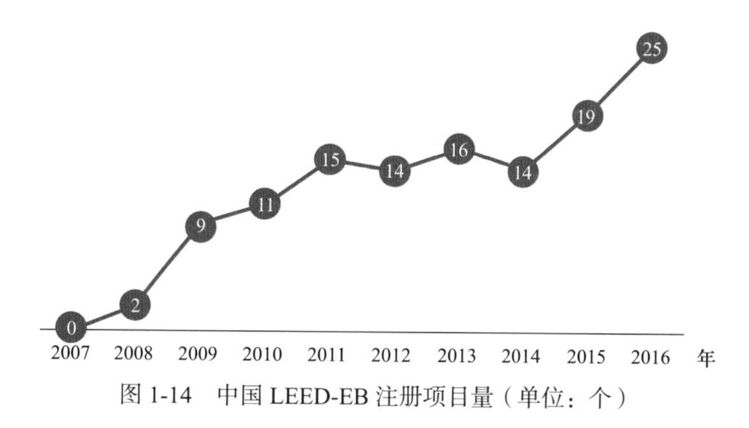

图 1-14　中国 LEED-EB 注册项目量（单位：个）

申请 LEED-CI 认证的大多为企业自发行为，受市场影响较小。因此注册量比较平稳，如图 1-15 所示。

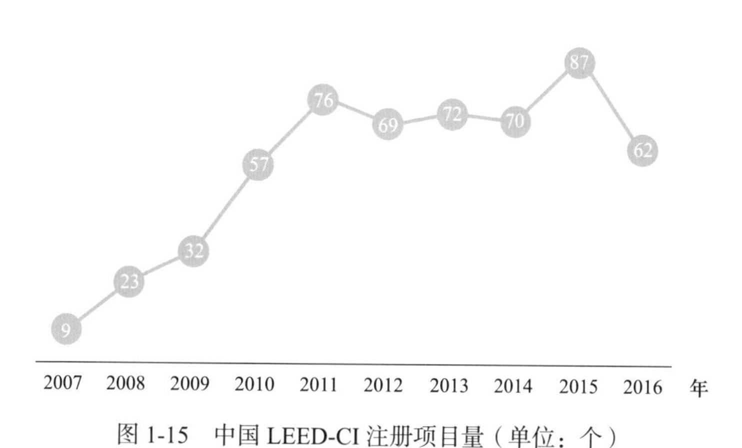

图 1-15　中国 LEED-CI 注册项目量（单位：个）

LEED-ND 和 LEED-SCHOOL 分别因体系和功能比较特殊，在国内的项目量并不多。整体波动较小，如图 1-16 和图 1-17 所示。

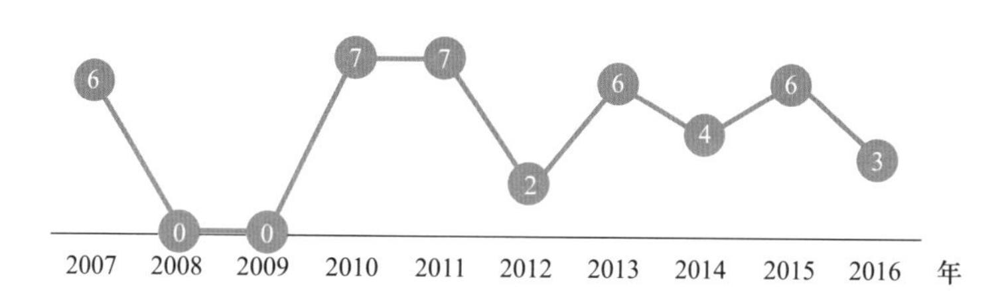

图 1-16　中国 LEED-ND 注册项目量（单位：个）

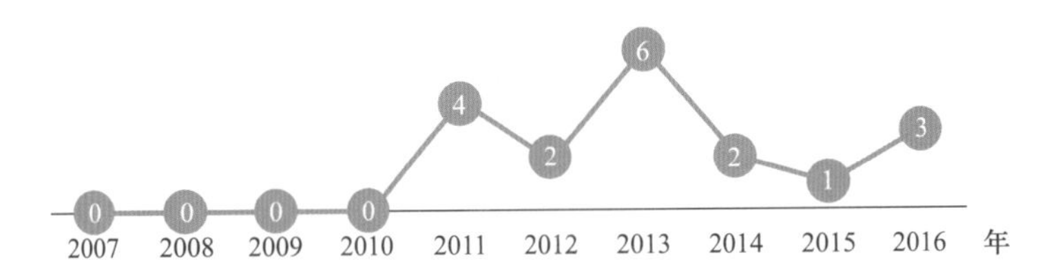

图 1-17　中国 LEED-SCHOOL 注册项目量（单位：个）

3. 小结

综合上述各组数据，预计 2016 下半年的 LEED 市场仍保持较好的增长。随着项目各参与方对绿建的了解逐渐深入，业主对绿建认证的认识也越来越理性。

1.1.2.2　中国注册项目数量和分体系数量（CS\NC\EB\CI\ND\SCOOL\HOME）按年累计的曲线（含保密项目）

1. 中国注册项目数量（图 1-18 和图 1-19）

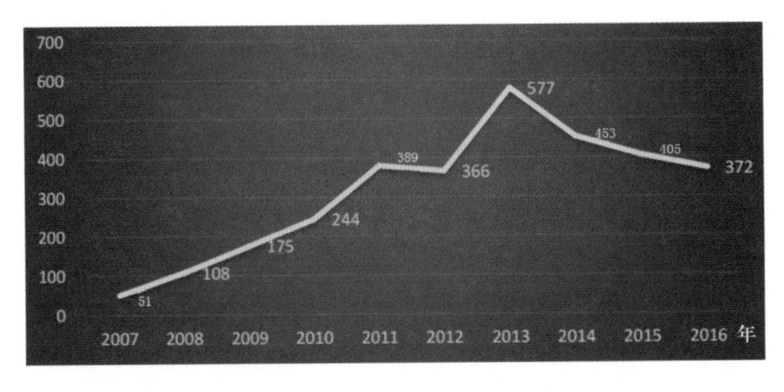

图 1-18　中国（含港、澳、台地区）注册项目量（单位：个）

（注：时间范围为 2007.1.1—2016.7.30）

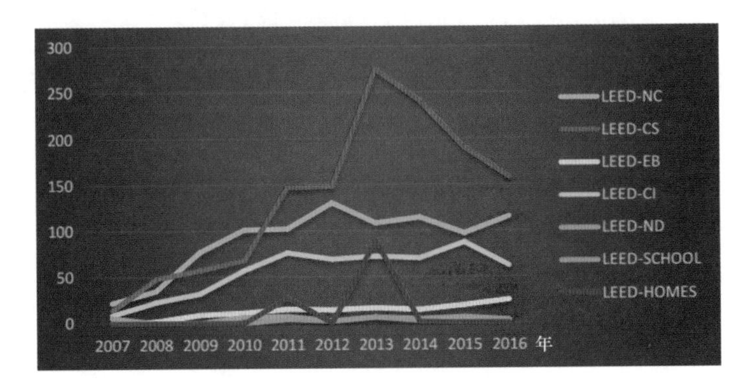

图 1-19　中国（含港、澳、台地区）注册项目量（单位：个）

（注：时间范围为 2007.1.1—2016.7.30）

2. 中国 LEED-CS 各版项目注册数量（图 1-20）

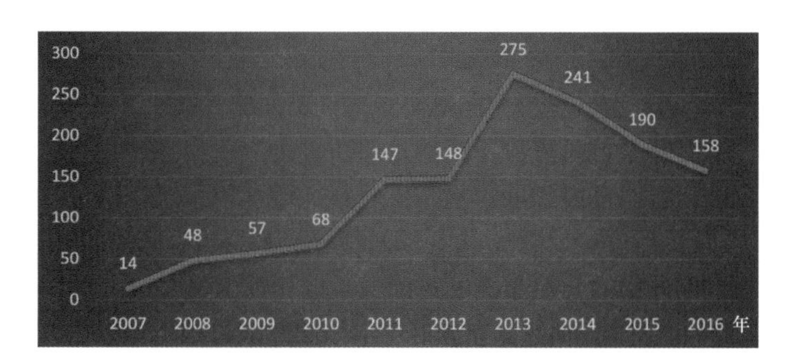

图 1-20　中国 LEED-CS 注册项目量（单位：个）

（注：时间范围为 2007.1.1—2016.7.30）

3. 中国 LEED-NC（图 1-21）

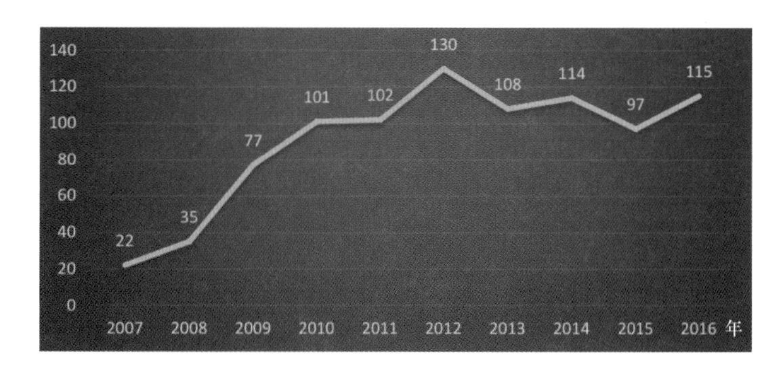

图 1-21　中国 LEED-NC 注册项目量（单位：个）

（注：时间范围为 2007.1.1—2016.7.30）

4. 中国 LEED-EB（图 1-22）

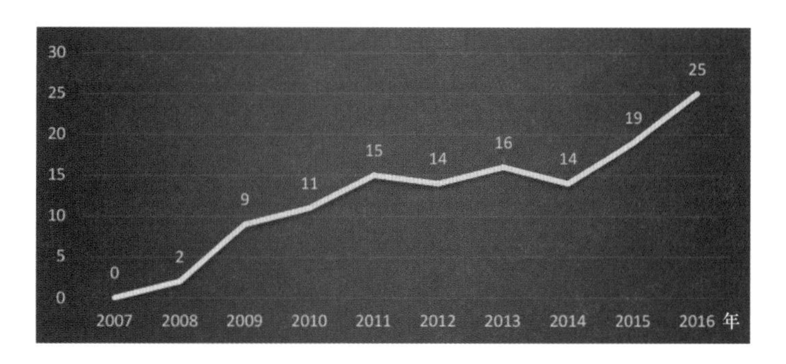

图 1-22　中国 LEED-EB 注册项目量（单位：个）

（注：时间范围为 2007.1.1—2016.7.30）

5. 中国 LEED-CI（图 1-23）

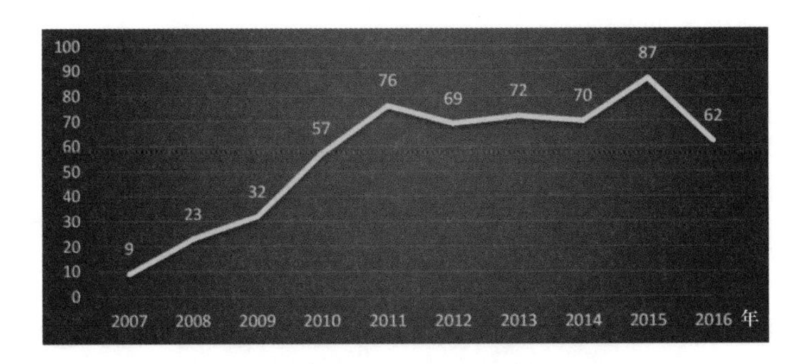

图 1-23　中国 LEED-CI 注册项目量（单位：个）

（注：时间范围为 2007.1.1—2016.7.30）

6. 中国 LEED-ND（图 1-24）

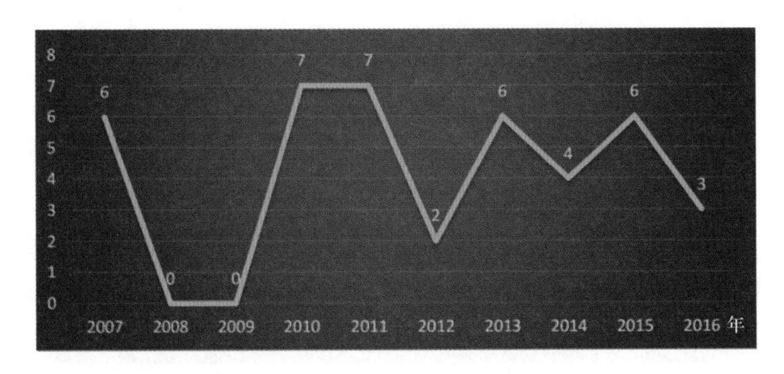

图 1-24　中国 LEED-ND 注册项目量（单位：个）

（注：时间范围为 2007.1.1—2016.7.30）

7. 中国 LEED-SCHOOL（图 1-25）

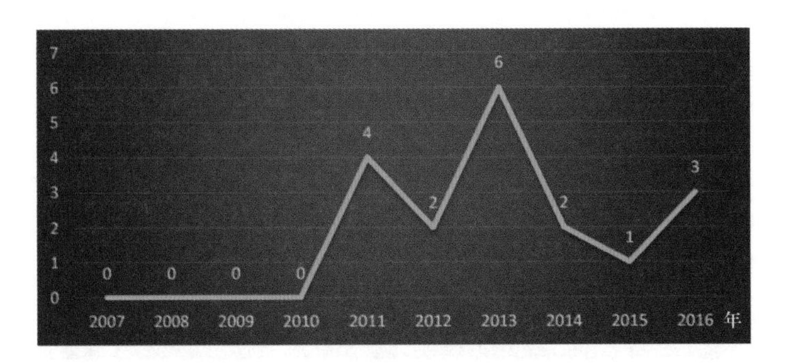

图 1-25　中国 LEED-SCHOOL 注册项目量（单位：个）

（注：时间范围为 2007.1.1—2016.7.30）

8. 中国 LEED-HOMES（图 1-26）

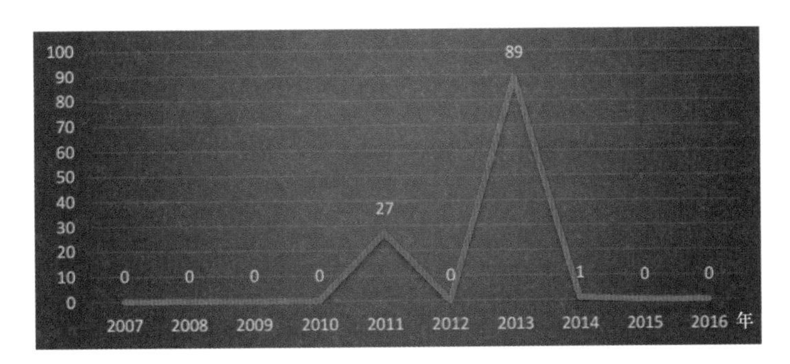

图 1-26　中国 LEED-HOMES 注册项目量（单位：个）
（注：时间范围为 2007.1.1—2016.7.30）

1.1.2.3　中国按照省份的注册和完成数量分布图（仅统计公开项目）

中国（含港、澳、台地区）项目注册量、完成量前 10 的地区和省份如图 1-27 和图 1-28 所示。

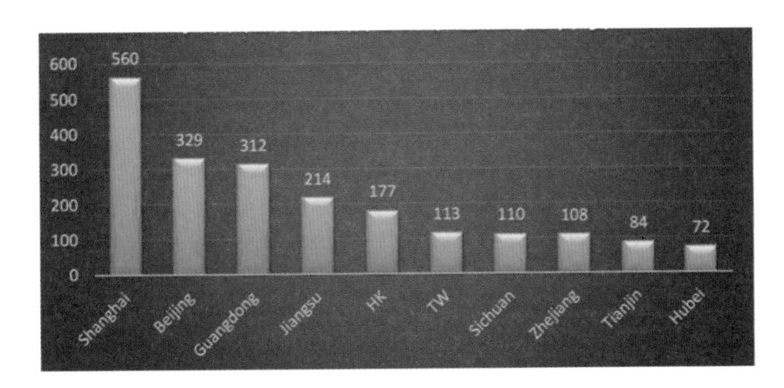

图 1-27　中国（含港、澳、台地区）项目注册量前 10 的地区及省份
（注：时间范围为 2007.1.1—2016.7.30）

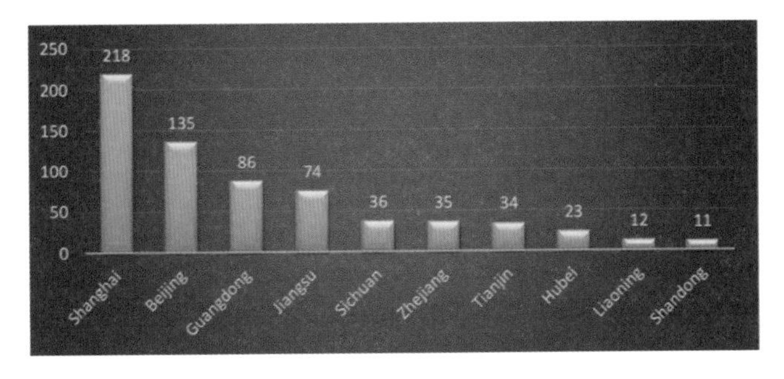

图 1-28　中国（含港、澳、台地区）项目完成量前 10 的地区及省份
（注：时间范围为 2007.1.1—2016.7.30）

1.1.2.4 中国已完成认证的项目的总数量和分级别数量（认证、银级、金级、铂金级各多少）（含保密项目）

中国（含港、澳、台地区）已获得认证情况如图 1-29 所示。

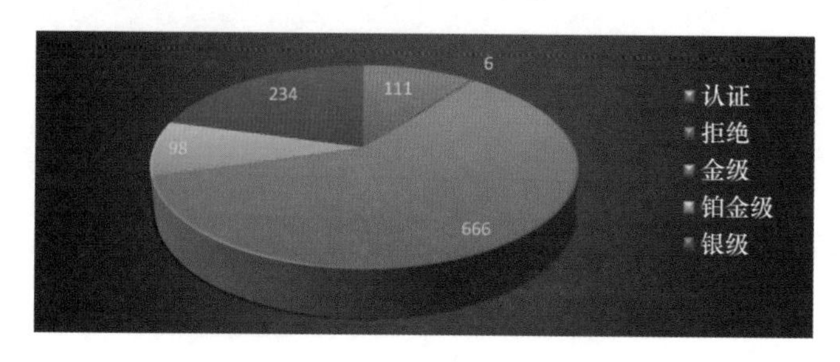

图 1-29 中国（含港、澳、台地区）已获得认证情况（合计：1115 个）

（注：时间范围为 2007.1.1—2016.7.30）

1.1.3 绿色建筑存在的问题

我国绿色建筑在政策的推动以及补贴激励机制的刺激下，各地方行政主管部门已经把绿色建筑建设和评价作为一项政绩工程在落实。但整体来看，还是存在很多不平衡的问题。尤其在绿色建筑的认知、政策和激励机制、城乡发展模式、建筑设计与施工工艺、绿色建材与新技术的应用、品质与效率、管理与运营等多个方面还是许多可提升的空间。

1.1.3.1 绿色建筑发展存在的问题

绿色建筑的发展中，主要在四大层面存在问题，如图 1-30 所示。

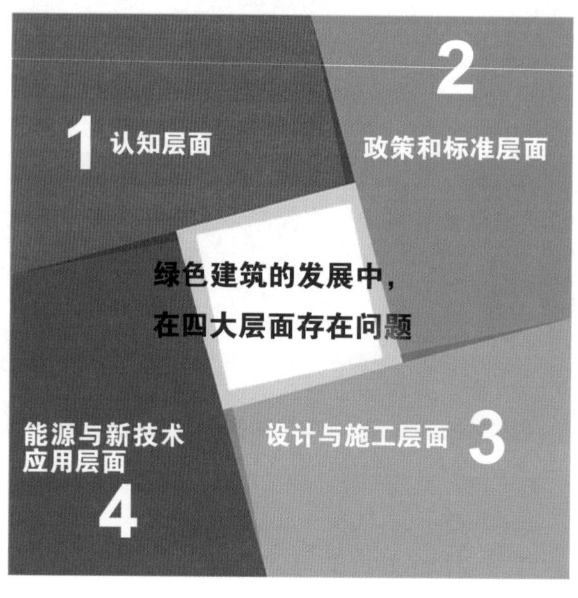

图 1-30 绿色建筑发展中存在问题的四大层面

1. 绿色建筑的认知层面

当下众多人群包括相关从业者，对于节能建筑、智能建筑、生态建筑、绿色建筑之间的区别，还存在概念上的误区。绿色建筑整合了节能建筑、智能建筑、生态建筑等方面的优点和优势，并展开研究维度，辐射至建筑生命全过程，同时加入了建筑周期能耗分析和管控、建筑运营和管理，资源再生与循环利用等诸多领域的研究和评价。整体上来讲，绿色建筑就是节能建筑、智能建筑、生态建筑等业态的高度融合。

另外，绿色建筑并不意味着高成本、高房价，据测算绿色建筑的建设增量成本大约为 100 ~ 400 元 /m^2，但从建筑全生命周期来计算，绿色建筑总成本会低于普通建筑，这主要体现在建筑后期的使用、管理、维护成本等方面的差别。而且从综合生态效益来看，绿色建筑的性价比会更高。

2. 绿色建筑政策和标准层面

虽然我国已经颁布多项绿色建筑发展的规划和标准，但就具体实施细则上，和相关建筑单元的衔接、应用方面，还有待进一步完善。现在的绿色建筑大多是“建设层面”的执行，属于建成评价机制，达到对应的评级，便可获得一定额度的政府补贴。绿色建筑真正意义上的普及和推广需要“运营层面”的推广，这需要政策强制性的干预、建设标准的完善、甲方和业主的意识提高、全民认知上的接受等多方面的成熟。

3. 绿色设计与施工层面

设计和施工是项目实施阶段最重要的两个环节，绿色建筑指标要顺利实施，必须严格抓好项目的设计与施工。很多设计人员在设计前没有亲身对现场进行全方位的了解，很多建筑设计方案由于对室内的布置考虑不足，影响了采光、通风等基本效能。或者一味通过增加投入使用高档材料、高端设备硬性达到相关绿色星级指标，没有考虑在基本外形与结构设计中，将绿色设计理念提前融入，用最低的造价达到最大的效果。在施工阶段，必须秉承绿色施工的理念。很多施工企业对绿色施工的概念一知半解或者单纯应付检查验收，施工现场管理层对施工现场布置、现场环境保护、废弃物处理不予重视，把绿色施工变成了应付检查，如此管理和施工团队是很难保证绿色建筑项目的顺利建设。

4. 绿色能源与新技术应用层面

我国是以煤炭为主的能源结构，在相关绿色能源如太阳能、风能、地热上，和相对发达国家相比，我国城市建筑上利用率不高。其次，我国绿色建筑方面的技术创新少，具有自主知识产权的绿色建筑相关技术开发进程较慢。我国针对绿色建筑的关键技术、产品、软件以及设备的自主研发都比较迟缓。应加大科技投入，加快绿色建筑的基础性和共性技术的研究开发与产业化进程。

1.1.3.2 绿色建筑设计存在的问题

绿色建筑设计中存在的五大问题，如图 1-31 所示。

图 1-31　绿色建筑设计中存在的五大问题

我国绿色建筑设计还是一个成长期和发展期的阶段，众多业主和从业者对于绿色建筑的概念、标准、技术应用等方面还欠缺深入的了解和认识，需要在具体项目和实践中不断积累经验，形成系统化且更加合理的整体建筑解决方案。

1. 强调概念而忽略细节

在建筑设计中存在着“重概念，轻细节”的现象，很多设计师了解节能环保的概念，但是不知从何处入手解决具体的问题，这其中有以下几方面原因。首先，我国对绿色建筑的研究目前尚处于初级阶段，未形成一整套完整的知识体系和学科体系，缺乏对绿色建筑的理论指导及实施细则。其次，绿色环保的技术研发相对滞后，绿色产品推广不够，导致应用技术层面的断层。再者，缺乏相关学科评价计算的方法和软件，许多问题缺乏量化指标和检测手段，导致对很多问题只能凭经验和直观感觉，而缺乏科学依据。另外，目前我国绿色建筑评价所需基础数据较为缺乏，使得定量评价的标准难以科学地确定。有些评价手段沿用或借用了国外的方法，对本土问题的适应性有待观察和检验。同时，这些技术往往掌握在国外机构手中，形成技术壁垒，影响了绿色建筑设计的推广和发展。

2. 过度追求短期利益

大多城市在片面追求高速发展的模式下，一些隐形的基础设施却不受重视。在城市规划及建筑设计中，应把生态环境摆在重要的位置，以可持续发展的视角看待基础设施。

3. 建筑的实用性和功能性缺乏

城市规划建筑设计过于注重形象，形成了一种把城市重要功能集中于一处的博览会式规划的模式。这样高成本、高能耗的建筑，在使用过程中过分依赖人工照明、空调和机械通风，其结果是采用尽量减少使用的方法来降低运行成本，造成场馆闲置或运营成本巨大，这些都不符合绿色建筑的原则。城市规划应该考虑城市的均衡发展和资源合理配置，过于集中的城市资源会造成大量人流聚集，给城市交通带来压力，使环境质量降低。

4. 环保材料和技术的不合理应用

现在很多业主对于绿色建筑，过分强调高科技特色，堆砌环保技术，因而抬高了建筑造价，增加综合运营成本。很多建筑师几乎完全抛弃了我国传统建筑的绿色设计成分，认为国外的最新技术才是最环保的，从而盲目引用外来技术，导致建设成本的提高。

5. 重商业环境而轻生态环境

城市规划通常从土地及空间资源配置考虑，注重城市功能及交通，这种规划大多以人的需求为核心，具有一定的片面性，较难形成良好的城市生态环境。有些设计过程，将环境地形当作平地、空地考虑，使其失去了原有的生态与特色，造成城市面貌雷同的现象，这样的破坏性建设，不为绿色建筑所倡导。

1.2 建筑电气的节能标准

建筑电气节能标准规范的编制为节能设计，提供了依据和指导，发挥了很大作用，是设计合理化的前提，是设计的法规和准绳。本节主要介绍了国外11项建筑电气设计节能标准及不同国家之间标准的异同，国内34项节能标准及有待完善、不足之处，并对我国各省市绿色建筑政策进行了全面介绍。

1.2.1 节能标准现状和编制规则

目前，国外主流的建筑电气节能标准主要有欧盟、德国、英国、日本的11项节能标准，标准管理部门、编写修订情况、采纳及执行情况、建筑类型标准细划、节能目标设定、覆盖范围、节能目标计算方法、节能性能判定方法方面存在差异；国内常用的建筑电气节能标准有34项，不同规范之间存在内容交叉、要求不同、深度不一等问题，有待完善。

1.2.1.1 国际上建筑电气节能标准现状

1. 当前国外建筑电气节能行业常用的标准（表1-4）

表1-4　国外主要建筑电气节能标准（欧盟、德国、英国、美国、日本）

国家或地区	标准	解释
欧盟	EPBD 2002 和 EPBD 2010	欧洲议会和理事会指令
	prEN	由欧洲标准化委员会（CEN）开发
德国	《建筑节能条例》（EnEV）	德国政府颁布的关于节能保温和设备技术的规定
	工业标准 DIN	
英国	《建筑节能条例》	简称 Building Regulation PART L
	《暖通空调条例细则》、SAP（Standard Procedure Assessment）、SBEM（Simplified Building Energy Model）、DSM（Dynamic Simulation Method）	

续表

国家或地区	标准	解释
美国	ASHRAE 90.1	由美国暖通空调制冷工程师学会管理发布，标准应用范围包含新建筑、既有建筑扩建改建，分供暖、通风和空调、生活热水、动力、照明及其他设备五个部分来规范建筑电气及智能化节能
	IECC	由美国国际规范委员会 ICC（International Code Council）管理发布，是能源部主推的居住建筑节能标准
日本	《公共建筑节能设计标准》（CCREUB, The Criteria for Clients on the Rationalization of Energy Use for Buildings）	主要基于围护结构性能系数（PLA）和建筑设备综合能耗系数（CEC）两个指标对公共建筑的节能性能进行了规定
	《居住建筑节能设计标准》（CCREUH, Criteria for Clients on the Rationalization of Energy Use for Homes）	CCREUH 给出了居住建筑节能设计的各个指标的限值，包括不同气候分区年冷热负荷指标，热损失系数指标及夏季得热系数指标的限值，并详细讲述了以上指标的算法
	《居住建筑节能设计与施工导则》(DCGREUH, Design and Construction Guidelines on the Rationalization of Energy Use for Houses）	DCGREUH 是对 CCREUH 内容上的补充和细化

2. 各国建筑电气节能标准的异同

由于热工性能指标、能耗指标、节能措施等指标的不同，全球建筑节能标准在内容和形式方面都存在很大差异（表 1-5）。

表 1-5　不同国家节能标准的差异（美国、英国、德国、日本）

节能标准	美国	英国	德国	日本
标准管理部门	由科研院所和行业协会组织科研院所、高等院校、设计单位、政府管理人员、建筑建造运行人员、建筑设备生产商和相关组织等所有利益相关方共同参与编写和修订			
编写修订情况	随时颁布“修订补充材料”，到 3 年一次的大修时间，统一出版最新标准	每四年修订一次	修订周期较短，一般 2 ~ 3 年一次	建筑节能标准周期不定，自 1999 年修订后至今未做修订
采纳及执行情况	需要地方政府通过立法或相关行政手续进行采纳，然后再执行，通常这一周期需要 2 年或更长时间	强制执行且由政府规定强制执行时间	EnEV 标准是强制执行的最低标准，要求颁布之后 6 个月开始实施	对建筑节能标准则是自愿执行

续表

节能标准	美国	英国	德国	日本
建筑类型标准细划	将居住建筑和公共建筑各一个标准，气候区划分相同，覆盖全国	将建筑类型分为PART L 1A新建居住建筑、PART L 1B既有居住建筑、PART L 2A新建公共建筑及PART L 2B既有公共建筑四类	将新建建筑细分为居住建筑和公共建筑，将既有建筑按不同室温要求进行细划	将建筑分为居住建筑和公共建筑两部分
节能目标设定	节能目标由DOE进行设定，如要求《ASHRAE 90.1—2010》比2004版节能30%；《ASHRAE 90.1—2013》比2004版节能30%；《IECC 2012》比2006版节能30%；《IECC 2015》比2006版节能50%	要求2010版建筑条例比2006版节能25%，比2002版节能40%；2013版建筑条例比2006版节能44%，比2002版节能55%，2016年实现新建居住建筑零碳排放，2019年实现新建公共建筑零碳排放	从1977版标准年供暖能耗指标限制200kW·h/m² 逐步降为现在的50kW·h/m²，未来准备进一步下降至1550kW·h/m² 以内	无确切目标，但对各个版本对比分析可知：现行1999年公共建筑比1980年以前建筑节能标准比1980年前建筑节能约61%
覆盖范围	ASHARE90.1包含暖通空调系统、热水供给及水泵、照明，IECC包含暖通空调系统、热水供给及水泵、照明	建筑管理条例包含暖通空调系统、热水供给及水泵、照明、电力、可再生能源	EnEV包含暖通空调系统、热水供给及水泵、电力、可再生能源	CCREUB包含暖通空调系统、热水供给及水泵、照明、电力、可再生能源，DCGREUH（1999）包含暖通空调系统、热水供给及水泵、电力，CCREUH（1999）包含暖通空调系统、电力
节能目标计算方法	通过对15个气候区各16个基础建筑模型，对前后两个版本进行480次计算，再根据不同类型建筑面积进行加权，得出是否满足节能目标	根据碳排放目标限值来计算，如2010版建筑碳排放目前限值是在2006版同类型建筑碳排放目标限值基础上直接乘以1与预期节能率的差值	以供暖能耗限值为节能目标，不同版本EnEV不断更新对供暖能耗限值的要求	基准值的计算以典型的样板住户为对象进行，计算方法由下属于国土交通省的下部专家委员会讨论决定，解读和资料在网站上公开
节能性能判定方法	采用规定性方法+权衡判断法+能源账单法	采用规定性方法+整体能效法	采用规定性方法+参考建筑法	采用规定性方法+具体行动措施

1.2.1.2 中国建筑电气节能标准现状

1. 中国建筑电气标准规范

建筑节能标准体系为2009年新增加的“主题”标准体系，服务于“节能”主题工作，涵盖了建筑节能的各方面，其具体内容详见第六章相关部分。

2. 中国建筑电气与智能化节能有待完善和补充的标准规范

中国建筑电气节能发展离不开统一、完善的标准规范。由于建筑电气节能涉及多种学科和专业，各个专业又包含多项具体技术，另外，行业管理涉及部门广泛，因此在标准编制中存在内容交叉、要求不同、深度不一等问题。因此，特别需要统一协调各个管理部门和标准发布部门，统筹规划和分工。

目前，从事建筑电气节能行业人员的执业资格主要分为注册电气工程师和注册建造师两种。然而，现行“注册电气工程师”“注册建造师”的执业条件设置与建筑电气节能的实际需求不尽吻合。建筑电气节能的从业人员为了考注册进行培训，但对从业素质的提高，未能产生预期成效。因此，需要尽快编制一套符合建筑电气节能行业实际需求的执业资格标准，用以执业资格培训和考核。

建筑电气节能工程中，设备维护是十分关键的一环。目前，一些建筑物中智能化系统功能存在的问题，主要就是系统维护的缺失和不规范，解决这一问题需要制定相关标准。

1.2.2 全国各省市绿色建筑政策汇总

2016 年 2 月初，国家发展改革委和住房城乡建设部两部委联合印发的《城市适应气候变化行动方案》（简称“方案”）指出：“提高城市建筑适应气候变化能力，积极发展被动式超低能耗绿色建筑”。发改委就《方案》表示，到 2020 年，我国将建设 30 个适应气候变化试点城市，典型城市适应气候变化治理水平显著提高，绿色建筑推广比例达到 50%。这意味着，绿色建筑等环保产业将进入新一轮政策期。

1.2.2.1 绿色建筑发展概况

近年来，我国中央政府及省市地方政府陆续出台了绿色建筑的发展政策，促进了我国建筑行业绿色发展和城市住区环境的改良。特别是在我国新区、新城和中心城区的建设，成为重要的建筑形式。“建筑节能—绿色建筑—绿色住区—绿色生态城区”的空间规模化聚落正在逐步形成。

2013 年绿色建筑标识前十名的地区为山东、广东、天津、河北、江苏、河南、上海、湖北、陕西、安徽，其中河北、河南、湖北、陕西、安徽这五个省，增速最快。2014 年上海市依靠建筑节能的政策、标准、技术、管理、目标考核五大体系，以制度和科技不断创新，绿色建筑和建筑节能推进实现了由单体建筑向区域整体的延伸，由建筑节能建设管理向建筑节能服务产业的延伸。

目前，现有建筑 95% 以上仍是高能耗建筑，若不采取节能措施，2020 年我国建筑耗能将达到 50%。在此背景下，我国提出了到“十二五”末，新建绿色建筑 10 亿 m^2 的总体目标，绿色建筑将占到新建建筑的 20%（每年需发展 4 亿 m^2）。各省级地方政府根据（国办发〔2013〕1 号）要求，制定了本地区的绿色建筑实施意见、规划或行动方案，明确了到“十二五”末，所在地区的绿色建筑发展，在新建建筑中的发展比例或绿色建筑目标总量，如江苏和北京等分别提出建设 1 亿 m^2 和 600 万 m^2 绿色建筑。

2016年，是“十三五”开局之年，对于推动我国绿色建筑事业的发展具有关键作用，从政策顶层设计以伞形结构向下展开的角度出发，应当自下而上，对省级地方绿色建筑发展总量和激励政策进行总体把握，研究不同地区在绿色建筑激励政策的特征、量化设计，解析政策起作用的路径与可能的成效，对于地区之间绿色建筑激励政策量化借鉴和协调均衡我国绿色建筑总体发展格局具有参考价值。

1.2.2.2 国内外绿色建筑激励政策研究进展

（1）应该强化激励政策的可执行性或落地性。

（2）我国的激励政策体系有待健全。

在中央政府建筑节能和绿色建筑总体政策的架构下，科学推进省级地方政府的绿色建筑政策扶持体系，可有效推动地方绿色建筑事业的发展。中国绿色建筑激励政策研究可以考虑借鉴欧盟建筑节能政策和加拿大多伦多绿色建筑政策。在绿色建筑激励政策方面，应加强积累地方绿色建筑实践层面的政策经验。坚持发展性、公平性、可操作性、超前性和稳定性五大原则，提出进一步完善政策和提升政策效果的建议。

1.2.2.3 省级地方政府绿色建筑激励政策总体特征

按照2013年国办1号文件的要求，各省政府基本明确了将绿色建筑指标和标准作为约束性条件纳入总体规划、控制性详细规划、修建性详细规划和专项规划，并落实到具体项目。在国有土地使用权依法出让转让时，要求规划部门提出绿色建筑比例等相关绿色发展指标和明确执行的绿色建筑标准要求。鉴于激励政策分析的经济适应性和地区间的可借鉴性，本章根据不同省份的经济水平，参照国家统计局的标准进行划分，通过分析我国近25个省和直辖市的绿色建筑实施意见、规划和行动方案，归纳了省级地方在绿色建筑推广方面采取的政策情况。

在绿色建筑激励方面，激励政策主要包括土地转让、土地规划、财政补贴、税收、信贷、容积率、城市配套费、审批、评奖、企业资质、科研、消费引导和其他，约13类。不同省和直辖市颁布的激励政策总类型数和直接可执行的政策数量如图1-28所示，其中直接可执行的如星级绿色建筑补助额度和城市配套费返还的量化值。八大地区所包括的省份均发布了相关的激励政策，吉林、广西、安徽和贵州的激励政策类型最多（8～9项），全国政策激励平均为6项，地区间激励政策数量平均依次是长江中游、东部沿海、西南地区、南部沿海、黄河中游、北部沿海和大西北（其实东北地区仅一个样本，不考虑计入比较）。从政策的可执行数量和在总政策的占比来看，全国平均约为2～3项（占激励政策总量的37.1%），地区之间相对均衡，政策平均数在1～3项之间，个别省份如安徽和贵州超过平均水平，部分省份暂无直接可执行的激励政策（如河北和新疆）。

不同激励政策主要是针对企业、科研、公众和一些其他对象。在政策使用比例方面，仅财政补贴政策超过50%，其次为容积率、土地转让、税收和评奖等。采用激励政策的同时，应评价该政策是否具有可操作性，如在财政补贴方面，是否有明确的资助额度；在信贷方面，是否有准确的利率优惠；在项目评审方面，是否有确定的优先渠道等。根据该统计方法，对调研的25个省和直辖市采纳的激励政策进行分析，计算其中可执行的比例。由表1-6可以看出，评奖、土地规划、项目审批三项的比例超过了80%，其他可执行的激励政策比例均在50%以下，企业资质和财政补贴介于40%~50%之间。将以上两方面复合来考虑，即落地政策在调研省份中的应用比例，评价最高（约44%），其次是财政补贴、土地规划和项目审批等，其他均低于20%。

表1-6　　　　我国主要省级地方政府绿色建筑激励政策类型明细

地区	省份	类别												
		土地转让	土地规划	财政补贴	税收	信贷	容积率	城市配套费	审批	评奖	企业资质	科研	消费引导	其他
东北	吉林	○	●	○	○	○	○				●		○	○
北部沿海	北京	○		●			○				○		○	
	天津			●										
	河北			○										
	山东			●	○	○	○	○		●			○	
东部沿海	上海	○	○	●	○	○			○					○
	江苏	○		●	○		○	○						○
	浙江			○	○		●							○
南部沿海	福建			●		○	●			●				●
	广东		●	●			○				○			○
	海南							●						
黄河中游	山西	●		○	○		●						○	●
	内蒙古							●	●	●	●			
	河南	○	●	○	○		○			○				
	陕西	○	●	●			○			●				
长江中游	安徽	○		●		●	○	○		●		○	●	
	江西	○		○	○	○				●				○
	湖北				○		○		●	●	●		○	
	湖南			○	○	○	○		●	●	○	○		
西南	广西	●	●	○		○	○	○		●			○	○
	重庆				○					●				
	四川	○	●	○	○	○								
	贵州	○	●	○		○	●			●			○	●
大西北	青海	○	●	○			○							●
	宁夏			○	●	○			●	●		○		○
	新疆	○		○										

注：黑龙江、云南、甘肃、中国台湾、中国香港、中国澳门和西藏目前缺乏相关政策资料，暂未纳入本章。○表示参考文献中提到相关类型的激励政策，但是尚缺乏落地性或可操作性；●表示参考文献中提到相关类型的激励政策，具有落地性或可操作性。

1.2.2.4 省级地方政府绿色建筑激励政策的分类讨论

在土地转让方面和土地规划方面，调研的 25 个省和直辖市中，分别约有 41.9% 和 25.8% 提出了在土地招拍出让规划阶段将绿色建筑作为前置条件，明确绿色建筑比例。这一前置性的规定，具有法律约束效应，是政府规划部门项目考虑的依据。这种激励有强制性约束的特征，处于不同绿色建筑发展阶段、不同经济条件、不同建筑气候区和资源禀赋的地区，需要因地制宜。

在财政补贴方面，主要基于星级标准、建筑面积、项目类型和项目上限等组合方式予以设计政策，有 9 个省份（直辖市）明确了对星级绿色建筑的财政补贴额度，不仅包含沿海地区，也有黄河中游和长江中游的省份，资助范围从 10 ~ 60 元 /m^2（上海对预制装配率达到 25% 的，资助提高到 100 元 /m^2），北京、上海和广东从二星级开始资助，有利于引导当地绿色建筑的星级结构水平；江苏和福建对一星级绿色建筑的激励提出了明确的奖励标准，但关于二星和三星的奖励标准未发布；陕西省作为黄河中游的经济欠发达地区，但是在发展星级绿色建筑方面，提出了阶梯式量化财政补贴政策，奖励从 10 ~ 20 元 /m^2。

针对单个绿色建筑项目，部分省市规定了资助额或上限，从 5 万 ~ 600 万元，其中东部沿海地区的上海，针对保障性住房，将补贴上限提高到 1000 万元。有利于绿色建筑规模化申报和绿色建筑发展向保障性住房倾斜的公共策略。国家当前正在着力发展保障房等民生工程，如果将绿色建筑与保障房计划协同推进，那么对绿色建筑政策目标的达成起到开源的作用。从经济发展的区域水平和地区绿色建筑技术的边际成本考虑，表 1-7 归纳的绿色建筑资助标准，可供已经提出财政补贴方向的省市参考。东北、西南和大西北地区应尽快提出针对绿色建筑的补贴量化标准。

表 1-7　不同省份将财政补贴政策用于激励绿色建筑的量化标准

地区	省份	一星	二星	三星	资助上限 / 万元	政策内容	借鉴地区
北部沿海	北京		22.5	40	—	达到国家或本市绿色建筑运行标识，根据技术进步、成本变化等情况适时调整奖励	河北
	天津	—	—	—	5	该资金分两次拨付，签署任务合同书，第一次拨付 3 万元。待项目验收合格后，第二次拨付 2 万元。2007 年绿色建筑试点项目给予建筑节能专项基金补助 100 万元	
	山东	15	30	50	—	按建筑面积计算，将根据技术进步、成本变化等因素调整年度奖励标准	
东部沿海	上海	—	60	60	600（保障性住房项目最高可获补贴 1000 万元）	获得绿色建筑标识的新建居住建筑和公共建筑，其中，整体装配式住宅示范项目，对预制装配率达到 25% 及以上的，每平方米补贴 100 元	浙江
	江苏	15			—	获得绿色建筑一星级设计标识，对获得绿色建筑运行标识的项目，在设计标识基础上增加 10 元 /m^2 奖励	

续表

地区	省份	一星	二星	三星	资助上限/万元	政策内容	借鉴地区
南部沿海	福建	10			—	按建筑面积计算	海南
	广东		25	45	150（二星级） 200（三星级）		
黄河中游	陕西	10	15	20	—	—	山西、内蒙古
长江中游	安徽				—	计划每年安排 2000 万元专项资金	江西、湖北、湖南

在信贷方面，安徽提出尝试，提出改进和完善对绿色建筑的金融服务，金融机构对绿色建筑的消费贷款利率可下浮 0.5%、开发贷款利率可下浮 1%，消费和开发贷款分别针对消费者和房地产开发企业。关于开发贷款利率，此前，国家曾对经适房的开发贷款利率提出不超过 10% 的下浮空间，北京规定公租房、廉租房建设贷款，利率最高可下浮为同期基准利率的 0.9 倍。开发贷款利率下浮 1%，对整体金融业务的平衡影响较小，对房地产企业激励程度则需要数量方面的衡算，如果房地产企业能够将贷款利率下浮带来的绿色建筑增量成本相平衡，那么建设绿色建筑的增量成本将基本被消纳。在绿色行动方案或规划中提出使用信贷激励政策的还包括北京、河南、安徽、山东、新疆、湖北、广西、山西、吉林和贵州，因此，均可借鉴安徽的做法并制定有利于绿色建筑信贷业务规模化发展的贷款利率优惠，激发企业和消费者选择建设和购买绿色建筑的意愿。

容积率是规划建设部门有效控制建筑密度的约束性手段，是调节地块居住舒适度的重要指标，适当提高容积率，有利于开发商获取更大的商业价值。表 1-8 列出了调研的 25 个省份（直辖市）在容积率激励方面的量化政策。其一是基于星级给予不超过 3% 的容积率奖励（福建和贵州）；其二是对实施绿色建筑而增加的建筑面积不纳入建筑面积（山西）。长沙于 2012 年在《全装修住宅、全装修集成住宅容积率奖励办法（试行）》中，为避免二次装修造成的污染浪费，就全装修住宅和全装修集成住宅的容积率奖励幅度分别为 3%～5% 和 4%～6%。

南京市委市政府发布的《关于进一步加强节能减排工作的意见》指出，从 2013 年 1 月起，单体 10 000m^2 以上的建筑，符合国家节能标准的，审批规划时可给予 0.1%～0.2% 的容积率的奖励。以南京江宁水龙湾区域 G75 地块为例经本研究测算，1%～3% 的容积率奖励在提高开发商销售额（1.1 千万～3.3 千万元），同时使售房价下降 20～60 元 /m^2。广州正在制定新的绿色建筑容积率核定办法，将参考新加坡等地的做法，对执行情况好的建筑进行 1%～2% 的建筑面积补偿。

因此，通过该措施，可以适当提高开发商的商业盈利，并微弱地调节消费者的购买价格意向。山西就采用绿色建筑技术而造成的建筑面积增加而不纳入建筑容积率计算，符合技术实际，具有良好的推广借鉴意义。对于规划建设部门，容积率奖励是最直接、可操作的方法。在沿海地区提高容积率能够极大激发开发商的规划建设意愿；在东北地区、黄河中游和长江中游等地区，实施容积率奖励，有利于适当平衡开发商的收益；而将实施绿色建筑技术而增加的建筑面积不纳入计算范围，则适合在全国范围内推广。

表 1-8　　不同省份将奖励容积率用于激励绿色建筑的量化标准

地区	省份	一星	二星	三星	激励细则	可考虑借鉴的地区或省份
南部沿海	福建	1%	2%	3%	对于房地产开发企业开发星级绿色建筑住宅小区项目	北部沿海、广东、海南
西南地区	贵州	<3%			对经营性营利项目要以容积率奖励为主。在获得星级绿色建筑设计标识后，按实施绿色建筑项目计容建筑面积的 3% 以内给予奖励	广西、重庆、四川、云南
黄河中游	山西	—			对因实施外墙外保温、遮阳、太阳能光伏幕墙等绿色建筑技术而增加的建筑面积，可不纳入建筑容积率计算	

在城市配套费（城市基础设施配套费）方面，按城市总体规划要求，为筹集城市市政公用基础设施建设资金所收取的费用，按建设项目的建筑面积计算，其专项用于城市基础设施和城市共用设施建设。内蒙古地级市在 30 元 /m^2 以上，如呼和浩特和鄂尔多斯的城市配套费分别在 50 ~ 80/m^2 元；青海西宁市的城市配套费规定为 60 元 /m^2。根据 2010 年《海南省关于调整城市基础设施配套费征收标准的通知》，城市配套费基本在 150 ~ 220 元 /m^2 之间，该费用标准基本与北京、上海、天津和其他沿海省份城市中心区或近郊接近。见表 1-9，基于绿色建筑等级实施城市配套费减免或返还，内蒙古自治区管辖的城市兴建绿色建筑可以减免 15 ~ 30 元 /m^2，最高可超过 80 元；青海则可以返还 18 ~ 42 元 /m^2；海南二星以上绿色建筑 30 ~ 88 元 /m^2。

如果在发达地区在市政经济允许的情况下（如北京、天津和西安等城市中心城区或城市近郊的城市配套费分别在 160 ~ 200 元、290 ~ 320 元和 150 元左右），设置合理的城市配套费减免或返还政策激励机制，将可以有效消纳绿色建筑的增量成本。针对西南地区，城市配套费总体征缴基准值较低（重庆、广西和贵州分别为 45 元、2 ~ 11 元和 30 ~ 90 元），应考虑在保障基本设施正常的同时，设置适当的激励比例，同时考虑其他激励政策的联动，并适当加大对一星绿色建筑的激励力度。与此同时，由于广东等省份实行开发的商品房项目按基本建设投资额的 5% 计收；零散开发的商品房项目按基建投资额的 10.5% 计收。尚需研究针对按照基本建设投资额比例征缴的激励比例。

表 1-9　　不同省份将城市配套费用于激励绿色建筑的量化标准地区

地区	省份	一星	二星	三星	激励细则	可考虑借鉴的地区或省份
黄河中游	内蒙古	50%	70%	100%	针对绿色建筑评价标识，给予城市配套费减免	东北地区、山西、河南、陕西

续表

地区	省份	一星	二星	三星	激励细则	可考虑借鉴的地区或省份
大西北地区	青海	30%	50%	70%	针对绿色建筑评价标识，给予城市配套费返还	西南地区、西藏、甘肃、宁夏、新疆
南部沿海	海南		20%	40%	针对绿色建筑运行标识，给予城市配套费返还	北部沿海、东部沿海、广东、福建

在绿色建筑项目审批方面，约 20% 的省份（福建、内蒙古、湖北、湖南、青海和宁夏等，见表 1-10）明确提出建立审批绿色通道，该激励政策对于鼓励企业参与绿色建筑实施、监督工程管理、有效评估效果和开展财税、信贷等其他激励具有良好的管道作用。该激励政策不会对公共财政造成压力，不受地区经济约束条件的影响，对推进全国范围内不同规模城市中绿色建筑项目评价具有中枢价值，因此，应考虑在全国范围内推广实施。

在工程项目和个人评奖方面，接近一半的省份采用了该政策，黄河中游、长江中游、西南地区和大西北地区普遍运用该政策（表 1-10）。评奖主要通过以下方式：①结合国家和省级建筑工程评优，将绿色建筑作为优选以至必要门槛；②对在推动绿色建筑方面做出突出贡献的企业或个人给予奖励。其他地区如东北地区、东部沿海、南部沿海和城市宜考虑将评奖机制引入，重点发挥行业评价的优势，与此同时，适当考虑将绿色建筑作为建筑工程评优的必备条件，强化绿色建筑在样板新建建筑中的影响力。

表 1-10　　不同省份将评奖作为激励绿色建筑的重要凭据

地区	省份	主要的评奖政策内容	可考虑借鉴的地区或省份
北部沿海	山东	在国家、省级评优活动及各类示范工程评选中，优先推荐、优先入选或适当加分	北京、天津、河北
黄河中游	内蒙古	在“鲁班奖”“广厦奖”“华夏奖”“草原杯”“自治区优质样板工程”等评优活动及各类示范工程评选中，实行优先入选或优先推荐上报；对于在绿色建筑发展方面表现突出的先进集体和先进个人，给予表彰奖励	山西
	河南	优先推荐申报中州杯、鲁班奖等评优评奖项目	
	陕西	优先推荐申报长安杯、鲁班奖	
长江中游	安徽	在组织“黄山杯”“鲁班奖”、勘察设计奖、科技进步奖等评选时，优先入选或优先推荐	
	江西	在“鲁班奖”“广厦奖”“华夏奖”“杜鹃花奖”“全国绿色建筑创新奖”等评优活动及各类示范工程评选中，优先入选或优先推荐上报的制度	
	湖北	在各类工程建设项目评优及相关示范工程评选中，作为入选的必备条件	

续表

地区	省份	主要的评奖政策内容	可考虑借鉴的地区或省份
长江中游	湖南	在“鲁班奖”“广厦奖”“华夏奖”“湖南省优秀勘察设计奖”“芙蓉奖”等评优活动及各类示范工程评选中，作为民用房屋建筑项目入选的必备条件	
西南地区	广西	在“鲁班奖”“广厦奖”“华夏奖”等评优活动及各类示范工程评选中，优先入选或优先推荐上报等	四川、云南
	重庆	设立重庆市绿色建筑创新奖，表彰在推进绿色建筑发展方面具有创新性和明显示范作用的工程项目；在绿色建筑技术研究开发和推广应用方面做出显著成绩的单位和个人	
	贵州	推荐参评省优秀工程勘察设计奖。按照绿色建筑标准竣工验收备案的项目，积极推荐参评省优秀施工工程，同时积极推荐绿色建筑参评全国优秀勘察设计奖、国家优质工程质量奖	
大西北地区	宁夏	优先参加国家和自治区鲁班奖、广厦奖、西夏杯、优秀设计奖、建筑业新技术应用及可再生能源建筑应用示范工程的评审；对先进集体和先进个人进行表彰奖励	西藏、甘肃、青海和新疆

在企业资质方面，北京、湖北、湖南、内蒙古和吉林等省市提出对实施绿色建筑成效显著的企业，在企业资质年检、资质升级换证、项目招投标中给予免检、优先和加分等奖励。其中关于资质升级和项目招标等方面，将对企业的主动性产生积极作用。绿色建筑本身就是定位于提高建筑工程质量和改善住区环境，并顺应城市发展对资源、能源和环境的新要求，绿色建筑不仅是“四节一环保”，而是在从理念、设计到实施技术的整体建筑优化方法学。因此，引导建筑企业自觉将绿色建筑和绿色地产作为自身业务创新的主攻方向是产业升级和建筑技术革新的内在需要，建筑企业作为实施建筑规划、设计和建造的主体，引导其向主流发展十分必要。通过资质升级和项目招标等行业等级和工程实施介入，是有效引导建筑企业的政策措施。河北、山东、广东、浙江和江苏等建筑业大省，应考虑对本地建筑企业在资质升级和项目招标方面，将绿色建筑作为关键性权重予以考虑。我国作为建筑业大国，部分行业领军企业已经处于企业资质的顶端，可考虑设计专门针对绿色建筑的企业细分资质，协调不同发展水平的企业均能够较为合理地参与到绿色建筑的承包项目中来。

在绿色建筑科研方面，仅 13.3% 的省份考虑在该方面展开部署。湖南指出在科技支撑计划中，加大对绿色建筑及绿色低碳宜居社区领域的支持力度。安徽计划设定绿色建筑科技专项，广东提出对绿色建筑技术研究和评价标识制度建设等工作给予适当补助，其他省份，如宁夏提出加强对绿色建筑科技的支持。

绿色建筑的科技创新应当成为引导我国绿色建筑发展的支撑，“十一五”和“十二五”科技支撑计划中，对建筑节能和绿色建筑领域的资助超过 35.2 亿元（占城镇化领域研究总经费的 54%），主要还是支持沿海地区的绿色建筑技术研究，对欠发达地区和建筑气候条件欠佳的地区（简称“两欠地区”），支持力度有待加强。在国家绿色建筑标准的基础上，各地需要因地制宜，提出地方标准，而两欠地区在该方面创新能力和支持力度有限。根据国家统计局的统计，2012 年两欠地区房屋建筑竣工面积占全国的 45.7%，当年绿色建筑仅占全国总量的 26.5%，2013 年第三季度累计新开工量，两欠地区约占全国总新开工量的 44.5%。因此，两欠地区的绿色建筑发展关系到全国绿色建筑总体目标的实现，对于区域性节能减排和住区质量改善至关重要。要从国家顶层设计加强对两欠地区的绿色建筑技术创新；从政府职能角度出发，应加强对绿色建筑政策发展体系的建设，可通过政府购买服务或发布政策研究课题的形式，推进政府住房建设职能部门的职能转移和政府绩效提升，提高地方绿色建筑行政能力。

以上政策激励对象主要是针对企业，在消费引导方面，28.5% 的省份考虑通过消费激励促进消费者对绿色建筑的选择意向，但仅安徽（金融机构对绿色建筑的消费贷款利率可下浮 0.5%）政策有量化表征。当前市场上针对住房的消费贷款利率基本处于上浮（基本超过 10%）甚至停贷的局面，安徽提出针对消费者的贷款利率下浮 0.5%，尽管幅度较低，但对于购房者是利好消息。综合当前的全国房价、市民收入水平和市民对良好住区条件的要求，从居住质量考虑，绿色建筑针对部分人群具有充分的吸引力，该部分人群不将价格作为首要考虑要素；从房价方面，绿色建筑的信贷优惠吸引力度不强。消费引导，可从建筑生命周期的角度，强化公众对绿色建筑运营成本和良好居住环境的政策认知宣贯上。

在贯彻国办 1 号文件激励方向的同时，各省根据自身发展绿色建筑的阶段性特点，提出了各具特色的激励政策。江苏和江西强调政府职责约束和政府绩效，有助于政府职能部门在日常住房建设工作中推进绿色建筑的实施。新疆、广西和吉林等要求鼓励引导房地产开发商，宜明确引导路径，如本章中归纳出的财政、税收、信贷、容积率、城市配套费、评奖、评审等方面。在其他激励政策中，立法、政府目标责任、绿色建筑设计取费规范、屋顶绿化、项目可研阶段绿色建筑费用的计入和与现有财政支持政策协同（如可再生能源建筑应用财政支持）等对指导处于不同绿色建筑发展阶段的省份均有相应的指导意义。表 1-11 为不同省份其他激励政策评析。

表 1-11　　不同省份其他激励政策评析

地区	省份	其他政策激励	评价
大西北	新疆	鼓励房地产开发商建设绿色建筑	重视对开发商的引导，但缺乏必要的政策工具
	青海	建立配套高星级绿色建筑奖励资金和补助资金的审核、备案及公示制度，规范奖励资金和补助资金的使用。制定绿色建筑产品推广目录	资金激励对于大西北地区绿色建筑发展起关键性作用，加快推进资金资助制度建设，有助于企业增强参与意愿。编制绿色建筑产品推广目录，说明青海绿色建筑推进工作需要加快向沿海地区学习借鉴，并考虑大西北地区的建筑气候特点和经济发展条件，引导该地区绿色建筑的适应性发展

续表

地区	省份	其他政策激励	评价
大西北	宁夏	国家和自治区可再生能源建筑应用财政支持示范项目可优先从绿色建筑中评选	为绿色建筑拓宽资助渠道给予优先考虑，可作为大西北地区、西南地区、黄河中游和长江中游参考应用的激励政策
西南	贵州	项目可研阶段，应将执行绿色建筑标准增加的投入纳入项目总投资，对政府投资的公益性项目、保障性安居工程等非营利民生项目，在可研审批和项目资金预算安排时，要保证执行绿色建筑标准增加的投入，支持贵阳市以外的地区开展保障性安居工程绿色建筑示范	有效保障绿色建筑成本进入项目内部，避免成本外部化，而导致绿色建筑无法在项目中实施。 引导本地区欠发达地方在关系民生的建筑项目中推进绿色建筑，但需要提供支持的政策方式
东北	吉林	同新疆	同新疆
长江中游	江西	将绿色建筑列为省政府节能目标责任考核指标	强调对政府绩效的考量
黄河中游	山西	鼓励项目实施立体绿化，其屋顶绿化面积的 20% 可计入该项目绿化用地面积，也可计入当地绿化面积	有助于提高屋顶绿化水平，改善建筑微环境，是容积率奖励的表现形式
南部沿海	福建	绿色建筑项目的设计费可上浮 10% 左右收费额	强调对设计单位开展绿色建筑设计的重视
	广东	要求各地制订本地区发展绿色建筑的激励政策	明确对地方城市的激励政策要求，有助于形成支持当地绿色建筑发展的伞形结构
东部沿海	江苏	研究制定《江苏省绿色建筑发展条例》，将年度绿色建筑目标任务完成情况与绿色建筑财政扶持资金挂钩，建立奖惩机制。制定绿色建筑工程计价依据，在建设安全文明施工措施费中明确绿色施工内容及对应费率标准	通过立法、责任制和绿色建筑工程计价强化对政府、企业和自然人的约束，对绿色建筑行政管理人员权责利的约束，对绿色建筑设计费用的重视

“十三五”加快推进我国绿色建筑政策激励的建议：

1. 强化顶层设计和关联政策协同激励

从顶层设计强化对落实绿色建筑的政策要求，从任务分解的角度，明确各地发展目标，保障绿色建筑全国总体目标，对各项法定规划的审查中，强化对绿色建筑发展指标的检查，敦促省级地方政府绿色建筑激励应加快推进落地的比例。鼓励并支持省级地方政府加快立法进度，建议地方将绿色建筑纳入政府目标考核或绩效考评中。在协同激励方面，与绿色生态示范城区政策、国家地方两级可再生能源建筑应用财政支持示范项目和国家地方保障性住房等政策相协同，在地方规模化推进绿色建筑工作，提高新城 / 新区的发展质量。

2. 加快区域联动和地方评价能力建设

不同经济区域的省份之间，形成相互借鉴落地政策经验的政策机制，强化重点省市的示范工作，提高对周边地区的带动水平，以结对子的方式，整体提高不同地区的绿色建筑发展水平。实施对省、市级绿色建筑评价能力的培训，增强地方评价一、二星的能力。从2012年下半年开始，为了加快推进全国的绿色建筑认证工作，住建部将绿色建筑一星级和二星级的认证工作下放到地方政府。与此同时，北京等城市所有新建建筑在设计阶段需达到绿色建筑标准。昆明等要求在全市城镇保障性住房建设项目全面执行绿色建筑标准。强化地方住房城乡建设部门的绿色建筑评价能力将有助于加快地方绿色建筑的认证工作。

3. 增量成本量化分解和财税融资创新

优化传统的绿色建筑设计理念。在绿色建筑规划设计层面，考虑从小区级布置绿色建筑，降低绿色建筑增量成本。将增量成本分解到财政补贴、信贷优惠、容积率奖励和城市配套费减免（返还）等，结合本章对省级激励政策的量化分析，完全可以消化不同星级绿色建筑的增量成本。与此同时，优化投融资机制，借鉴智慧城市的经济模式，据不完全统计，智慧城市的融资规模超过4400亿元（不包括境外资金），成规模开发资金的进入，将充分激发市场主体参与的活力，可有效推进绿色建筑产业化政策的实施。

4. 建筑大省绿建督导和重点地区帮扶

加大对近年来建筑绝对量较大省份的监督管理，如江苏、浙江、山东、辽宁、湖北、四川、河南、福建、安徽、广东、湖南、河北、北京、重庆和江西（占我国新建建筑总量的83.4%），提高绿色建筑落实比例，鼓励和支持绿色建筑地方标准的编制，特别是经济欠发达和建筑气候欠佳地区。哈尔滨法制办于2013年12月就提出要加快哈尔滨市发展绿色建筑的分析与研究。可通过政府购买服务，以决策咨询的方式，提高重点地区的政策规划能力，扶助制定绿色建筑产品推广目录。

5. 强化企业资质信贷审批和行业评优

通过资质升级和项目招标等行业等级和工程实施介入，是有效引导建筑企业的政策措施。针对房地产开发企业，适当下浮开发贷款利率（超过1%）或争取国家开发银行低息贷款的政策有助于提高企业参与绿色建筑开发的积极性；与此同时，要深化在行业内对绿色建筑开发企业的肯定力度和广度，加速让绿色建筑企业成为行业的新标杆。

2016年，是我国“十三五”的开局之年，是绿色建筑全面深化发展的关键年，是持续推进我国建筑业向低碳、绿色、集约和宜居发展的重要阶段。从政策的顶层设计以伞形结构向下推进激励制度的实施，通过全面把握省级地方在绿色建筑激励政策方面的规划，提出进一步落实绿色建筑的发展要求，从顶层设计和政策协同激励、区域联动和地方评价能力强化、重点省份督导与帮扶、增量成本量化分级与财税融资创新和企业资质信贷审批与行业评优联动等五方面培育我国绿色建筑的激励政策体系，有助于协调均衡我国绿色建筑总体发展总体格局和稳步推进绿色建筑总体发展目标的达成。

1.2.2.5 全国27个省市具体实施的绿色建筑地方政策

表1-12为全国27个省市具体实施的绿色建筑地方政策。

表 1-12　　全国 27 个省市具体实施的绿色建筑地方政策

序号	地区	地方政策
1	北京	鼓励政府投资的建筑、单体建筑面积超过 2 万 m^2 的大型公共建筑按照绿色建筑二星级及以上标准建设。市财政奖励资金是在中央奖励的基础上的奖励标准为二星级标识项目 22.5 元 /m^2、三星级标识项目 40 元 /m^2。目前，地方财政奖励资金已于 2015 年 4 月初正式拨付至项目单位
2	天津	绿色建筑行动方案明确提出，2014 年开始，凡本市新建示范小城镇、保障性住房、政府投资建筑和 2 万 m^2 以上大型公共建筑应当执行本市绿色建筑标准，以中新天津生态城、新梅江居住区、于家堡低碳城区为示范区，重点推动本市区域性绿色建筑发展
3	河北	2014 年起，政府投资或以政府投资为主的机关办公建筑、公益性建筑、保障性住房、单体面积 2 万 m^2 以上的公共建筑，全面执行绿色建筑标准
4	山西	20% 城镇新建建筑达到绿色建筑标准要求 2014 年起单体建筑面积超过 2 万 m^2 的机场、车站、宾馆、饭店、商场、写字楼等大型公众建筑、太原市新建保障性住房全面执行绿色建筑标准
5	内蒙古自治区	全区绿色建筑面积达到新建民用建筑总量的 20% 内蒙古自治区的政策规定，对于取得一星、二星、三星级的绿色建筑，政府分别减免城市市政配套（150 元 /m^2）的 30%、70%、100%
6	黑龙江	2014 年起，政府投资建筑，哈尔滨、大庆市市本级的保障性住房，以及单体建筑面积超过 2 万 m^2 大型公共建筑，全面执行绿色建筑标准
7	上海	2014 年下半年其新建民用建筑原则上全部按照绿色建筑一星级及以上标准建设，其中单体建筑面积 2 万 m^2 以上大型公共建筑和国家机关办公建筑，按照绿色建筑二星级及以上标准建设 2012 年 8 月出台《上海市建筑节能项目专项扶持办法》，将绿色建筑示范项目列入建筑节能扶持资金使用范围，规定：获得二星级或三星级绿色建筑标识的新建居住建筑和公共建筑。建筑规模：二星级居住建筑的建筑面积 2.5 万 m^2 以上、三星级居住建筑的建筑面积 1 万 m^2 以上；二星级公共建筑单体建筑面积 1 万 m^2 以上、三星级公共建筑单体建筑面积 5000m^2 以上。建筑要求：公共建筑必须实施建筑用能分项计量，与本市国家机关办公建筑和大型公共建筑能耗监测平台数据联网。该办法还明确了扶持标准为：每平方米补贴 60 元
8	江苏	2015 年，城镇新建建筑按一星及以上绿色建筑标准设计建造；2020 年全省 50% 的城镇新建建筑按二星级以上绿色建筑标准设计建造 江苏省政府根据《江苏省建筑节能管理办法》设立了“节能减排（建筑节能）专项引导资金（每个区域补贴 1500 万元）”，地方政府补贴为：一星级、二星级、三星级绿色建筑分别为 15 元 /9m^2、25 元 /m^2、35 元 /m^2 南京市从 2013 年 1 月起，单体 1 万 m^2 以上的建筑，符合国家节能标准的，审批规划时可给予 0.1 ~ 0.2 的容积率奖励
9	浙江	全省新建民用建筑全面执行《浙江省民用建筑绿色设计标准》，基本达到一星级绿色建筑标准，鼓励政府投资公益性建筑和单体建筑面积 2 万 m^2 以上的大型公共建筑实施二星级和三星级绿色建筑标准

续表

序号	地区	地方政策
10	安徽	全省 20% 的城镇新建建筑按绿色建筑标准设计建造，其中，合肥市达到 30% 2014 年起，合肥市保障性住房全部按照绿色建筑标准设计、建造
11	福建	2014 年起，政府投资的公益性项目、大型公共建筑（指建筑面积 2 万 m^2 以上的公共建筑）、10 万 m^2 以上的住宅小区及厦门、福州、泉州等市财政性投资的保障性住房全面执行绿色建筑标准 2020 年末，20% 的城镇新建建筑达到绿色建筑标准要求。《厦门市绿色建筑财政奖励暂行管理办法》。其中奖励标准为：一星级绿色建筑（住宅）30 元 /m^2；二星级绿色建筑（住宅）45 元 /m^2；三星级绿色建筑（住宅）80 元 /m^2；除住宅、财政投融资项目外的星级绿色建筑 20 元 /m^2
12	江西	2014 年起，政府投资建筑、具备条件的保障性住房，以及单体建筑面积超过 2 万 m^2 的大型公共建筑，全面执行绿色建筑设计标准
13	山东	2014 年起，政府投资建筑或以政府投资为主的机关办公建筑、公益性建筑、保障性住房、单体面积 2 万 m^2 以上的公共建筑，全面执行绿色建筑标准 日前，山东省住建厅会同省财政厅修订《山东省省级建筑节能与绿色建筑发展专项资金管理办法》，对绿色建筑评价标识项目的奖补依据进行变更，由原来的项目设计标识星级变更为项目所获运行标识星级。根据《办法》，对绿色建筑的具体奖励标准为：一星级绿色建筑 15 元 /m^2，二星级绿色建筑 30 元 /m^2，三星级绿色建筑 50 元 /m^2
14	河南	2016 年城镇新建建筑中的 20% 达到绿色建筑标准，国家可再生能源建筑应用示范市县及绿色生态城区的新建项目、各类政府投资的公益性建筑以及单体建筑面积超过 2 万 m^2 大型公共建筑，全面执行绿色建筑标准 河南省洛阳市决定自 2014 年起，全市新建项目、保障性住房项目、各类政府投资的公益性建筑以及单位建筑面积超过 2 万 m^2 的机场、车站、宾馆等大型公共建筑一律全面执行绿色建筑标准，并根据国家政策，给予二星级绿色建筑 45 元 /m^2 补助，三星级绿色建筑 80 元 /m^2 补助
15	湖北	2014 年起，国家机关办公建筑和政府投资的公益性建筑，武汉、襄阳、宜昌市中心城区的大型公共建筑，武汉市中心城区的保障性住房率先执行绿色建筑标准；2015 年起，全省国家机关办公建筑和大型公共建筑，武汉市全市、襄阳、宜昌市中心城区的保障性住房开始实施绿色建筑标准 湖北省住建厅发布《关于促进全省房地产市场平稳健康发展的若干意见》。《意见》指出，将以奖励容积率的方式，鼓励房地产业转型。首先，全省将支持企业建设“四节一环保”绿色建筑，对开发建设一星、二星、三星级绿色建筑，分别按绿色建筑总面积的 0.5%、1%、1.5%，给予容积率奖励。其次，鼓励发展现代住宅产业，出台装配式建筑技术标准，建立住宅产业化基地，对采用装配式建筑技术开发建设的项目，由各市、县政府根据本地实际出台政策，给予容积率奖励 需要注意的是，此次新政策还鼓励开发建设、购买全装修普通商品房，免征全装修部分对应产生的契税
16	湖南	2014 年起全省政府投资的公益性公共建筑和长沙市保障性住房全面执行绿色建筑标准

续表

序号	地区	地方政策
17	广东	2014 年 1 月 1 日起，新建大型公共建筑、政府投资新建的公共建筑以及广州、深圳市新建的保障性住房全面执行绿色建筑标准；2017 年 1 月 1 日起，全省新建保障性住房全部执行绿色建筑标准 广东省对绿色建筑、可再生能源建筑应用示范项目等予以专项资金补助，单个项目补助额最高 200 万元 在支持推广绿色建筑及建设绿色建筑示范项目上，广东省将对获得国家绿色建筑评价标识并已竣工验收的项目进行第三方测评，对有重大示范意义的项目按建筑面积给予补助。其中，二星级补助 25 元 /m^2，单位项目最高不超过 150 万元；三星级补助 45 元 /m^2，单位项目最高不超过 200 万元。在建立升级可再生能源应用示范项目上，补助原则为公共机构可再生能源建筑应用项目按投资额不超过 50%
18	广西壮族自治区	2014 年起，政府投资的公益性公共建筑和南宁是保障性住房，以及单体建筑面积超过 2 万 m^2 以上的大型公共建筑，全面执行绿色建筑标准；2014 年后建成的超过 2 万 m^2 的旅游饭店，必须执行绿色建筑标准，才能受理评定星级旅游饭店资格
19	四川	2014 年起政府投资新建的公共建筑以及单体建筑面积超过 2 万 m^2 的新建公共建筑全面执行绿色建筑标准，2015 年起具备条件的公共建筑全面执行绿色建筑标准
20	重庆	到 2020 年，全是城镇新建建筑全面执行一星级国家绿色建筑评价标准
21	贵州	2014 年起，全省由政府投资的建筑，贵阳市由政府投资新建的保障性住房，以及单体建筑面积超过 2 万 m^2 的机场、车站、宾馆、饭店、商场、写字楼等大型公共建筑要严格执行绿色建筑标准
22	云南	到 2020 年，全省低能耗建筑占新建建筑的比重提高到 80% 以上，绿色建筑占新建建筑比例超过 40% 以上
23	陕西	2014 年起，政府投资建筑、省会城市保障性住房、单体建筑面积超过 2 万 m^2 的大型公共建筑，全面执行绿色建筑标准
24	甘肃	2014 年起，全省范围内，由政府投资的建筑，单体建筑面积超过 2 万 m^2 的大型公共建筑建筑以及兰州市保障性住房要全面执行绿色建筑标准
25	青海	城镇新建民用建筑按照绿色建筑二星级标准设计比例达到 20%，2020 年末，绿色建筑占当年城镇新增民用建筑的比例达到 30% 以上
26	宁夏回族自治区	20% 的城镇新建建筑达到绿色建筑标准要求 2014 年底，政府投资建筑，以及单体建筑面积超过 2 万 m^2 的大型公共建筑，银川市城区规划内的保障性住房，全面执行绿色建筑标准
27	新疆维吾尔自治区	2014 年起，政府投资建设，乌鲁木齐市、克拉玛依市建设的保障性住房，以及单体建筑面积超过 2 万 m^2 的大型公共建筑，各类示范性项目及评奖项目，率先执行绿色建筑评价标准

1.3　建筑电气的节能措施及节能设计原则

1.3.1　绿色建筑设计的原则

绿色建筑在国外已有成熟的发展历程，其设计框架、遵循的原则、侧重方向等对我国绿色建筑发展而言，都具有十分重要的借鉴和参考意义。在结合我国国情的基础上，积极总结经验，挖掘自身的设计潜力，创造出真正符合我国生态环境的绿色建筑。绿色建筑设计五大原则：

1. 重视本地化风土人情

调查分析国外绿色建筑发展情况，发现我国绿色建筑的设计理念实际上是与国际接轨的，但是我国绿色建筑的起点却不能与发达国家相提并论。主要表现为：

中国国民生产总值在世界名列前茅，但是人均生产总值却是始终无法和发达国家相比，差距非常之大。这种经济差距，会导致人民生活方式、价值取向和生活追求等方面都存在着很大的差距。

我国的高层建筑造价远远比不上发达国家，只有发达国家的25%。现在，各种先进、高价的绿色建筑技术以及各种节能材料、产品被引入我国，我们就要提前思考中国建筑是否能承受得住这样的成本投资。如果只是在某一些高端项目中引入绿色技术，我们还需要思考这些高成本的投入到底对社会资源的利用程度如何，能否真正做到高效回收。

2. 节能与控制的灵活应用

绿色建筑实际上就是要在建筑的使用期内尽量减少能源消耗，提高资源的利用效率，并且要充分保证居住者的舒适度。从绿色建筑的定义来分析，首先提到的是“节能”，中国的绿色建筑就应该从节能角度来开展设计，以节能为基础、为核心，以节能带动绿色建筑的可持续发展。除了在设计、建设过程中要贯穿绿色建筑理念，在使用期内也必须坚持绿色理念。每一个绿色建筑，要实现全寿命周期的节能控制，就要在前期设计阶段考虑周全，为建设、运营提供一个基础，确保绿色建筑理念贯穿于建筑的全寿命周期。

3. 尊重自然环境因素

绿色建筑产生的初衷就是要降低社会发展对于生态环境的破坏，保护自然生态环境，所以绿色建筑在设计时就必须坚持尊重和保护自然生态环境。从绿色建筑评价标准中关于能源、大气、土地、水、材料、固体废弃物等评价因子的分析和把握上，能够感受到绿色建筑与生态环境系统，即大气环境、水环境、土壤环境、资源环境等生态环境因子息息相关。绿色建筑正是通过与生态环境的密切关联，从而实现了自身的解析与诠释。绿色建筑建造过程中难免会对环境产生不同程度上的压力，这种压力可以通过很多方式来缓解，比如提高建筑效率、延长建筑使用寿命以及循环利用等。

4. 经济价值与环境价值的平衡

绿色建筑的增量成本是与普通建筑比较，在建造符合《绿色建筑评价标准》要求的绿色建筑的目标下，因选择了节地与室外环境、节能与能源利用、节水与水资源利用、节材与材料资源利用、室内环境质量和运营管理利用技术方案而增加的成本。虽然绿色建筑在中国已经全面开展，但目前市场普遍还存有这样的普遍观念，“一旦和绿色建筑沾边，建筑的造价一定增加很多，绿色建筑是高成本的代名词”，此观念对于中国绿色建筑的推广极其不利，造成此现象的原因有两个。

首先，早期绿色地产开发项目往往选择一些价格较高的项目来进行试点，并在宣传过程中突出强调豪宅和高科技的关系，这是误区产生的主要原因。其次，绿色建筑开发初期，对于绿色生态技术掌握不足，而且相关的产品因市场小，未形成规模经济，价格也较高，同样造成了绿色建筑成本较高。这两个问题随着工作深入开展和市场变化，已经得到逐步解决。所以在此情况下，有必要在设计初期就对绿色建筑增加成本以及影响成本增量的主要因素进行研究，为项目的成本控制掌握清晰方向。

5. 注重技术创新

绿色建筑离不开技术的不断创新，在营造绿色建筑的过程中，我们依靠科技创新降低了建筑对环境的破坏，同时达到了减少成本实现有效的运营管理。这其中绿色建筑材料的技术创新是营造绿色建筑的关键。

1.3.2 建筑电气节能技术

建筑电气节能技术主要包括以下13项：

1. 新能源电气节能技术

风能、太阳能等新能源的使用，对于建筑电气节能产生非常大的作用。在进行新能源电气节能系统设计时，需要注意风能太阳能等新能源与建筑功能结构的一体化设计，不同节能技术与方法见表1-13。

表1-13 不同节能技术与方法

序号	技术	方法
1	太阳能电气节能技术	在进行太阳能热水和采暖系统设计时，应考虑采用太阳能建筑一体化设计方案，实现太阳能集热系统与建筑功能结构间完美结合。根据工程项目的实际情况，太阳能热水和采暖系统的光热采集装置可以考虑安装在建筑物坡屋面上，利用楼宇建筑屋顶面积可以解决整个楼宇一部分热水供应需求
2	风力发电电气节能技术	建筑电气新能源节能技术还可以结合工程实际情况，采取风光互补供电系统，太阳能庭院照明，风光互补庭院照明等节能技术措施

2. 电气控制设备节能（表1-14）

表1-14 电气控制设备节能技术与方法

序号	方法
1	配电变压器应选用Dyn11联结组别的变压器，并应选择低损耗、低噪声的节能产品，配电变压器的空载损耗和负载损耗不应高于现行国家标准《三相配电变压器能效限定值及节能评价值》（GB 20052）规定的节能评价值

续表

序号	方法
2	低压交流电动机应选用高效能电动机，其能效应符合现行国家标准《中小型三相异步电动机能效限定值及节能评价值》（GB 18613）节能评价值的规定
3	应采用配备高效电机及先进控制技术的电梯。自动扶梯与自动人行道应具有节能拖动及节能控制装置，并宜设置自动控制自动扶梯与自动人行道启停的感应传感器
4	2 台及以上的电梯集中布置时，其控制系统应具备按程序集中调控和群控的功能

3. 供配电系统与电气设备节能技术

供配电系统设计应在满足可靠性、经济性及合理性的基础上，提高整个供配电系统的运行效率，并尽量降低建筑物的单位能耗和系统损耗。根据负荷容量、供电距离及分布、用电设备特点等因素合理设计供配电系统，做到系统尽量简单可靠、操作方便。变配电所应尽量靠近负荷中心，以缩短配电半径减少线路损耗。合理选择变压器的容量和台数，以适应由于季节变化造成负荷变化时能够灵活投切变压器，实现经济运行，减少由于轻载运行造成的不必要电能损耗。供配电系统与电气设备节能技术与方法见表 1-15。

表 1-15　　供配电系统与电气设备节能技术与方法

序号	技术	方法
1	选用节能型变压器	据有关资料统计，我国变压器的总损耗占系统发电量的 10% 左右，10kV 供配电系统中，配电变压器的损耗占 80% 以上。因此，合理选择节能型变压器对整个供配电系统的节能起着至关重要的作用
2	减少配电线路损耗	途径如下： （1）合理选择线路路径 （2）合理地确定电气功能用房的位置，变压器尽量接近负荷中心，以减少供电半径 （3）增大导线截面，充分利用季节性负荷线路 （4）提高系统的功率因数
3	提高供配电系统的功率因数	主要方法包括合理安排和调整工艺流程，改善电气设备的运行状态，对异步电动机、电焊机尽量使其负荷率大于 50%，否则安装空载断电器、轻载节电器或采用调速运行方式等；条件允许时，可用同步电动机代替异步机或使其同步化；对变压器，使其负荷率在 75% ~ 85%，这些都可以达到提高其自然功率因数的目的
4	选用高效节能型电动机	能效应符合现行国家标准《中小型三相异步电动机能效限定值及节能评价值》（GB 18613）的规定；对于负载不稳定并且变动范围较大的电机，可选用变频调速电机
5	采用合理的控制方式	对需要根据负荷变化调节的设备采用调速电机，交流电动机调速分为变极调速、变频调速和变转差率调速三种方式，节电效果以变频调速最为明显

4. 变压器节能

建筑物配变电所用变压器，主要是用作降压，以得到安全、合乎用电设备的电压要求。变压器节能的实质就是：降低其有功功率损耗、提高其运行效率。通常情况下，变压器的效率可高达96%～99%，但其自身消耗的电能也很大。变压器损耗主要包括有功损耗和无功损耗两部分。其节能技术与方法见表1-16。

表1-16　变压器节能技术与方法

序号	技术	方法
1	采用新型材料和工艺降低配电变压器运行损耗	（1）采用新型导线 （2）优化磁体材料 （3）改进制造工艺 （4）布置新结构
2	合理选择变压器	（1）设置专用变压器 （2）变压器容量的选择 （3）变压器接线组别的选择
3	提高变压器负载率	通常，在保持总供电容量的情况下，变压器的负载率越高，其有功和无功电流消耗就越小
4	平衡变压器的三相负荷	实践表明，当线路内减少30%的负荷不平衡度，线损可降低7%，若减少50%的负荷不平衡度，线损可降低15%
5	优化变压器经济运行方式	合理分配各台变压器的负荷；结合电价制度，降低负荷高峰，填补负荷低谷
6	变压器二次侧无功功率补偿	变压器的效率随着负荷功率因数的变化而变化，对变压器二次侧的无功功率补偿，可以降低变压器对本身和高压电网的损耗

5. 供配电线路节能

在电能传输的过程中，由于电流和阻抗的作用，在电力线路上及各种电源设施中产生的能量消耗，行业中将其统称为线路损耗。在建筑物内部，线路损耗主要是指供配电线路的损耗，由于它的表现形式多为发热，而且是无法利用的，因此，减少线路损耗可以有效地降低建筑能耗。其节能措施见表1-17。

表1-17　供配电线路节能技术与方法

序号	技术	方法
1	合理确定供配电中心	将配变电所及变压器设在靠近建筑物用电负荷中心的位置
2	合理选择低压配电线路的路径	对容量较大和较重要的用电负荷宜从低压配电室以放射式配电；由低压配电室至各层配电箱或分配电箱，宜采用树干式或放射式与树干式相结合的混合式配电
3	降低线路电阻	按经济电流密度选择导线和电缆的截面
4	提高功率因数	通过合理选用电气设备容量来减少设备的无功功率损耗，通过在设备或配变电所装设并联电容器来平衡无功功率

续表

序号	技术	方法
5	抑制谐波	《电能质量公用电网谐波》（GB/T 14549）中对电流的谐波提出了限制要求，规定当用户单位配电系统的谐波发射量超出相关规定的限值时，宜采用有源或无源谐波过滤装置，抑制系统中的谐波，减少对电网的谐波污染

6. 电动机节能

电能利用的普及、大多数生产机械依靠电力驱动，电动机的耗电总量占到总用电量的 60% 上下，电力驱动领域的节电对改善能源利用效率具有非常重要的作用，节能措施见表 1-18。

表 1-18　电动机节能技术与方法

序号	技术	方法
1	合理选型	选用高效率电动机 合理选用电动机的额定容量
2	选用交流变频调速装置	采用变频调速装置，使电动机在负载下降时，自动调节转速，从而与负载的变化相适应，提高了电动机在轻载时的效率，达到节能的目的
3	采取正确的无功补偿方式	减小配电变压器、低压配电线路的负荷电流；减少配电线路的导线截面和配电变压器容量；减小企业配电变压器以及配电网功率损耗；使补偿点无功当量达到最大，提高降损效果；减小电动机起动电流
4	节能改造	可以采用 KYD 电动机节能器、变频器、晶闸管等

7. 供配电设备节能（表 1-19）

表 1-19　供配电设备节能方法

序号	方法
1	为提高供电可靠性，应根据负荷分级、用电容量和地区经济条件，合理选择供配电设备电压等级和供电方式，适度配置冗余度
2	供配电设备应安装在接近负荷中心，并尽可能减少变配电级数
3	为提高功率因数，视需要安装集中或分散就地的无功功率补偿装置
4	供配电设备应选择具有操作使用寿命长、高性能、低能耗、材料绿色环保等特性的开关器件，配置相应的测量和计量仪表
5	根据负荷运行情况，合理均衡分配供配电设备的负载，单相负荷也应尽可能均衡地分配到三相网络中，避免产生过大的电压偏差

8. 变压器设备节能（表 1-20）

表 1-20　变压器设备节能方法

序号	方法
1	应选用高效能、低损耗、低噪声的节能变压器

续表

序号	方法
2	合理地计算、选择变压器容量。力求使变压器的实际负荷接近设计的最佳负荷，提高变压器的技术经济效益，减少变压器能耗
3	季节性负荷容量较大（如空调机组）或专用设备（如体育建筑的场地照明负荷）等，可设专用变压器，以降低变压器损耗
4	供电系统中，配电变压器宜选用 Dyn11 联结组别的变压器

9. 自备发电机设备节能（表 1-21）

表 1-21　　自备发电机设备节能方法

序号	方法
1	选择额定功率单位燃油消耗量小、效率高的发电机组
2	根据负荷特性和功率需求，合理选择发电机组的容量，视需要配置无功补偿装置
3	当供电输送距离远时，选用高压发电机组，以减少线路输送损耗
4	推广使用节能发电机组

10. UPS 及蓄电池设备节能（表 1-22）

表 1-22　　UPS 及蓄电池节能方法

序号	方法
1	合理选择 UPS 的容量，提高使用效率；采用具有节能管理功能的 UPS 供电系统
2	选择额定运行整机效率高、输入功率因数高、输入电流谐波含量少、占用面积小、环境污染噪声小的高频结构 UPS
3	采用优质、寿命长的蓄电池组

11. 动力设备节能（表 1-23）

表 1-23　　动力设备节能方法

序号	方法
1	选择高效率、能耗低的电机，能效值应符合 GB 相关能效节能评价标准
2	轻载电机降压运行、电机荷载自动补偿、采用调速电机等
3	异步电动机采取就地补偿，提高功率因数，降低线路损耗
4	交流电气传动系统中的设备、管网和负载相匹配
5	超大容量设备选用高电压等级供电

续表

序号	方法
6	电梯组采用智能化群控系统，缩短运行等候时间；扶梯及自动步道有人时运行，无人时缓速或停止运行

12. 照明节能技术

照明节能，就是在保证不降低作业视觉要求和照明质量的前提下，力求减少照明系统中的光能损失，最有效地利用电能。要遵循以下3个原则：①满足建筑物照明功能的要求。②考虑实际经济效益，不能单纯追求节能而导致过高的消耗投资，应该使增加的投资费用能够在短期内通过节约运行费用来回收。③最大限度地减小无谓的消耗。节能方法见表1-24。

表1-24　照明节能技术与方法

序号	方法
1	合理确定照明设计方案
2	采用高效率节能灯具
3	正确选择照度标准值、照明功率密度、提高系统功率因数
4	合理选择绝缘导线或电缆
5	合理利用自然光源
6	改进灯具控制方式

13. 暖通空调系统节能

暖通空调系统是现代建筑设备的重要组成部分，也是建筑智能化系统的主要管理内容之一。暖通空调系统为人们提供一个舒适的生活和工作环境，但暖通空调系统也是整个建筑最主要的耗能系统之一，它的节能具有十分重要的意义，其节能方法见表1-25。

表1-25　暖通空调系统节能方法

序号	方法
1	变风量和变水量调节
2	水泵变频技术：①恒压差控制法、②温差控制、③热泵技术
3	制冷机组节能技术
4	热回收技术
5	可再生能源及低品位能源利用技术
6	暖通系统分户计量管理技术

1.4 建筑电气的发展趋势

随着建筑技术、电气科技及信息技术的发展，建筑电气技术实现了飞跃性的发展，建筑电气行业也迈出了新的一步。

1. 中国建筑电气节能行业发展七大趋势（图 1-32）

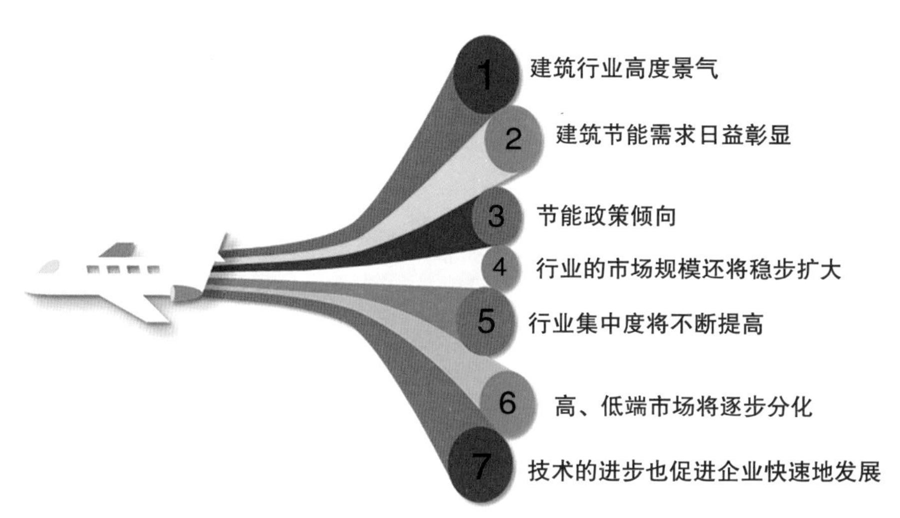

图 1-32 中国建筑电气节能行业发展七大趋势

新型城镇化建设将成为我国未来经济发展的重要动力，快速发展的新型城镇化必然会带来城镇公共服务体系和基础设施投资的扩大，对建筑电气与智能化节能有巨大的推进作用。

我国智慧城市建设刚刚起步，国家相关部门正制定相关政策、标准规范、资金支持和工程项目试点，各级政府积极筹划智慧城市建筑，提升城市综合实力。智慧城市建设对建筑电气与智能化节能行业成功难得的发展机遇。

我国工程建设正处于前所未有的历史高峰期，大量的住宅和公共建筑和城市基础设施等建设和投入使用，而且随着中国经济社会的进一步发展，新的建设工程仍将不断涌现。据住房和城乡建设部预测，到2020年，中国将会新增各类建筑大约300亿m^2，因此建筑业仍将保持持续快速发展的趋势。

2. 中国建筑电气节能技术发展五大趋势（图 1-33）

图 1-33 中国建筑电气节能技术发展五大趋势

电子信息技术新进步带来建筑电气与智能化节

能发展新机遇。物联网、云计算等新一代信息技术的发展，带动了建筑电气与智能化节能技术的不断更新与进步。建筑电气与智能化节能领域的信息网络技术、控制技术、可视化技术、家庭智能化技术、数据卫星通信和双向电视传输技术等，都将被更加广泛发展与应用，全面实现人类社会环境可持续发展目标。

新一代网络技术广泛应用，将改变智能建筑内各系统的网络架构，所有专业系统的数据采集和远程监控进入统一的信息平台，数据整合、信息集成和联动控制功能大大增强，使同一平台下实现诸多智能建筑的统一管理成为可能。物业管理、能源监控、环境监测、安全保障和信息发布与交流将突破建筑的物理范畴，延伸至多种类型建筑群体以致整个城市，成为智慧城市中社会化信息平台的组成部分。

3. 智能建筑节能的四大机遇（图 1-34）

图 1-34 智能建筑节能的四大机遇

（1）政府的大力扶持。政府的大力扶持促进城镇绿色建筑发展，中央政府节能补贴大幅增加，地方政府优惠政策日益明确。三星级绿色建筑，每平方给予 75 元补助；对新建绿色建筑达到 30% 以上的小城镇命名为“绿色小城镇”并一次性给予 1000 万 ~ 2000 万元补助。有的地方政府提出：凡是绿色建筑一星容积率返还 1%，二星返还 2%，三星返还 3%。另外，国家从实行税收优惠、加大资金支持力度、完善会计制度、提供融资服务等方面积极支持合同能源管理节能产业的发展。

（2）新技术不断涌现。例如可再生能源电梯，节能率达到 50% 以上，利用电梯下降时候发电，成本仅增加 5%，运行寿命更长；冷热电三联供对能源进行充分的回收利用；采用新型材料光伏幕墙对透光串进行调节等，这些新型技术有些已经运用的很成熟，有些还有待推广。

（3）国际合作项目日益增多。国际合作正在蓬勃发展。随着绿色建筑概念的不断推广，国际合作也在日益加强。近年来，很多的发达的国家都向我国提出共建绿色建筑示范区的合作要求。

（4）专业协会的成立。中国智能建筑行业的蓬勃发展，除了得益于国家政策支持和建筑企业的创新，还有赖于一些业内高品质协会的良性引导。

由民政部批准的“中国建筑节能协会——建筑电气与智能化节能专业专委会”已于 2013 年 5 月正式成立了。该协会聚集了一百多位在行业内较有影响力的专家，致力于搭建交流合作的良好平台，积极引导智能建筑行业发展，并将主营业务定位为：广泛收集和共享业内信息、提供业务培训、编辑发行书刊、努力推进国际合作。在成立后的时间里，随着协会工作的稳步推进，已起到促进我国智能建筑行业的快速发展的作用。

第2章 供配电系统电气节能技术

2.1 建筑供配电系统概述

建筑供配电系统是电力系统的组成部分，一般由电源供电、发电、变电、输电、配电、用电等环节组成。

2.1.1 电源供电

电源供电就是建筑物以合适的电压等级、回路数量、电气系统搭建等条件接受城市电力系统送来的电能。建筑物供电系的电压等级直接影响供电系统电能处理环节的能耗，因此，当有条件时，供电电源应选择较高电压等级。在民用建筑中常用10kV中压及以上电压等级供电。

近几年兴起的城市综合体，其建筑面积不再是几万或十几万，而是几十万甚至上百万平方米，用电量急剧增加，10kV电源等级已不能满足要求。2007年国家电网下达了“关于推广20kV电压等级的通知”，国标《标准电压》(GB/T 156—2007)也已经将20kV列入标准电压。国家标准《10kV及以下变电所设计规范》(GB 50053)已经改名为《20kV及以下变电所设计规范》，并在2014年7月1日正式实施。

2.1.2 发电

发电就是在建筑物内配备发电设备，在必要的时候自行发电，主要作为备用电源，其常见形式为柴油发电机组。《供配电系统设计规范》(GB 50052—2009)对一级负荷的供电要求从“两个电源”变“双重电源”，更具操作性。认准并用对用好“双重电源”，不仅可以节约建筑空间，而且节约能源。一直以来，建筑工程普遍采用 UPS 或 EPS 作为一级负荷中特别重要的负荷的应急电源。UPS 和 EPS 的电能利用率不同，选用时应区别对待。在建筑物有限平台上，太阳能光伏发电是可再生能源中最为方便可行的，关于太阳能光伏发电详本书第 5 章。

2.1.3 变电

变电就是把建筑物与电力系统对接的高电压，如 10kV，变换为满足用电设备对工作电压的要求，一般为 220/380V。变电系统的核心元件是变压器。应选择节能型变压器，以符合《三相配电变压器能效限定值及节能评价值》(GB 20052) 的节能评价值。变电所是变换电压和交换电能的场所，主要为变压器和配电装置。对只有受电、配电设备而无电力变压器的一般称为配电所，对中压系统还常称为开闭所。变电所的选址深入负荷中心，且符合供电半径的要求，是供电系统节能设计的基本原则。

2.1.4 输电

输电就是借助于供电线路等，把电能从建筑物的电源始发地传送到用电设备。建筑内输电系统无论是高压还是低压，应该尽量避免输电线路的迂回，而且，较高的功率因数、较低的谐波含量都有利于降低电能传输的降耗。正确选择电线电缆截面，即除了按技术条件选择导体截面外还应按经济电流复核导体截面是减少电能传输损耗的重要措施。有资料指出，根据我国情况，如果能全面推广按经济电流选择电线电缆截面，将减少 35% ~ 42% 的线路损耗，节能减排的意义十分重大。

2.1.5 配电

配电就是建筑物内高压和低压回路的分配，其任务是根据系统要求，在配电节点上把一个回路变为两个或两个以上的多个回路。就建筑物配电而言，主要指低压配电，重在组织低压电源的回路分配，一般按照负荷性质组织配电回路，例如：按照消防、非消防、一级负荷、二级负荷、三级负荷、动力收费、照明收费等各种需求，分别组成分类回路。从节能的角度出发，应高度关注按经济电流要求和按用电分项计量要求分别组织配电回路。

2.1.6 用电

建筑电气用电设备主要分为动力设备和照明设备，其中动力设备一般由给排水、暖通和建筑等相关专业完成节能选型，建筑电气专业不参与动力设备的节能选型，此部分本书从略。照明设备节能问题详见本书第 3 章。

2.2 建筑供配电技术节能的设备现状

2.2.1 概述

节能措施一般可以分为基于先进的技术手段的节能，即“技术节能”，和人为设定的节能行为，即“行为节能”。建筑供配电系统节能所研究的是“技术节能”。本节基于“技术节能”的理念，介绍UPS电源、配电变压器、变频器、铝合金电缆、CPS控制与保护开关等常用电气设备及材料的节能技术现状。

2.2.2 UPS电源

中国UPS主要应用行业为政府、金融、电信运营、制造、互联网、交通等。目前外资品牌UPS电源，在国内还占有市场主导地位，但随着我国科学技术发展，国内品牌在单机功率600kVA及以下领域得到成熟应用。UPS电源一般有“工频机”和“高频机”之分，工频机是可控整流，传统技术最好可做到12拍整流；而高频机的整流是二极管不控整流+IGBT的高频直流升压环节。欧洲对UPS的节能提出了明确的要求，并使用了UPS节能标签，将UPS的能耗分为7个等级，分别是A、B、C、D、E、F、G，其对应要求的最低能耗限值分为：<2%，<4%，<6%，<8%，<10%，<12%和≥12%。

采用智能并机休眠技术，当UPS进入智能休眠模式时逆变器处于关闭状态以实现节能，而整流器则处于热备状态。智能并机休眠技术的关键是UPS系统的运行控制策略。进入休眠模式的负载条件是，并机系统中，UPS系统总负载量小于30%。退出休眠的负载条件是，负载大于当前供电UPS总负载量的60%。哪台UPS进行休眠功能的启动与退出取决于控制策略的设定。智能休眠模式适合对于负荷变换不太频繁的应用场所。ECO旁路技术也是UPS的常用节能技术之一，UPS的ECO运行是指市电正常情况下UPS运行在静态旁路，而主路则处于热备份状态。一旦市电异常时，UPS切换到主路供电模式或通过电池逆变继续供电。目前，ECO技术也从传统的单机发展到多机并联运行，以适应数据中心对节能的迫切要求。UPS常用节能技术还包括三电平及多电平技术，与传统的两电平变换器相比，三电平变换器在桥壁上有四个IGBT开关器件，它通过对直流侧的分压和开关动作的不同组合，实现多电平阶梯波输出电压。多点电平变换器的开关器件数量增多，其控制较复杂，所以技术难度也较高。

2.2.3 配电变压器

配电变压器作为电力系统广泛使用的电气设备，在变电过程中发挥着重要作用。目前，低损耗的配电变压器主要分为2大类，即节能型油浸式配电变压器和节能型干式配电变压器。

节能型油浸式配电变压器可分3种类型：S13（2级能效）、S14（1级能效）三相油浸式配电变压器，SBH15（2 级能效）、SBH16（1 级能效）三相非晶合金铁心配电变压器，S13（2 级能效）、S14（1 级能效）三相立体卷铁心配电变压器。

节能型干式配电变压器也可分 3 种类型：SCB12（2 级能效）、SCB13（1 级能效）三相干式配电变压器，SCBH15（2 级能效）、SCBH16（1 级能效）三相干式非晶合金铁心配电变压器，SCB12（2 级能效）、SCB13（1 级能效）三相干式立体卷铁心配电变压器。

能效等级确定：表 2-1 为各能效等级与变压器型号的关系。

表 2-1　　能效等级及与变压器型号的关系

<table>
<tr><th colspan="2">能效 3 级</th><th colspan="4">能效 2 级</th><th colspan="4">能效 1 级</th></tr>
<tr><td>油浸式</td><td>干式</td><td colspan="2">油浸式</td><td colspan="2">干式</td><td colspan="2">油浸式</td><td colspan="2">干式</td></tr>
<tr><td rowspan="2">S11</td><td rowspan="2">SC10</td><td>硅钢</td><td>非晶</td><td>硅钢</td><td>非晶</td><td>硅钢</td><td>非晶</td><td>硅钢</td><td>非晶</td></tr>
<tr><td>S13</td><td>S15</td><td>SC13</td><td>SC15</td><td>与S13相比，空载损耗相同，负载损耗降低20%</td><td>与S15相比，空载损耗相同，负载损耗降低10%</td><td>与SC13相比，空载损耗相同，负载损耗降低10%</td><td>与SC15相比，空载损耗相同，负载损耗降低5%</td></tr>
</table>

通过节能产品认证的变压器，其效率不但应达到本标准所规定的要求，其他性能指标也要达到相关标准所规定的要求。也就是节能变压器不但效率高，其他质量首先应符合相应国家标准的要求。

我国配电变压器空载损耗与欧盟标准对比：欧盟空载损耗分为 E0、D0、C0、B0、A0 五个等级，其中 A0 的空载损耗最低。我国的 3 级能效与欧盟 C0 水平基本相同，我国硅钢 1 级、2 级空载损耗与欧盟 A0 水平基本相同，我国非晶 1 级、2 级比欧盟 A0 水平空载损耗低许多。

我国配电变压器负载损耗与欧盟标准对比：欧盟负载损耗分为 DK、CK、BK、AK 四个等级，其中 AK 的负载损耗最低。我国的 3 级和 2 级负载损耗与欧盟 CK 水平基本相同，我国非晶 1 级负载损耗与欧盟 BK 水平基本相同，我国硅钢 1 级与欧盟 AK 水平负载损耗基本相当。

2.2.4　铝合金电缆

电缆行业年用铜量很大，电工用铜都属高品质的 99.95% 和 99.99% 铜，但我国铜矿藏缺乏，主要依靠进口。而我国铝的储量丰富且价格低，“以铝代铜”成为国内电缆行业的发展方向。

《额定电压 1kV（U_m=1.2kV）到 35k（U_m=40.5kV）铝合金芯挤包绝缘电力电缆》（GB/T 31840—2015）规定了用于配电网或工业装置中，固定安装的额定电压 1kV（U_m=1.2kV）到 35kV（U_m=40.5kV）铝合金芯挤包绝缘电力电缆。但不包括特殊安装和运行条件的电缆，例如用于架空电缆、采矿工业、核电厂（安全壳内及其附近），以及用于水下或船舶的电缆。

GB/T 31840—2015 在主要性能满足 GB/T 12706—2008 系列标准要求的基础上，另外着重对电缆的导体性能和连锁铠装性能增加了规定。同时，考虑到铝合金导体电力电缆的使用特性，为保证电缆使用的安全和可靠性，依据 GB/T 9327—2008 的规定，增加了电缆成品与连接金具的连接性能试验规定。

2.2.5 变频器

变频调速技术是一种以改变电机频率和改变电压来达到电机调速目的的技术。在许多情况下．使用变频器的目的是节能，尤其是对于在工业中大量使用的风扇、鼓风机和泵类负载来说，通过变频器进行调速控制可以代替传统上利用挡板和阀门进行的风量、流量和扬程的控制，所以节能效果非常明显。在利用异步电动机进行恒速驱动的传送带以及移动工作台中，电动机通常一直处于工作状态，而采用变频器进行调速控制后，可以使电动机进行高频度的启停运转，可以使传送带或移动工作台只是在有货物或工件时运行，而在没有货物或工件时停止运行，从而达到节能的目的。当前，新型通用变频器的技术发展具有如下特点：

（1）低电磁噪声、静音化。新型通用变频器采用高频载波方式的正弦波 SPWM 调制、输入侧加交流电抗器或有源功率因数校正电路 APFC，在逆变电路中采取 Soft-PWM 控制技术等，以改善输入电流波形、降低电网谐波，在抗干扰和抑制高次谐波方面符合 EMC 国际标准，实现清洁电能的变换。

（2）专用化。新型通用变频器为更好地发挥独特功能，满足现场控制的需要，派生了许多专用机型，如风机水泵空调专用型、恒压供水专用型、交流电梯专用型、单相变频器等。

（3）系统化。通用变频器除了发展单机的数字化、智能化、多功能化外，还向集成化、系统化方向发展。为用户提供最佳的系统功能。

（4）网络化。新型通用变频器可提供多种兼容的通信接口，支持多种不同的通信协议，内装 RS485 接口可通过选件可与现场总线通信。

（5）操作“傻瓜”化。新型通用变频器机内固化的“调试指南”，无须记住任何参数，充分体现了易操作性。

（6）参数趋势图形。新型通用变频器可实时显示运行状态，用户在调试过程中可随时监控和记录运行参数。

（7）内置式应用软件。新型通用变频器可以内置多种应用软件，可以在 WINDOWS95/98 环境下设置变频器的功能及数据通信。

（8）参数自调整。用户只要设定数据组编码，而不必逐项设置，通用变频器会将运行参数自动调整到最佳状态，矢量型变频器可对电机参数进行自整定。

2.2.6 CPS

CPS 主要用于交流 50Hz（60Hz）、额定电压 220 ~ 380V、电流自 1 ~ 100A 的电力系统中接通、承载和分断正常条件下包括规定的超载条件下的电流，且能够接通、承载并分断规定的非正常条件下的电流（如短路电流）。CPS 控制与保护开关具有以下优点：

（1）节能节材，具有体积小、无分离元件接点、减少线路发热等优点。

（2）与塑壳断路器相比具有分断能力高、飞弧距离短的特性。

（3）与接触器相比寿命长、操作方便。

（4）与热继电器相比具有整定电流范围精确、不受环境影响。

（5）具有起动延时功能且延时时间可根据电动机特性调整，避开启动大电流、和过电流动作时间，避免了过载脱扣误动作。

（6）由电子芯片进行监测，精确可靠，有效避免误动作。

（7）运行可靠性和系统的连续运行性能好。

模块化 CPS 是发展趋势的主要是模块化结构设计。同样的开关本体，可以配置不同保护功能的模块。具有即插即用的接口，接线线路简单，便于安装及操作，选型方便、安全可靠。整体结构紧凑、占用空间更小。其一般能配置以下模块组合：

1）消防功能模块：消防功能模块具有"运行 / 调试"可调功能，以实现消防调试保护。

2）漏电功能模块：主要目的是对电弧性接地故障进行保护，防止火灾的发生。

3）通信功能模块：具有通信接口，通过现场总线、计算机网络或无线网络与监控中心进行信息交换。

4）电机控制模块：电机控制模块以应用 FPGA 控制技术为核心，通过微电子技术、数据传输技术、液晶显示等技术的应用，将电机二次控制线路集成在控制模块中，完全取代了传统二次控制回路的分离元器件，实现了电机二次控制的重大突破。

2.3 建筑物电气能耗现状

2.3.1 概述

我国幅员辽阔，不同气候区域的建筑能耗有显著差异，根据《公共建筑节能设计标准》（GB 50185—2015），全国分为严寒地区、寒冷地区、夏热冬冷地区、夏热冬暖地区、温和地区等气候分区。本章根据取样于不同分区的典型城市中不同类型建筑的电力能耗数据，分析不同气候分区、不同类型建筑的电力能耗现状及特点。

本章的建筑电力能耗数据主要来源于各省市地区的住宅与城乡建设局官方网站的能耗调查公示数据。其中，严寒地区城市数据暂缺，寒冷地区城市取自天津，夏热冬冷地区取自上海、夏热冬暖地区取自临近广州的清远市以及临近深圳的珠海市，温和地区取自云南省。各地公示的样本建筑数量、建筑类型覆盖面、能耗数据类型、详细程度等有所差异，但基本反映了当地建筑能耗的实际情况。

本章数据采集的样本建筑，未特意考察其电力节能措施现状，因此，本章的数据可以认为是在目前建筑电力节能水平基础上的能耗数据。随着节能技术的发展及应用，可以预见建筑电力节能还有很大的空间。

2.3.2 气候分区典型城市建筑能耗数据

气候分区典型城市建筑能耗统计数据见表 2-2 ~ 表 2-6。

表 2-2　　天津市部分建筑耗电量统计数据（代表寒冷地区）

序号	名称	面积 / m²	总电耗 /（kW·h）	单位面积能耗 /（kW·h/m²）	照明 /（kW·h）	空调 /（kW·h）	动力 /（kW·h）	其他 /（kW·h）
办公建筑（按照能耗降序排列，取 9 月 1 日到 9 月 30 日能耗情况）								
1	北方金融大厦	41 000	310 920.00	7.58	108 822.00	124 368.00	46 638.00	31 092.00
2	天津市统计局办公楼	15 000	112 400.00	7.50	39 340.00	44 960.00	16 860.00	11 240.00
3	泰达大厦	60 000	444 240.00	7.40	155 484.00	177 696.00	66 636.00	44 424.00
4	河西建委	4300	10 785.00	3.17	2897.68	1215.91	1323.88	0.00
5	海河大厦	8600	11 918.00	1.75	7418.38	7654.56	0.00	0.00
6	河北建委	8000	9547.00	1.51	9586.62	1545.24	941.79	0.00
7	东丽财政局	2215	1706.00	0.97	965.06	0.00	0.00	1191.79
8	宁河建委	4032	2647.00	0.83	3298.18	0.00	49.79	0.00
9	津南财政局	2750	1257.00	0.58	885.85	157.21	547.06	0.00
10	津南建委	2480	528.00	0.27	200.24	467.32	0.00	0.00
	单位面积能耗平均值			6.11	2.22	2.41	0.90	0.59
	分项电耗比例				36.30%	39.52%	14.68%	9.71%
商场建筑（按照能耗降序排列，取 9 月 1 日到 9 月 30 日能耗情况）								
11	天津金元宝国际购物中心	38 642	1 138 500.00	29.47	398 475.00	455 400.00	170 775.00	113 850.00
12	天津劝业场	56 106	1 478 960.00	26.36	517 636.00	591 584.00	221 844.00	147 896.00
13	天津金元宝商厦	56 992	1 468 000.00	25.76	513 800.00	587 200.00	220 200.00	146 800.00
14	天津市百货大楼	58 865	1 461 500.00	24.82	511 525.00	584 600.00	219 225.00	146 150.00
15	武清友谊商城	30 755	717 587.00	23.33	251 155.45	287 034.80	107 638.05	71 758.70

续表

序号	名称	面积 / m^2	总电耗 / (kW·h)	单位面积能耗 / (kW·h/m^2)	照明 / (kW·h)	空调 / (kW·h)	动力 / (kW·h)	其他 / (kW·h)
16	塘沽友谊名都店	27 000	576 925.00	21.37	201 923.75	230 770.00	86 538.75	57 692.50
17	世纪联华超市广东路店	25 991	535 430.00	20.60	187 400.50	214 172.00	80 314.50	53 543.00
18	中原百货	45 349	915 955.00	20.20	320 584.25	366 382.00	137 393.25	91 595.50
19	天津金元宝东方广场	40 418	809 300.00	20.03	283 255.00	323 720.00	121 395.00	80 930.00
20	天津友谊家世界购物广场	45 023	845 140.00	18.77	295 799.00	338 056.00	126 771.00	84 514.00
21	金元宝大五金	18 000	132 885.20	7.38	46 509.82	53 154.08	19 932.78	13 288.52
22	红星美凯龙家居广场河西店	70 000	384 461.00	5.49	134 561.42	153 784.48	57 669.18	38 446.12
	单位面积能耗平均值			20.39	7.14	8.16	3.06	2.04
	分项电耗比例				35.00%	40.00%	15.00%	10.00%
文化教育（按照能耗降序排列，取 9 月 1 日到 9 月 30 日能耗情况）								
23	天津商业大学新建图书馆	33 621	228 360.00	6.79	79 926.00	91 344.00	34 254.00	22 836.00
24	天津商业大学 FIU	42 476	203 640.00	4.79	71 274.00	81 456.00	30 546.00	20 364.00
25	天津商业大学信息交流中心	10 000	30 900.00	3.09	10 815.00	12 360.00	4635.00	3090.00
26	天津商业大学十四号宿舍楼	4473	10 700.00	2.39	3745.00	0.00	1605.00	5350.00
27	天津商业大学九号宿舍楼	3825	8540.00	2.23	2989.00	0.00	1281.00	4270.00
28	天津商业大学新建实验楼	28 431	48 120.00	1.69	16 842.00	19 248.00	7218.00	4812.00
29	天津商业大学南区九号公寓	6995	9240.00	1.32	3234.00	0.00	1386.00	4620.00
30	天津商业大学一号教学楼	14 482	9045.00	0.62	3165.75	0.00	1356.75	4522.50

续表

序号	名称	面积 / m^2	总电耗 /（kW·h）	单位面积能耗 /（kW·h/m^2）	照明 /（kW·h）	空调 /（kW·h）	动力 /（kW·h）	其他 /（kW·h）
31	天津商业大学科学会堂	3555	1680.00	0.47	588.00	672.00	252.00	168.00
32	天津商业大学南区六号公寓	4473	1000.00	0.22	350.00	0.00	150.00	500.00
	单位面积能耗平均值			3.62	1.27	1.35	0.54	0.46
	分项电耗比例				35.00%	37.20%	15.00%	12.80%
医疗卫生（按照能耗降序排列，取 9 月 1 日到 9 月 30 日能耗情况）								
33	天津市肿瘤医院	80 000	1 389 291.00	17.36	486 251.85	555 716.40	208 393.65	138 929.10
34	天津职业病防治医院住院楼	19 050	187 700.00	9.85	65 695.00	75 080.00	28 155.00	18 770.00
35	人民医院A 座	99 062	944 540.00	9.54	330 589.00	377 816.00	14 1681.00	94 454.00
36	安定医院	78 500	725 920.00	9.25	254 072.00	290 368.00	108 888.00	72 592.00
37	天津市第四中心医院急救中心大楼	37 460	287 603.00	7.68	10 0661.05	115 041.20	43 140.45	28 760.30
38	人民医院 B 座	35 776	220 620.00	6.17	77 217.00	88 248.00	33 093.00	22 062.00
	单位面积能耗平均			10.74	3.76	4.29	1.61	1.07
	分项电耗比例				35.00%	40.00%	15.00%	10.00%
医疗卫生（按照能耗降序排列，取 9 月 1 日到 9 月 30 日能耗情况）								
39	泰达中心酒店	53 000	472 170.00	8.91	165 259.50	188 868.00	70 825.50	47 217.00
40	天津喜来登大酒店	14 000	81 129.00	7.33	47 497.12	26 438.68	28 669.18	0.00
41	泰达会馆	68 500	75 771.00	1.40	12 804.38	81 899.71	9444.65	8321.18
42	集贤大酒店	10 000	8379.00	1.06	4636.03	955.09	5005.47	0.00
	单位面积能耗平均值			4.38	1.58	2.05	0.78	0.38
	分项电耗比例				36.11%	46.77%	17.88%	8.71%

表 2-2 数据为从天津市城乡建设委员会官方网站获取的 2012 年 9 月部分建筑耗电量数据，原表格中，能耗单位采用千克标准煤（kg），编者按每 kW · h 等价于 0.333kg 折算为以 kW · h 为单位的能耗数据。

表 2-3　　上海部分建筑耗电量统计数据（代表夏热冬冷地区）

建筑类型	年耗电量 /（kW · h/m²）	数量 / 栋	数量占比（%）
国家机关办公建筑	68.2	168	14.96
办公建筑	86.2	430	38.29
旅游饭店建筑	120.7	181	16.12
商场建筑	139.5	197	17.54
综合建筑	101.0	147	13.09
合计	100.4①	1123	100.00

① 按照建筑数量的占比加权出的总和。

表 2-3 的数据取自上海市住房和城乡建设管理委员会、上海市发展和改革委员会编制的《2015 年度上海市国家机关办公建筑和大型公共建筑能耗监测情况报告》。

表 2-4　　珠海部分建筑耗电量统计数据（代表夏热冬暖地区）

序号	建筑名称	建筑类型	建筑面积 /m²	2015 年	
				年用电 /（万 kW · h）	单位面积年耗电量 /（kW · h/m²）
1	珠海市公安局法监处办公楼	政府办公建筑	3635	81.77	224.95
2	珠海市公安局警务保障处办公楼	政府办公建筑	6228	120.00	192.68
3	珠海市公安局出入境	政府办公建筑	9360	165.00	176.28
4	珠海市公安局特警队办公楼	政府办公建筑	9291	155.76	167.65
5	珠海检验检疫大楼	政府办公建筑	20 584	343.60	166.92
6	珠海市公安局刑警支队办公楼	政府办公建筑	10 012	163.54	163.34
7	珠海市政务服务管理局	政府办公建筑	5800	88.26	152.18
8	拱北口岸联检楼	政府办公建筑	12 8000	1745.48	136.37
9	中华人民共和国珠海海事局	政府办公建筑	2630	33.99	129.23
10	珠海保税区管理委员会国际贸易展示中心	政府办公建筑	18 797	224.15	119.25
11	珠海市公安局指挥中心大楼	政府办公建筑	31 508	327.08	103.81
12	珠海市地方税务局	政府办公建筑	21 000	204.50	97.38
13	中华人民共和国珠海出入境边防检查总站办公业务楼	政府办公建筑	19 712	170.00	86.24
14	珠海金湾航空城规划展览馆	政府办公建筑	6000	48.15	80.25

续表

序号	建筑名称	建筑类型	建筑面积 /m²	2015 年	
				年用电 /（万 kW · h）	单位面积年耗电量 /（kW · h/m²）
15	珠海市政府大院	政府办公建筑	39 579	314.48	79.46
16	珠海档案局	政府办公建筑	13 000	102.67	78.98
17	珠海市劳动教育大楼	政府办公建筑	11 349	89.48	78.84
18	斗门区人民检察院综合业务楼	政府办公建筑	7159	48.51	67.76
19	东光大厦	政府办公建筑	6689	40.30	60.25
20	珠海市人民法院	政府办公建筑	45 690	245.97	53.83
21	珠海市财政局	政府办公建筑	17 685	78.82	44.57
22	珠海市国家税务局多功能办税服务厅	政府办公建筑	72 000	303.69	42.18
23	珠海市人大常委会办公室	政府办公建筑	7058	29.07	41.19
24	工商大厦	政府办公建筑	47 119	183.81	39.01
25	珠海市口岸局	政府办公建筑	8564	28.00	32.70
26	政府办公建筑年平均值		93.87kW · h/m²		
27	君悦来酒店	宾馆饭店建筑	6740	198.83	295.00
28	珠海华储商务酒店有限公司	宾馆饭店建筑	1194	28.97	242.67
29	珠海海湾大酒店	宾馆饭店建筑	29 556.88	488.72	165.35
30	拱北海利商务酒店	宾馆饭店建筑	7450	113.86	152.84
31	庆华国际大酒店有限公司绿洋酒店	宾馆饭店建筑	25 588	389.43	152.19
32	粤海酒店	宾馆饭店建筑	62 666.75	847.73	135.28
33	国信广场 C 座酒店	宾馆饭店建筑	21 700	281.12	129.55
34	2000 年大酒店	宾馆饭店建筑	28 375.99	350.80	123.63
35	珠海国际金融大厦（集团）有限公司银都酒店	宾馆饭店建筑	60 000	737.20	122.87
36	珠海德翰大酒店	宾馆饭店建筑	67 000	750.23	111.97
37	珠海度假村酒店	宾馆饭店建筑	77 000	800.37	103.94
38	南油大酒店	宾馆饭店建筑	47 649	476.06	99.91
39	珠海西藏大厦	宾馆饭店建筑	22 000	197.75	89.88
40	竹林酒店	宾馆饭店建筑	25 000	216.00	86.40
41	珠海市旅游大酒店	宾馆饭店建筑	10 000	75.00	75.00
42	粤财酒店	宾馆饭店建筑	68 800	497.88	72.37
43	金湾祥祺明月湾酒店	宾馆饭店建筑	33 202	125.00	37.65

续表

序号	建筑名称	建筑类型	建筑面积/m²	2015年	
				年用电/（万kW·h）	单位面积年耗电量/（kW·h/m²）
44	宾馆饭店建筑年平均值		110.7kW·h/m²		
45	珠海移动通信综合楼（全球通大厦）	非政府办公建筑	16 010.67	498.28	311.22
46	珠海信息大厦	非政府办公建筑	35 328.64	1049.33	297.02
47	中国联通有限公司珠海分公司联通新时空大厦	非政府办公建筑	18 556.5	498.29	268.52
48	珠海金山软件股份有限公司金山大厦	非政府办公建筑	26 076.79	572.61	219.59
49	珠海九洲港大厦	非政府办公建筑	9038.48	164.95	182.50
50	珠海电视台	非政府办公建筑	28 157	478.82	170.05
51	华润银行大厦	非政府办公建筑	24 316.81	352.49	144.96
52	珠海清华科技园综合服务楼AB区	非政府办公建筑	35 695.6	495.15	138.71
53	工业大厦	非政府办公建筑	8740	114.35	130.84
54	桂花中心大厦	非政府办公建筑	4531	58.00	128.01
55	珠海农信金融大厦	非政府办公建筑	11 975	141.93	118.52
56	珠海市水务集团	非政府办公建筑	20 920	202.80	96.94
57	珠海华策大厦	非政府办公建筑	22 888.46	200.00	87.38
58	名门大厦	非政府办公建筑	20 880	177.59	85.05
59	发展大厦	非政府办公建筑	18 638.58	157.40	84.45
60	钰海环球金融中心	非政府办公建筑	98 611.53	793.02	80.42
61	珠海国际科技大厦	非政府办公建筑	31 928.3	246.55	77.22
62	香龙大厦	非政府办公建筑	34 235	258.77	75.59
63	市粤财房产开发有限公司假日酒店（粤财大厦）	非政府办公建筑	68 843.11	497.88	72.32
64	市供水机械工程公司综合楼	非政府办公建筑	5493	33.53	61.04
65	国信广场A座	非政府办公建筑	29 000	157.69	54.37
66	恒和中心	非政府办公建筑	40 630	215.27	52.98
67	安广世纪大厦	非政府办公建筑	28 937.31	152.57	52.72
68	泉福商业大厦	非政府办公建筑	19 826.42	67.78	34.19
69	珠海承泰集团	非政府办公建筑	4231.86	12.90	30.48
70	非政府办公建筑年平均值	114.51kW·h/m²			
71	新香洲华润万家	商场建筑	21 000	613.80	292.29

续表

序号	建筑名称	建筑类型	建筑面积/m²	2015年	
				年用电/（万kW·h）	单位面积年耗电量/（kW·h/m²）
72	珠海华发商都	商场建筑	180 000	3868.40	214.91
73	世邦装饰材料会展中心二号展厅	商场建筑	18 000	230.08	127.82
74	丹田置业公司城市广场	商场建筑	26 159.16	322.40	123.25
75	世邦装饰材料会展中心一号展厅	商场建筑	19 000	221.67	116.67
76	珠海特区房地产开发总公司旺角商业文化中心	商场建筑	30 522	350.00	114.67
77	金湾红旗益百家购物广场	商场建筑	2358	24.00	101.78
78	世邦家居世界	商场建筑	77 182.75	727.74	94.29
79	珠海市扬名广场	商场建筑	137 000	1040.95	75.98
80	太和商业广场	商场建筑	35 193.4	265.83	75.53
81	丹田置业有限公司新天地大厦	商场建筑	6275.83	32.00	50.99
82	永晟家居城商业楼	商场建筑	31 442	51.60	16.41
83	商场建筑年平均值		132.65kW·h/m²		
84	北师大珠海分校图书馆	科研教育建筑	32 844.08	400.38	121.90
85	北师大珠海分校丽泽楼	科研教育建筑	26 054	140.80	54.04
86	北师大珠海分校励耘楼	科研教育建筑	21 200	76.97	36.31
87	中山大学珠海校区图书馆	科研教育建筑	36 390	129.80	35.67
88	珠海城市职业技术学院	科研教育建筑	147 630	452.05	30.62
89	珠海市卫生学校	科研教育建筑	37 265	95.97	25.75
90	珠海市红旗中学	科研教育建筑	18 500	33.00	17.84
91	珠海市理工职业技术学校斗门校区	科研教育建筑	62 883.11	107.28	17.06
92	科研教育建筑年平均值		37.5kW·h/m²		
93	珠海高科技成果产业化示范基地	综合商务建筑	21 900	419.70	191.64
94	珠海金河置业有限公司迎宾广场（迎宾花园商住楼）	综合商务建筑	64 119	756.27	117.95
95	丹田广场一期	综合商务建筑	14 859.65	166.30	111.92
96	华业大厦	综合商务建筑	22 898.77	200.00	87.34
97	中建大厦	综合商务建筑	19 514	125.65	64.39
98	怡华商业中心综合楼	综合商务建筑	19 958	127.81	64.04
99	珠海中珠股份有限公司中珠水晶堡工程	综合商务建筑	39 249.6	134.64	34.30

续表

序号	建筑名称	建筑类型	建筑面积/m²	2015 年	
				年用电/(万 kW·h)	单位面积年耗电量/(kW·h/m²)
100	综合商务建筑年平均值		95.33kW·h/m²		
101	珠海市人民医院	医疗卫生建筑	94 192	1234.48	131.06
102	珠海红旗医院	医疗卫生建筑	7500	89.32	119.10
103	珠海市妇幼保健院	医疗卫生建筑	67 650	761.38	112.55
104	珠海市第二人民医院	医疗卫生建筑	65 275	725.50	111.15
105	中山大学附属第五医院	医疗卫生建筑	140 000	1554.08	111.01
106	遵义医学院第五附属（珠海）医院	医疗卫生建筑	94 425.9	915.60	96.97
107	珠海市中心血站	医疗卫生建筑	6497.28	45.74	70.39
108	珠海市疾病预防控制中心	医疗卫生建筑	24 178	136.73	56.55
109	珠海市食品药品监督管理局	医疗卫生建筑	2914	15.77	54.11
110	医疗卫生建筑年平均值		109kW·h/m²		
111	古元美术馆	文化场馆建筑	8161	66.30	81.24
112	珠海市图书馆	文化场馆建筑	16 000	103.62	64.76
113	珠海市博物馆	文化场馆建筑	8600	22.76	26.47
114	文化场馆建筑平均值		58.81kW·h/m²		
115	九州港客运中心	交通建筑	5973.7	279.20	467.38
116	交通建筑平均值		467.38kW·h/m²		
117	华南名宇 11 栋	居住建筑	9790	319 282	32.61
118	华南名宇 10 栋	居住建筑	7609	201 419	26.47
119	华南名宇 8 栋	居住建筑	8920	162 637	18.23
120	华南名宇 5 栋	居住建筑	8920	136 678	15.32
121	华南名宇 6 栋	居住建筑	10 463	141 069	13.48
122	华南名宇 4 栋	居住建筑	9052	120 032	13.26
123	华南名宇 7 栋	居住建筑	10 463	121 985	11.66
124	馨园保障房小区 2 栋	居住建筑	38 425	329 682	8.58
125	馨园保障房小区 1 栋	居住建筑	38 425	302 769	7.88
126	馨园保障房小区 3 栋	居住建筑	38 425	289 649	7.54
127	居住建筑室内单位面积平均耗电量		11.77kW·h/m²		

表 2-4 数据取自珠海市住房和城乡规划建设信息网。其中，各类型建筑的平均单位面积年能耗数据原表格提供的为以楼栋数量为个数的简单平均值，编者修正为以面积为基数的平均值。

表 2-5　　广东清远市部分建筑耗电量统计数据（代表夏热冬暖地区）

序号	建筑物名称	建筑类型	建筑功能	建筑面积/m²	2015年耗电量/（kW·h）	单位面积年耗电量/（kW·h/m²）
1	好来登国际酒店	大型公共建筑	宾馆饭店建筑	28 346.92	3 881 996	136.95
2	清远国际大酒店	大型公共建筑	宾馆饭店建筑	91 914	9 000 000	97.92
3	丁香花园酒店	大型公共建筑	宾馆饭店建筑	28 006	3 164 120	113
4	建滔御花园酒店	大型公共建筑	宾馆饭店建筑	49 657	6 312 316	127.12
5	华冠酒店	中小型公共建筑	宾馆饭店建筑	12 000	1 405 155	117.1
6	狮子湖喜来登酒店	大型公共建筑	宾馆饭店建筑	93 152.5	8 560 163	91.9
	宾馆饭店建筑单位面积平均年耗电量					106.65
1	清远市城市广场	大型公共建筑	商场建筑	110 000	18 956 928	172.34
2	义乌商贸城 A 区	大型公共建筑	商场建筑	40 009	2 066 157.16	51.64
3	华南装饰城	大型公共建筑	商场建筑	267 756.3	4 760 880	17.78
4	大润发商场	大型公共建筑	商场建筑	22 000	6 150 210	279.56
5	清远市义乌商贸城 B 区	大型公共建筑	商场建筑	40 000	1 900 935	47.52
	商场建筑单位面积平均年耗电量					70.52
1	工商银行办公大楼	中小型公共建筑	写字楼建筑	6860	890 247	129.78
2	建设银行办公大楼	中小型公共建筑	写字楼建筑	12 597	1 070 745	85
3	农业银行办公大楼	中小型公共建筑	写字楼建筑	5678	485 172	85.45
4	中国银行办公大楼	中小型公共建筑	写字楼建筑	14 628	996 957	68.15
5	人民银行办公大楼	中小型公共建筑	写字楼建筑	4280	755 698	176.56
	办公（写字楼）建筑单位面积平均年耗电量					95.33
1	清远市中心血站办公楼	中小型公共建筑	医疗卫生建筑	3736	242 250	64.84
2	清远市疾病预防控制中心办公楼	中小型公共建筑	医疗卫生建筑	13 320	694 776	52.16
3	清远市中医院综合楼	大型公共建筑	医疗卫生建筑	37 800	3 697 346	97.81
4	清远市妇幼保健院急诊楼	中小型公共建筑	医疗卫生建筑	3027.2	918 476.8	303.41
5	清远市妇幼保健院门诊楼	中小型公共建筑	医疗卫生建筑	10 649.59	1 607 334.4	150.93

续表

序号	建筑物名称	建筑类型	建筑功能	建筑面积 / m^2	2015 年耗电量 / (kW·h)	单位面积年耗电量 / (kW·h/ m^2)
6	清远市妇幼保健院住院楼	中小型公共建筑	医疗卫生建筑	11 388.46	1 205 500.8	105.85
7	清远市妇幼保健院综合楼	中小型公共建筑	医疗卫生建筑	2109	183 695.36	87.1
8	清远市妇幼保健院行政楼	中小型公共建筑	医疗卫生建筑	3338	218 138.24	65.35
9	清远市妇幼保健院后勤楼	中小型公共建筑	医疗卫生建筑	3338	459 238.4	137.58
10	清远市人民医院办公楼	中小型公共建筑	医疗卫生建筑	9021.71	1 661 510	184.17
11	清远市人民医院门急诊楼	大型公共建筑	医疗卫生建筑	54 654.2	4 153 775	76
12	清远市人民住院楼	大型公共建筑	医疗卫生建筑	60 440.55	4 984 530	82.47
13	清远市慢性病防治医院	中小型公共建筑	医疗卫生建筑	4266.5	705 640	165.4
14	清城区石角镇卫生院	中小型公共建筑	医疗卫生建筑	3780	227 628	60.22
15	清远市清城区中医院	大型公共建筑	医疗卫生建筑	23 316	794 981	34.1
16	清新区人民医院内科楼	中小型公共建筑	医疗卫生建筑	5647	1 475 036	261.21
17	清新区人民医院门诊医技楼	中小型公共建筑	医疗卫生建筑	5975	1 398 665	234.09
18	清新区人民医院食堂—宿舍楼	中小型公共建筑	医疗卫生建筑	3110	585 403	188.23
19	清新区人民医院外科楼	大型公共建筑	医疗卫生建筑	20 766	1 609 716	77.52
20	阳山县人口和计划生育服务站（办公楼）	国家机关办公建筑	医疗卫生建筑	2994.93	87 980	29.38
21	连南县人民医院门诊住院综合大楼	大型公共建筑	医疗卫生建筑	36 713	1 782 483	48.55
	医疗卫生建筑单位面积平均年耗电量					89.84
1	清远市华侨中学	大型公共建筑	文化教育建筑	89 231.42	1 998 367	22.4

续表

序号	建筑物名称	建筑类型	建筑功能	建筑面积 / m^2	2015 年耗电量 / (kW · h)	单位面积年耗电量 /(kW · h/ m^2)
2	清远市工贸职业技术学校	大型公共建筑	文化教育建筑	112 930	1 668 288	14.77
3	清远市职业技术学校	大型公共建筑	文化教育建筑	65 833	1 051 474	15.97
4	清城区莲塘小学教学楼	中小型公共建筑	文化教育建筑	7680	45 000	5.88
5	清城区石角镇一中	中小型公共建筑	文化教育建筑	12 800	208 568	16.29
6	清城区石角镇中心小学	中小型公共建筑	文化教育建筑	16 600	187 480	11.29
7	清远市清城区源潭镇第一初级中学	大型公共建筑	文化教育建筑	22 952	198 244	8.66
8	清城区源潭二中	中小型公共建筑	文化教育建筑	10 725	56 452	5.26
9	清城区源潭镇高桥初级中学	中小型公共建筑	文化教育建筑	8038	77 353	9.62
10	清城区源潭镇中心小学	中小型公共建筑	文化教育建筑	11 507	63 671	5.53
11	清城区源潭镇青龙小学	中小型公共建筑	文化教育建筑	5325	28 155	5.29
12	清城区源潭镇台前小学	中小型公共建筑	文化教育建筑	6261	22 673	3.61
13	清远市清城区源潭镇连安小学	中小型公共建筑	文化教育建筑	6329	28 808	4.55
14	清远市清城区源潭镇金星小学	中小型公共建筑	文化教育建筑	4117	50 400	12.24
15	清远市清城区源潭镇大连小学	中小型公共建筑	文化教育建筑	3758	12 460	3.32
16	清远市清城区源潭镇高桥小学	中小型公共建筑	文化教育建筑	7022	34 176	4.87
17	清远市清城区源潭镇大龙小学	中小型公共建筑	文化教育建筑	18 512	18 624	1.01
18	清远市清新区教育局	国家机关办公建筑	文化教育建筑	3295.95	34 567	10.49
19	清远市清新区青少年宫	中小型公共建筑	文化教育建筑	3976.66	155 827	39.19

续表

序号	建筑物名称	建筑类型	建筑功能	建筑面积/m^2	2015年耗电量/(kW·h)	单位面积年耗电量/(kW·h/m^2)
20	阳山县图书馆	中小型公共建筑	文化教育建筑	10 880	11 850	1.09
	文化教育建筑单位面积平均年耗电量					13.92
1	清远市国家税务局办公楼	国家机关办公建筑	—	11 091	1 161 900	104.76
2	清远市水利局办公楼	国家机关办公建筑	—	4065	299 842	73.76
3	清远供电局调度大楼	国家机关办公建筑	—	8895.95	2 672 007	300.36
4	清远市政府办公楼1号楼	国家机关办公建筑	—	26 562.64	1 158 388	43.61
5	清远市政府办公楼2号楼	国家机关办公建筑	—	29 808	3 501 784.91	117.48
6	清远市政府办公楼3号楼（行政服务中心）	国家机关办公建筑	—	10 449.24	922 318.6	88.27
7	清远市政府办公楼4号楼	国家机关办公建筑	—	11 000	922 318.6	83.85
8	清远市政府办公楼5号楼	国家机关办公建筑	—	7657	285 746.69	37.32
9	清远市机关办公楼7号楼（清远大厦）	国家机关办公建筑	—	14 544	1 183 789.5	81.4
10	清远国际会展中心	国家机关办公建筑	—	17 850	555 287.35	31.11
11	清远市中级人民法院审判综合大楼	国家机关办公建筑	—	13 000	810 187.6	62.32
12	清远市工商行政管理局办公大楼	国家机关办公建筑	—	20 378.1	463 029	22.72
13	清远市劳动大厦	国家机关办公建筑	—	3554	136 116	38.3
14	清远市经贸局办公楼	国家机关办公建筑	—	3575.97	141 636	39.61
15	清远市环保大楼	国家机关办公建筑	—	3169	283 003	89.3

续表

序号	建筑物名称	建筑类型	建筑功能	建筑面积 / m^2	2015 年耗电量 / (kW · h)	单位面积年耗电量 / (kW · h/ m^2)
16	清远市交通大夏	国家机关办公建筑	—	25 861	1 064 858	41.18
17	清远市海关办公大楼	国家机关办公建筑	—	5696	184 900	32.46
18	清远市公路大厦	国家机关办公建筑	—	5045.4	171 310	33.95
19	清远市检验检疫局办公大楼	国家机关办公建筑	—	6718	262 574	39.09
20	清远市公安局办公 1 ~ 5 号楼	国家机关办公建筑	—	18 339.33	2 310 000	125.96
21	清远市审计局综合办公楼	国家机关办公建筑	—	2900	130 379	44.96
22	清远市地方税务局培训综合楼	国家机关办公建筑	—	10 820.05	1 349 203	124.7
23	清远市人民检察院综合办公大楼	国家机关办公建筑	—	11 506	945 779	82.2
24	清远市林业大厦	国家机关办公建筑	—	8700	282 012	32.42
25	清远市建设大厦	国家机关办公建筑	—	12 445	637 923.4	51.26
26	清远市教育局办公大楼	国家机关办公建筑	—	5500	582 016	105.82
27	清城区政府办公大楼	国家机关办公建筑	—	34 336	2 150 445	62.63
28	清远市财政局办公楼	国家机关办公建筑	—	9034	750 723	83.1
29	清远市公安局交警支队办公楼	国家机关办公建筑	—	20 300	1 680 000	82.76
30	清远市公安局警校办公楼	国家机关办公建筑	—	6573	127 500	19.4
31	广东省清远市气象局办公楼	国家机关办公建筑	—	7238.08	916 640	126.64
32	清城区东城街办机关大楼	国家机关办公建筑	—	3500	480 000	137.14

续表

序号	建筑物名称	建筑类型	建筑功能	建筑面积 / m^2	2015 年耗电量 / (kW·h)	单位面积年耗电量 / (kW·h/m^2)
33	清城区龙塘镇政府大楼	国家机关办公建筑	—	8800	705 172	80.13
34	清城区石角镇人民政府	国家机关办公建筑	—	1735	455 257	262.4
35	清城区飞来峡镇人民政府	国家机关办公建筑	—	4500	531 833	118.19
36	清远市清城区行政文化中心大楼	国家机关办公建筑	—	40 500	2 728 616.9	67.37
37	清城区源潭镇人民政府办公大楼	国家机关办公建筑	—	13 000	396 640	30.51
38	清城区源潭镇供电所办公楼	国家机关办公建筑	—	3500	246 385	70.4
39	清远市清城区地方税务局源潭税务分局办公楼	国家机关办公建筑	—	5434	136 607	25.14
40	清远市清新区国家税务局办公楼	国家机关办公建筑	—	5158	316 926	61.44
41	清远市公安局清新分局综合办公大楼	国家机关办公建筑	—	11 764	2 288 400	194.53
42	清新区办公综合楼（党校）	国家机关办公建筑	—	7200	45 000	6.25
43	清新文体中心	国家机关办公建筑	—	4500	79 167	17.59
44	清新县禾云经济发展总公司文化活动中心大楼	国家机关办公建筑	—	8747	394 374	45.09
45	清远市清新区工商行政管理局办公大楼	国家机关办公建筑	—	4261.14	96 799	22.72
46	清远市清新区人民法院	国家机关办公建筑	—	5056	133 920	26.49
47	清新县公共资产管理中心（住建、水务、气象局）	国家机关办公建筑	—	5696.12	213 736.94	37.52
48	清远市清新区地方税务局	国家机关办公建筑	—	6970	523 809	75.15

续表

序号	建筑物名称	建筑类型	建筑功能	建筑面积 / m^2	2015 年耗电量 / (kW · h)	单位面积年耗电量 / (kW · h/ m^2)
49	区机关办公大楼 4 号楼	国家机关办公建筑	—	4250	83 004	19.53
50	清新区综合办公大楼	国家机关办公建筑	—	5877.6	268 052.25	45.61
51	清远市清新公路局办公大楼	国家机关办公建筑	—	5763.85	112 130.277	19.45
52	英德市技术监督局大楼	国家机关办公建筑	—	2083.07	31 802	15.27
53	英德市工商行政管理局办公大楼	国家机关办公建筑	—	5290	86 493.6	16.35
54	英德市人民法院综合楼	国家机关办公建筑	—	20 853.58	374 766	17.97
55	英德市地方税务局办公大楼	国家机关办公建筑	—	10 377.71	219 240	21.13
56	英德市人力资源和社会保障局综合大楼	国家机关办公建筑	—	10 800	360 000	33.33
57	英德市住房和城乡建设局办公楼	国家机关办公建筑	—	16 850	593 245.5	35.21
58	英德市财政局办公楼	国家机关办公建筑	—	11 713	424 411	36.23
59	英德市行政服务中心	国家机关办公建筑	—	95 584	3 771 495	39.46
60	英德市人民检察院办公楼	国家机关办公建筑	—	13 700	556 142	40.59
61	英德市农林水办公楼	国家机关办公建筑	—	6400	259 970.44	40.62
62	英德市国家税务局办公楼	国家机关办公建筑	—	8423	352 893	41.9
63	英德市海螺国际大酒店有限公司	国家机关办公建筑	—	57 949.5	2 992 359	51.64
64	英德市公安局办公大楼	国家机关办公建筑	—	21 600	1 550 446.62	71.78
65	英德市供电局调度大楼	国家机关办公建筑	—	20 463	1 788 129	87.38

续表

序号	建筑物名称	建筑类型	建筑功能	建筑面积/m^2	2015年耗电量/(kW·h)	单位面积年耗电量/(kW·h/m^2)
66	连州市广播电视台	国家机关办公建筑	—	4497	289 721	64.43
67	连州市三防指挥中心办公大楼	国家机关办公建筑	—	3600	133 400	37.06
68	清远民族工业园行政服务中心	国家机关办公建筑	—	9888.43	260 809	26.38
69	连州镇政府计划生育综合楼	国家机关办公建筑	—	7000	178 104	25.44
70	连州市人民政府二号综合办公楼	国家机关办公建筑	—	8630	116 800	13.53
71	连州市聚源大厦	国家机关办公建筑	—	7945	278 820	35.09
72	连州市劳动力市场及再就业培训基地	国家机关办公建筑	—	7562	103 950	13.75
73	佛冈县行政中心主楼	国家机关办公建筑	—	10 702	570 737.6	53.33
74	佛冈县环保和建设局办公大楼	国家机关办公建筑	—	6261	167 728	26.79
75	佛冈县财政局综合办公大楼	国家机关办公建筑	—	5809	302 192	52.02
76	教育信息中心大楼	国家机关办公建筑	—	4919	102 731	20.88
77	佛冈县公路局公路大厦	国家机关办公建筑	—	7558.25	95 323.9	12.61
78	佛冈县工商局办公大楼	国家机关办公建筑	—	4506.07	160 837	35.7
79	佛冈县行政服务中心	国家机关办公建筑	—	15 519	858 666.27	55.33
80	阳山县人民检察院（办公楼）	国家机关办公建筑	—	5269	191 400	36.33
81	阳山县森林防火指挥中心综合大楼	国家机关办公建筑	—	5087	173 088	34.03
82	阳山县人防应急指挥中心	国家机关办公建筑	—	5846.66	6510	1.11

续表

序号	建筑物名称	建筑类型	建筑功能	建筑面积 / m²	2015 年耗电量 / (kW·h)	单位面积年耗电量 / (kW·h/m²)
83	连南县行政综合办公大楼	国家机关办公建筑	—	23 000	608 788	26.47
84	连南县行政服务中心办公大楼	国家机关办公建筑	—	20 091	884 740	44.04
85	连南县检察院综合楼	国家机关办公建筑	—	5917	122 480	20.7
86	连南县工商行政管理局	国家机关办公建筑	—	3654	54 030	14.79
87	连山县行政服务中心办公大楼	国家机关办公建筑	—	16 850	656 160	38.94
88	连山县国土办公大楼	国家机关办公建筑	—	4956	109 260	22.05
89	连山供电局调度大楼	国家机关办公建筑	—	7165.16	563 340	78.62
90	连山县人防应急指挥中心暨环境监测执法业务用房	国家机关办公建筑	—	3500	46 080	13.17
91	连山壮族瑶族自治县疾病预防控制中心等 4 个单位	国家机关办公建筑	—	4800	68 000	14.17
92	连山壮族瑶族自治县财政局	国家机关办公建筑	—	3166.94	10 817	3.42
93	连山县劳动大厦	国家机关办公建筑	—	5877.3	23 580	4.01
94	连山公安局警察教育培训楼	国家机关办公建筑	—	7633	150 000	19.65
95	连山广播电视技术生产用房	国家机关办公建筑	—	4921.24	113 248	23.01
	政府机关办公建筑单位面积平均年耗电量					55.33

表 2-6　云南省部分建筑耗电量统计数据（代表温和地区）

建筑类型	统计总面积 /m^2	总能耗（标准煤）/（kg/ 年）	单位面积能耗（标准煤）/［kg/（m^2·年）］	折算单位面积耗电量 /［kW·h/（m^2·年）］
国家机关办公建筑	7 887 053	79 488 726	10.08	30.27
大型公共建筑	13 652 593	201 507 883	14.76	44.28
中小型公共建筑	3 813 864	33 191 730	8.70	26.1
居住建筑	11 646 793	58 213 490	5.0	15
平均值	37 000 303	372 401 829	10.06	30.18

表 2-6 数据取自云南省住房和城乡建设厅公布的《2015 年度云南省民用建筑能耗统计工作总结报告》，其能耗单位折算为千克标准煤（kg），能耗数据包括所有的能源种类。《报告》指出，云南省的建筑能源消耗构成主要有电力、煤、天然气、液化石油气、人工煤气、其他等种类构成，其中电力消耗占比高达 95.3%（表 2-7）。由此，可用表 2-6 数据近似作为电力消耗的数据，其中“折算单位面积耗电量”是根据每 kW·h 电力消耗等价于 0.333kg 进行折算所得，为编者所增，非《报告》原始数据。

表 2-7　2015 年度云南省民用建筑各类型能源消耗状况

建筑类型	统计量 / 栋	耗电量 /（kW·h）	煤 /kg	天然气 /m^3	液化石油气 /kg	人工煤气 /m^3	其他能源（柴油）/kg
国家机关办公建筑	1387	230 930 762	73 360	670 032	504 220	1 193 571	67 838
大型公共建筑	241	595 758 769	237 000	588 597	188 501	3 182 852	18 023
中小型公共建筑	825	92 630 129	13 800	61 015	214 874	3 215 445	33 784
居住建筑	1010	146 472 657	0	562 914	494 978	13 722 224	0
合计	3463	1 065 792 317	324 160	1 882 558	1 402 573	21 314 091	119 645
折合一次能源系数	—	0.333	0.7143	1.33	1.7143	0.5714	1.4571
一次能源（折合标煤 /kg）	—	354 908 842	231 547	2 503 802	2 404 431	12 178 872	174 335
占比 %	—	95.30%	0.06%	0.67%	0.65%	3.27%	0.05%

2.3.3 电力能耗分析结论

（1）随着我国城镇居住建筑、农村住宅建筑、公共建筑逐年增长的趋势，建筑能耗总量也逐年增大，2014 年建筑总面积约 561 亿 m^2，2015 年 580 亿 m^2，照此估算到 2020 年建筑面积总量到达 700 亿 m^2 左右。这将导致建筑用电总量也不断增加，截至 2014 年底已近 1.2 万亿 kW・h。因此，建筑电气节能技术的发展和应用对节能减排具有重要的意义。

（2）随着我国社会经济水平的发展，人们对建筑使用功能与性能的要求越来越高，建筑能耗占人类活动所需总能耗的比例也越来越高。有资料表明，建筑能耗占总能耗的比例已经达到了 30% 以上。

（3）电力耗能占建筑能耗的比例，不同气候分区差别较大，对于未采取集中供暖的夏热冬暖地区和温和地区电力耗能占比可达 90% 以上，比如云南省达到了 95.3%（表 2-7）。

（4）空调耗电量占建筑电力耗能比例较大，因此空调系统设备的效能提升及其系统运行节能措施，以及建筑围护结构的热工性能改进对建筑节能有较大的作用。

（5）照明用电也是消耗大户，提高灯具的效能及其系统运行节能措施，以及提高建筑的自然采光率也是节能措施的重点。

2.4 建筑供配电系统节能标准

2.4.1 国际电气节能标准发展概况

随着能源紧缺，世界上许多国家，主要是发达国家，意识到建筑节能问题的严峻性，纷纷建立相关政策和标准，将建筑节能列为国家的基本政策。并制定了相应的监督、激励政策，这些举措使其国家在建筑节能领域取得了很大成效。在建筑节能中，建筑电气与智能化是很重要的一部分，建筑节能常用标准也是建筑电气与智能化行业常用节能标准来分析。

1. 发达国家节能标准

（1）欧盟。欧洲系统的建筑节能标准可以分为两个层次：一是由欧洲议会和理事会颁布的指令（欧盟建筑能效指令），其中 EPBD 2002 和 EPBD 2010 是欧洲建筑节能领域最常用的指令；二是由欧洲标准化委员会（CEN）开发的针对 EPBD 2002 和 EPBD 2010 中某些具体内容的系列技术标准 prEN。EPBD 分析了建筑能耗的现状，提出在考虑室外气候、室内环境要求和经济性的基础上，降低建筑的整体能耗。文件要求，制定通用的计算方法，计算建筑的整体能耗；新建建筑和改造项目要满足最低能效要求为建筑能效标识；对锅炉和空调系统进行定期检查。为实现这些目标，欧盟成立了专门的标准技术委员会，负责相关标准的制定和修编。整个标准框架分为五部分：①计算建筑总体能耗的系列标准；②计算输送能耗的系列标准；③计算建筑冷热负荷的系列标准；④其他相关系列标准；⑤监控和校对的系列标准。根据框架中的标准，按照不同建筑类型（住宅、办公建筑、学校、医院、旅馆和餐厅、体育建筑等）计算整体能效指标 EP[kW·h/（m^2·a）] 值，计算得到的 EP 值不能超过给定的标准 EP 值。欧盟各成员国的建筑节能标准建立在欧盟统一建筑节能标准（EPBD 2002/2010）基础上，以欧盟的建筑节能统一框架为基本依据，各国在此基础上制定自己国家的相应标准及法规。以下主要选取德国和英国作为介绍对象。

（2）德国。德国最常用的两个建筑节能标准是《建筑节能条例》和 DIN 标准。《建筑节能条例》（EnEv）是德国政府颁布的关于节能保温和设备技术的规定，具体规定不同类型建筑和设备的设计标准。《建筑节能条例》是设计者和制造者的直接执行依据，而其中的测试和计算方法等依据德国工业标准 DIN。所以德国实际的常用节能标准只有《建筑节能条例》一个。《建筑节能条例》于 2002 年发布，分别于 2005 年、2007 年、2009 年、2012 年进行了修订。现行标准是 2013 版。标准将电气及智能化节能分四部分：新建建筑，既有建筑，供暖、空调及热水供应，能效标识及提高能效的建议。供暖、空调及热水供应部分单独列出，凸显出其重要性。

新建建筑在电气节能方面的内容包含：新建建筑的一次能源包括供暖、热水、通风和制冷的能耗，每年一次能耗的限制依据预期以同形状、建筑面积和布局的新建居住建筑作为参考加安装依据给定的流程计算得到；规定新建建筑和参考建筑的年一次能源需求的计算方法。

对于既有建筑部分的内容包括：对不同面积改扩建建筑的要求；评估既有建筑的一般规定；对系统和建筑物的改造、关闭点（冰）蓄冷系统、能源质量的维护及空调系统的能源检测的详细规定。

供暖、空调及热水供应部分的内容包括：规定锅炉及其他供热系统的相关规定；分布设备和热水系统、空调的相关规定；空调及其他空气处理系统的相关规定。

（3）英国。英国主要的节能标准是《建筑节能条例》，简称 Building Regulation PART L。PART L 是按年代更新的，2002 年以后每 4 年一次，即 PART L 2002、PART L 2008、PART L 2010、PART L 2013、PART L 2016，每次都有更高的节能标准。从 2010 年以后变成了每 3 年一次，原因是英国意识到达到承诺的 2020 年节能减排目标已非常困难。英国确定的总体目标是：对新建公共建筑减排标准，PART L 2006 是在 PART L 2002 的基础上减排 20%，PART L 2010 是在 PART L 2006 的基础上平均减排 25%。PART L 可分为 4 个文件：PART L 1A、PART L 1B、PART L 2A、PART L 2B。其中，1 代表民用建筑（住宅），2 代表公共建筑，A 代表新建建筑，B 代表既有建筑。

对于新建建筑，《建筑节能条例》规定了相关的电气节能设计标准的限制，这个限制包括了建筑设备效率标准、照明、自控、能源计量等一系列的标准。和条例一起发布的《暖通空调条例细则》就规定了具体数据。对公用既有建筑，只要是改建后会对建筑的能耗产生增加的改造，就要符合 PART L 2B 的要求。这个条例对建筑设备的寿命及效率、照明效率、自控系统等都有具体的要求。对于新建建筑，住宅与公共建筑有不同的 CO_2 排放量的计算方法。住宅对应的是 SAP（Standard Procedure Assessment），公共建筑对应的是 SBEM（Simplified Building Energy Model），还有 DSM（Dynamic Simulation Method）。

英国很重视建筑设备系统的运行调试，在建筑节能条例中以大篇幅规定“设备系统调试”的具体要求，将建筑设备系统与建筑碳排放要求相关。条例中规定：当供暖和热水系统、机械通风系统、机械制冷/空调系统、内外照明系统、可再生能源系统更新或改造时，应符合《民用建筑系统应用导则》；建筑设备系统应进行调试以使其节能高效运行，对于供暖和热水系统，根据《民用建筑系统应用导则》进行调试，对于通风系统，根据《民用通风：安装和调试应用导则》进行调试。从英国现行《建筑节能条例》中可以看出有两个特色：一是对建筑碳排放的要求，包括对设备的要求都与碳排放直接相关；另一个是对于设计灵活度的关注，每条例都会有较大篇幅介绍如若要实现更好的设计灵活度，其相应的建筑设备系统规定如何放宽，以及最高放宽的限制。

（4）美国。美国的建筑节能走在世界的前列。美国最低能效标准一般都以强制性法律、法规的形式颁布。在过去10余年间，美国共出台了多个节能标准来推动建筑节能，其中主要的节能标准有ASHRAE 90.1及IECC，其他标准有联邦政府的高层住宅和公共建筑节能标准10CFR、国际住宅法规IRC住宅节能部分、低层住宅节能标准ASHRAE 90.2、ASHRAE高性能建筑设计标准系列（办公室、商场、学校、仓库）等。此外，美国有40个州制定了本州的公共建筑节能标准，其中有6个经济比较发达的州，如纽约州和加州，其标准比国家标准更为严格。SHRAE 90.1及IECC是DOE（Department of Energy）在政府文件中提示过的两个标准，其中IECC用于住宅，ASHRAE 90.1用于商业建筑。

除低层住宅外的建筑节能设计标准ASHRAE 90.1，由美国暖通空调制冷工程师学会管理发布，同时也是ANSI标准。从2001年版本开始，更新时间为三年。最新版本为ASHRAE 90.1—2013，2010版本比2004版节能23.4%比2007版节能18.5%，计划2013版比2004版节能50%。此标准作为联邦节能和产品行动计划的组成部分，是国家级建筑能效标准。标准应用范围包含新建筑、既有建筑扩建改建，分供暖、通风和空调、生活热水、动力、照明及其他设备五个部分来规范建筑电气及智能化节能。供暖、通风和空调是电气节能的主要部分，标准用大篇幅来对此部分进行规定。

1）供暖、通风和空调部分：对暖通空调系统进行规定。在设备方面，对空调机组、冷凝机组、热泵机组、水冷机组、整体式末端、房间空调器、热泵、供暖炉、供暖路管道机、暖风机、锅炉、变制冷剂流量空调系统、变制冷剂流量空气/空气和热泵及计算机房用空调系统的最低能效进行了强制条文规定，对非额定工况下相关系统计算进行了强制条文规定，对设备效率的核实标识都进行了强制条文规定；在系统控制方面，对系统的开关控制、分区控制、温湿度控制、通风系统控制进行了强制条文规定。与此同时，标准中还包含规定性方法，用来说明节能的部分实现方法。在规定性方法中，对省能器的适应范围进行了规定，对空气省能器和水省能器的设计、控制进行了规定；对区域控制中三管制系统、两管切换系统、水环热泵系统的水力控制及系统加湿除湿进行了规定；对风系统中风机功率、变风量系统风机控制、多区变风量通风系统最佳控制及送风温度设定进行了规定；对水系统中变水量系统、热泵隔离、冷冻水和热水温度再设定、封闭式水换热泵进行了规定；对用于舒适性空调系统中的风冷冷凝器、冷却塔、蒸发冷凝器散热设备及其风机风速控制进行了规定；对厨房排风系统和实验室排风系统进行了规定。

2）生活热水部分：用强制条文对热水系统的负荷计算、系统效率、保温、温度控制进行了规定；对游泳池的加热设备、水面保温进行了规定。

3）动力部分：对压降补偿器的压降进行了规定。

4）照明部分：对室内建筑、室外照明照度、控制方法等进行了规定。

5）其他设备部分：对不属于之前部分规定的发电机、变压器、电梯的能效进了规定。

国际节能规范 IECC（International Energy Conservation）由美国国际规范委员会 ICC（International Code Council）管理发布，更新周期为三年，是能源部主推的居住建筑节能标准。最新版本为 IECC 2015，与 2006 版本相比 2012 版节能 30%；2015 版比 2006 年版本节能 50%。虽然此标准包含对公共建筑节能的要求，但其公共建筑部分内容基本参照 ASHRAE90.1，所以此标准主要应用在低层住宅建筑方面。本标准电气及智能化内容主要包括住宅及类似的商业建筑中暖通空调系统、热水系统、电气系统和设备的设计。低层住宅建筑电气及智能化设计及系统比较少，在标准的 603 部分包含了对供热和制冷系统的要求及设备性能；604 部分包含了热水系统性能的要求；605 部分包含了对电力照明的要求。

（5）日本。日本作为全球气候变暖特征最显著的国家之一，经过在节能方面多年发展，已为世界上能源利用效率最高的国家之一。其建筑节能政策也值得世界各国研究借鉴。日本政府早在 1979 年就颁布了《关于能源合理化使用的法律》(以下简称《节约能源法》)，并于 1992 年和 1999 年进行两次修订。为了使所制定的法规得以执行，日本政府制定了许多具体可行的监督措施和必须执行的节能标准，体系完备。日本现有三本建筑节能标准，一本针对公共建筑，另外两本针对居住建筑。日本《公共建筑节能设计标准》(CCREUB, The Criteria for Clientson the Rationalization of Energy Use for Buildings)，既规定了公共建筑节能的性能指标，也包括了规定性指标，涵盖了供热、通风和空调、采光、热水供应以及电梯设备等内容。针对居住建筑有两本节能规范：一是《居住建筑节能设计标准》(CCREUH, Criteria for Clientson the Rationalization of Energy Use for Homes)，标准给出了居住建筑的单位面积能耗指标和热工性能指标，并对暖通空调系统有所规定；二是《居住建筑节能设计与施工导则》(DCGREUH，Design and Construction Guidelineson the Rationalization of Energy Use for Houses)，详细给出了居住建筑的各种规定性指标。

2. 发达国家建筑电气与智能化节能标准的异同

全球建筑节能标准内容上和形式上的差异都很大，有的基于热工性能指标，有的基于能耗指标，还有的基于节能措施，所有的标准各有所长，因地制宜，都推动了当地建筑节能事业的发展。以下分八个方面对几个国家的节能标准进行比较：

（1）标准管理部门。各国建筑节能标准均为政府主导管理，由科研院所和行业协会组织科研院所、高等院校、设计单位、政府管理人员、建筑建造运行人员、建筑设备生产商和相关组织等所有利益相关方共同参与编写和修订。让各利益方参与，有利于减少节能标准的执行阻力，提高标准实施效率。

（2）编写修订情况。在各个国家中，美国随时颁布“修订补充材料”，到 3 年一次的大修时间，统一出版最新标准，这样既保证新标准的实时性，又有利于建筑节能的及时实施；德国修订周期较短，一般 2 ~ 3 年一次；英国每 4 年修订一次；日本的建筑节能标准修订周期不定，自 1999 年修订后至今未做修订，但由于日本的节能事业发展较早，也比较完善，其现在的能源利用效率还是处于世界领先地位。

（3）采纳及执行情况。美国需要地方政府通过立法或相关行政手续进行采纳，然后再执行，通常这一周期需要2年或更长时间；在英国，由于建筑节能相关要求为英国《建筑条例》的一部分，故强制执行且由政府规定强制执行时间；德国的EnEV标准是强制执行的最低标准，要求颁布之后6个月开始实施；在日本对建筑节能标准则是自愿执行。相比而言，德国和英国的节能管理比较严格，而日本相对较宽松。

（4）建筑类型标准细划。美国的居住建筑和公共建筑各有一个标准，气候区划分相同，覆盖全国；英国将建筑类型分为PARTL1A新建居住建筑、PARTL1B既有居住建筑、PARTL2A新建公共建筑及PARTL2B既有公共建筑四类；德国将新建建筑细分为居住建筑和公共建筑，将既有建筑按不同室温要求进行细划；日本将建筑分为居住建筑和公共建筑两部分。这些国家的建筑类型细划基本相同，都分为居住建筑和公共建筑两类，在标准层面或者标准中，又会细分为既有建筑和新建建筑。

（5）节能目标设定。美国的节能目标由DOE进行设定，如要求ASHRAE 90.1—2010比2004版节能30%；ASHRAE 90—2013比2004版节能50%；IECC 2012比2006版节能30%；IECC 2015比2006版节能50%。英国则要求2010版建筑条例比2006版节能25%，比2002版节能40%；2013版建筑条例比2006版节能44%，比2002版节能55%，2016年实现新建居住建筑零碳排放，2019年实现新建公共建筑零碳排放。德国从1977版标准年供暖能耗指标限制200kW·h/m^2逐步降为现在的50kW·h/m^2，未来准备进一步下降至1550kW·h/m^2以内。日本则无确切目标。相比之下，日本和德国的要求比较抽象，美国和英国则比较具体。有数据表明，美国的实际节能效果并没有达到预定要求；按现阶段情况，英国已不可能按期实现新建建筑零碳排放的目标。

（6）覆盖范围。表2-8是几个国家的建筑节能标准中电气及智能化节能部分的对比。由表可见，各国节能标准都包含了暖通空调系统及热水系统；德国和日本对照明系统的节能包含不全；美国对电力节能设计关心程度较低；日本居住建筑节能标准和美国建筑节能标准不包含可再生能源部分。

表2-8　几个国家的建筑节能标准中电气及智能化节能部分的对比

国家	标准		暖通空调系统	热水供给及水泵	照明	电力	可再生能源
美国	ASHRAE 90.1	公共建筑及高层建筑	○	○	○	×	×
	IECC	低层居住建筑	○	○	○	×	×
英国	建筑管理条例	全部	○	○	○	○	○
德国	EnEV	全部	○	○	○	○	○
日本	CCREUB	公共建筑	○	○	○	○	○
	DCGREUH（1999）	居住建筑	○	○	○	○	○
	CCREUH（1999）	居住建筑	○	○	○	○	○

注：○表示包含；×表示不包含。

（7）节能目标计算方法。各国节能计算方式有所不同，美国是通过对 15 个气候区各 16 个基础建筑模型，对前后两个版本进行 480 次计算，再根据不同类型建筑面积进行加权，得出是否满足节能目标。英国根据碳排放目标限值来计算，如 2010 版建筑碳排放目前限值是在 2006 版同类型建筑碳排放目标限值基础上直接乘以 1 与预期节能率的差值。德国以供暖能耗限值为节能目标，不同版本 EnEV 不断更新对供暖能耗限值的要求。日本基准值的计算以典型的样板住户为对象进行，计算方法由下属于国土交通省的下部专家委员会讨论决定，解读和资料在网站上公开。

（8）节能性能判定方法。美国采用规定性方法 + 权衡判断法 + 能源账单法；英国采用规定性方法 + 整体能效法；德国采用规定性方法 + 参考建筑法；日本采用规定性方法 + 具体行动措施。这些国家都包含规定性方法，对某些重要部分进行强制规定，此外还包含比较灵活的执行方法。

2.4.2 国内供配电系统节能规范

1. 规范体系概述

目前，我国现行有关供配电系统节能的标准，基本涵盖了设计、施工、验收等各个环节，同时供配电系统的相关产品标准也逐渐配套出台或修编。我国工程建设标准体系中的供配电系统电气通用性规范标准见表 2-9。

表 2-9 电气通用性标准规范汇总表

类别	标准规范名称	备注
待定	建筑电气设计（强电）文件编制标准	待编
工程国标	民用建筑电气设计规范 JGJ 16—2008	修订中
工程国标	建筑电气制图标准 GB/T 50786—2012	修订中
待定	建筑电气工程施工规范	待编
待定	建筑电气工程节能设计标准	待编
待定	建筑电气工程节能验收标准	待编
工程国标	建筑电气工程施工质量验收规范 GB 50303—2015	
待定	建筑电气工程节能评价标准	待编
待定	建筑电气工程安全评价标准	待编

2. 工程建设标准体系中有关的供配电系统的电气专业规范标准（表 2-10）

表 2-10 电气专业性标准规范汇总表

类别	标准规范名称	备注
工程国标	供配电系统设计规范 GB 50052—2009	
工程国标	20kV 及以下变电所设计规范 GB 50053—2013	

续表

类别	标准规范名称	备注
工程国标	低压配电设计规范 GB 50054—2011	
工程国标	通用用电设备配电设计规范 GB 50055—2011	
工程国标	电热设备电力装置设计规范 GB 50056—1993	
待定	民用建筑自备应急电源设计规范	待编
待定	民用建筑自备应急电源验收规范	待编
工程国标	电力工程电缆设计规范 GB 50217—2007	
工程国标	电力装置的继电保护和自动装置设计规范 GB/T 50062—2008	
工程国标	电力装置的电测量仪表装置设计规范 GB/T 50063—2008	
工程国标	交流电气装置的接地设计规范 GB/T 50065—2011	
工程国标	电气装置安装工程高压电器施工及验收规范 GB 50147—2010	
工程国标	电气装置安装工程电力变压器、油浸电抗器、互感器施工及验收规范 GB 50148—2010	
工程国标	电气装置安装工程　母线装置施工及验收规范 GB 50149—2010	
工程国标	电气装置安装工程　电气设备交接试验标准 GB 50150—2016	
工程国标	电气装置安装工程　电缆线路施工及验收规范 GB 50168—2006	
工程国标	电气装置安装工程　接地装置施工及验收规范 GB 50169—2016	
工程国标	电气装置安装工程　旋转电机施工及验收规范 GB 50170—2006	
工程国标	电气装置安装工程　盘、柜及二次回路接线施工及验收规范 GB 50171—2012	
工程国标	电气装置安装工程　蓄电池施工及验收规范 GB 50172—2012	
工程国标	电气装置安装工程　66kV 及以下架空电力线路施工及验收规范 GB 50173—2014	
工程国标	电气装置安装工程　低压电器施工及验收规范 GB 50254—2014	
工程国标	电气装置安装工程　串联电容器补偿装置施工及验收规范 GB 51049—2014	
工程国标	电气装置安装工程　电力变流设备施工及验收规范 GB 50255—2014	
行标	电力变压器能源效率计量检测规则 JJF 1261.20—2015	
国标	三相配电变压器能效限定值及能效等级 GB 20052—2013	
行标	住宅建筑电气设计规范 JGJ 242—2011	
行标	交通建筑电气设计规范 JGJ 243—2011	
行标	金融建筑电气设计规范 JGJ 284—2012	
行标	教育建筑电气设计规范 JGJ 310—2013	
行标	会展建筑电气设计规范 JGJ 333—2014	
行标	医疗建筑电气设计规范 JGJ 312—2013	
行标	体育建筑电气设计规范 JGJ 354—2014	
待定	办公建筑电气设计规范	待编
待定	旅馆建筑电气设计规范	待编

续表

类别	标准规范名称	备注
待定	文化建筑电气设计规范	待编
待定	博览建筑电气设计规范	待编
待定	观演建筑电气设计规范	待编
待定	娱乐休闲建筑电气设计规范	待编
待定	老年人建筑电气设计规范	待编
待定	商店建筑电气设计规范	待编
待定	电信、邮政建筑电气设计规范	待编
待定	幼儿建筑电气设计规范	待编
待定	餐饮建筑电气设计规范	待编

3. 工程建设标准体系中有关的供配电系统的专项节能规范标准（表2-11）

建筑节能标准体系为2009年新增的“主题”标准体系，服务于形势任务中的“节能”主题工作，其中的标准项目依存于各专业分体系，在主题标准体系中按照新的规则排列，保留其所在体系中的编号。目前已出台的工程建设标准体系中有关节能的标准规范见表2-11。根据我国统计分类，工厂建筑的能耗均归为该行业的工业产品能耗，属于工业能耗的范畴，在表2-11备注中进行了说明，以便区分。

表2-11　　供配电系统节能标准规范汇总表

类别	标准规范名称	电气节能章节条款	备注
工程国标	公共建筑节能设计标准 GB 50189—2015	6　电气	建筑节能
工程国标	绿色建筑评价标准 GB 50378—2014		建筑节能
工程国标	节能建筑评价标准 GB/T 50668—2011		建筑节能
行标	民用建筑绿色设计规范 JGJ/T 229—2010		建筑节能
工程国标	住宅建筑规范 GB 50368—2005	10　节能	
行标	金融建筑电气设计规范 JGJ 284—2012	10　节能与监测	
行标	教育建筑电气设计规范 JGJ 310—2013	14　电气节能	
行标	交通建筑电气设计规范 JGJ 243—2011	17　电气节能	
行标	会展建筑电气设计规范 JGJ 333—2014		
行标	体育建筑电气设计规范 JGJ 354—2014	19　电气节能	
行标	商店建筑电气设计规范 JGJ 392—2016		
待定	建筑电气工程节能设计标准		待编
待定	建筑电气工程节能验收标准		待编
待定	建筑电气工程节能评价标准		待编
工程国标	电力工程电缆设计规范 GB 50217—2007		

续表

类别	标准规范名称	电气节能章节条款	备注
行标	电力变压器能源效率计量检测规则 JJF 1261.20—2015		
国标	三相配电变压器能效限定值及能效等级 GB 20052—2013		

2.4.3 中国建筑电气与智能化节能有待完善和补充的标准规范

（1）目前，从事建筑电气与智能化节能行业人员的执业资格主要有注册电气工程师和注册建造师两种。然而，现行“注册电气工程师”、“注册建造师”的执业条件设置尚不能满足建筑电气与智能化节能发展的需求。因此，需要尽快编制一套符合建筑电气与智能化节能行业实际需求的执业资格标准，用于执业资格培训和考核。

（2）建议在编制或修编电气标准规范时，尽量单列出“电气节能”的章节，提升从业人员及社会各界对建筑电气节能的重视。

2.5 建筑供配电系统节能措施

2.5.1 节能设计原则

（1）建筑供配电系统的节能设计以降低建筑电气系统能耗为原则。在充分满足、完善建筑物功能要求的前提下，减少能源消耗，提高能源利用率。

（2）电气系统的设计应经济合理、高效节能。合理选择负荷计算参数，综合考虑建筑物供配电系统、电气照明、建筑设备的电气节能、计量与运行管理的措施。提高供配电系统的功率因数，抑制谐波电流。

（3）电气系统应选用损耗低、谐波干扰少、能效高、经济合理的节能产品，减少设备及线路损耗。

（4）建筑设备监控系统的设置应符合现行国家标准《智能建筑设计标准》（GB 50314）的有关规定。

2.5.2 供配电系统的节能措施

1. 负荷等级及供电电源的确定

（1）确定负荷特性的目的是为了确定其供电方案，所以首先应确定建筑及其用电设备的负荷等级。负荷等级应根据《供配电系统设计规范》、《民用建筑电气设计规范》、《建筑设计防火规范》、《汽车库、修车库、停车场设计防火规范》以及《全国民用建筑工程设计技术措施》—电气（2009）等标准中有关针对用户负荷和用电设备负荷等级的分级来确定，特别是建筑物的用户负荷分级的正确性，影响着建筑物的电源进线需求；而各用电设备负荷等级的正确性，又影响着各级配电方式的正确性。各类建筑物主要用电设备的负荷分级可参照《民用建筑电气设计规范》附录 A 的表 A，以及参照《全国民用建筑工程设计技术措施》有关负荷分级表来执行。

（2）根据建筑物的用户负荷分级定性，来确定电源的进线数量及其供电方案。定性为一级负荷用电单位的应由双重电源供电，当一电源发生故障时，另一电源不应同时受到损坏；双重电源可一用一备，亦可同时工作，各供一部分负荷。对于一级负荷用电单位，当双重电源应互为 100% 备用时，平时每回路仅带一半负荷，线损明显降低。

（3）一级负荷中特别重要负荷应设置应急电源。应急电源类型的选择，应根据应急负荷的容量、允许中断供电的时间，以及要求的电源为交流或直流等条件来进行。

2. 负荷计算

通过负荷计算，利用最佳负载系数确定变压器容量，选择技术参数好的高效低耗变压器和系统开关设备，确保系统安全、可靠，在经济运行方式下运行，提高变压器的技术经济效益。合理选定供电中心，将变压器（变电所）设置在负荷中心，可以减少低压侧线路长度，降低线路损耗。

（1）方案设计阶段可采用单位指标法，来测算变压器装机容量；初步设计及施工图设计阶段，宜采用需要系数法（表 2-12），需根据各种不同功能建筑的负荷分布及其运行情况，采用相应的需要系数来分别计算各级负荷。

表 2-12　　各类建筑物的单位建筑面积用电指标

建筑类别	用电指标 /（W/m^2）	变压器容量指标 /（kVA/m^2）	建筑类别	用电指标 /（W/m^2）	变压器容量指标 /（kVA/m^2）
公寓	30 ~ 50	40 ~ 70	医院	30 ~ 70	50 ~ 100
宾馆、饭店	40 ~ 70	60 ~ 100	高等院校	20 ~ 40	30 ~ 60
办公楼	30 ~ 70	50 ~ 100	中小学校	12 ~ 20	20 ~ 30
商业建筑	一般：40 ~ 80	60 ~ 120	展览馆、博物馆	50 ~ 80	80 ~ 120
	大中型：60 ~ 120	90 ~ 180			
体育场馆	40 ~ 70	60 ~ 100	演播室	250 ~ 500	500 ~ 800
剧场	50 ~ 80	80 ~ 120	汽车库（机械停车库）	8 ~ 15 （17 ~ 23）	60 ~ 120 （25 ~ 35）

注：当空调冷水机组采用直燃机（或吸收式制冷机）时，用电指标一般比采用电动压缩机制冷时的用电指标降低 25 ~ 35VA/m^2。表中所列用电指标的上限值是按空调冷水机组采用电动压缩机组时的数值。

各类用电负荷的需要系数及功率因数见表 2-13。

表 2-13　　各类用电负荷的需要系数及功率因数表

负荷名称	规模（台数）	需要系数（K_x）	功率因数（$\cos\varphi$）	备注
照明	$S<500\text{m}^2$	1 ~ 0.9	0.9 ~ 1	含插座容量，荧光灯就地补偿或采用电子镇流器
	$500\text{m}^2<S<3000\text{m}^2$	0.9 ~ 0.7	0.9	
	$3000\text{m}^2 \leqslant S \leqslant 15\,000\text{m}^2$	0.75 ~ 0.55		
	$S>15\,000\text{m}^2$	0.7 ~ 0.4		
冷冻机锅炉	1 ~ 3 台	0.9 ~ 0.7	0.8 ~ 0.85	—
	>3 台	0.7 ~ 0.6		
热力站、水泵房、通风机	1 ~ 5 台	0.95 ~ 0.8		
	>5 台	0.8 ~ 0.6		
电梯	—	0.5 ~ 0.2	—	此系数用于配电变压器总容量选择的计算
洗衣机房厨房	$P_e \leqslant 100\text{kW}$	0.5 ~ 0.4	0.8 ~ 0.9	—
	$P_e>100\text{kW}$	0.4 ~ 0.3		
窗式空调	4 ~ 10 台	0.8 ~ 0.6	0.8	—
	11 ~ 50 台	0.6 ~ 0.4		
	50 台以上	0.4 ~ 0.3		
舞台照明	$P_e<200\text{kW}$	1 ~ 0.6	0.9 ~ 1	—
	$P_e>200\text{kW}$	0.6 ~ 0.4		

注：1. 一般电力设备为 3 台及以下时，需要系数宜取为 1。

2. 照明负荷需要系数的大小与灯的控制方式及开启率有关。例如：大面积集中控制的灯比相同建筑面积的多个小房间分散控制的灯的需要系数略大。插座容量的比例大时，需要系数可选小些。

（2）确定变压器容量时，当消防设备的计算负荷大于火灾时切除的非消防设备的计算负荷时，应按消防设备的计算负荷加上火灾时未切除的非消防设备的计算负荷进行计算。当消防设备的计算负荷小于火灾时切除的非消防设备的计算负荷时，可不计消防负荷。

（3）计算两台通过母联实现部分互为备用的变压器容量时，对于一级负荷的常用和备用回路应分别引自不同的变压器，且两台变压器各带一半的常用和备用回路，这样只要单台变压器所带的三级负荷容量不小于两台变压器所带全部一级负荷的一半容量，就可以在算两台变压器容量时分别仅计入全部一级负荷的一半容量，从而既降低变压器的额定容量，又能通过母联切换，在其中一台变压器断开时，保证另一台变压器能负载全部的一级负荷用电（不考虑已切除的三级负荷）。

（4）负荷计算时，配电系统三相负荷的不平衡度不宜大于 15%。单相用电设备接入低压（AC 220／380V）三相系统时，尽量做到三相负荷的平衡；当单相负荷的总计算容量小于计算范围内三相对称负荷总计算容量的 15% 时，应全部按三相对称负荷计算；当超过 15% 时，应将单相负荷换算为等效三相负荷，再与三相负荷相加。

（5）自备发电机的负荷计算应满足下列要求：

1）当自备发电机仅为一级负荷中特别重要负荷供电时，应以一级负荷中特别重要负荷的计算容量，作为选用自备发电机容量的依据。

2）当自备发电机为消防用电设备及非消防一级负荷供电时，应将需同时工作的两者计算负荷之和作为选用应急发电机容量的依据。

3）当自备发电机作为第二重电源，且尚有应急电源作为一级负荷中特别重要负荷供电时，当自备发电机向消防负荷、非消防一级负荷及一级负荷中特别重要负荷供电时，应以需同时工作的三者的计算负荷之和作为选用自备发电机容量的依据。

4）机组容量与台数应根据应急负荷大小和投入顺序以及单台电动机最大启动容量等因素综合确定。当应急负荷较大时，可采用多机并列运行，机组台数宜为 2 ~ 4 台。当受并列条件限制，可实施分区供电。当用电负荷谐波较大时，应采取措施予以抑制。

5）在方案及初步设计阶段，柴油发电机容量可按配电变压器总容量的 10% ~ 20% 进行估算。在施工图设计阶段，可根据一级负荷、消防负荷以及某些重要二级负荷的容量，按下列方法计算的最大容量确定：①按稳定负荷计算发电机容量；②按最大的单台电动机或成组电动机启动的需要，计算发电机容量；③按启动电动机时，发电机母线允许电压降计算发电机容量。另外，确定机组容量时，除考虑应急负荷总容量之外，应着重考虑启动电动机容量。

6）当有电梯负荷时，在全电压启动最大容量笼型电动机情况下，发电机母线电压不应低于额定电压的 80%；当无电梯负荷时，其母线电压不应低于额定电压的 75%。当条件允许时，电动机可采用降压启动方式。

7）多台机组时，应选择型号、规格和特性相同的机组和配套设备。

8）宜选用高速柴油发电机组和无刷励磁交流同步发电机，配自动电压调整装置。选用的机组应装设快速自启动装置和电源自动切换装置。

9）机组应尽量靠近负荷中心，以节省有色金属和电能消耗，确保电压质量。

3. 变电所选址

变电所应尽量靠近负荷中心、并尽量选择在大功率用电设备附近设置。一般民用建筑的变电所 380/220V 低压供电半径不宜大于 200m，以减少低压侧线路长度，降低线路损耗。住宅小区往往多栋楼共用变电所，变电所的设置尽量靠近用电负荷较密集的位置。高层或超高层建筑物根据负荷较分散的需要可以在地下室、裙楼、避难层、设备层，甚至屋顶层设置变电所，但应设置设备的垂直搬运及电缆敷设的通道。对于多层公建，在地下层及一层无适宜的布置空间情况下，经技术经济等因素综合分析和比较后，也可以考虑将变电所设于多层的屋面。

4. 变压器配置

（1）选用合理的供电方案，尽量使变压器负荷率处于最佳。单台变压器的长期工作负荷率不宜大于 85%，一般为 80% ~ 85%。

（2）对运行时间差异较大类负荷，可采用错峰设计，有效降低供电系统装机容量。

（3）对于季节性负荷，如空调负荷应单独设置变压器，在非空调季，可以关停供制冷机房主电源的变压器，避免变压器空载损耗。

（4）装有两台及以上变压器的变电所，当任意一台变压器断开时，其余变压器的容量应能满足全部一级负荷及二级负荷的用电。

（5）根据用电设备容量及用电负荷合理选择变压器容量及台数。

（6）防护外壳防护等级的要求，应符合现行国家标准《外壳防护等级》（GB 4208）的规定。选择时应根据实际情况合理确定相应的防护等级。

5. 电动机及电梯配置

（1）电动机的工作制、额定功率、堵转转矩、最小转矩、最大转矩、转速及其调节范围等电气和机械参数应满足所拖动的机械（以下简称“机械”）在各种运行方式下的要求。

（2）非消防用途的交流异步电动机可根据工艺要求，采取变频器调速节电措施。

（3）电梯应采用集选群控控制，并具有低峰、常规、上行高峰、午间服务、下行高峰的运行模式和节电节能措施。

6. 电缆线选择

（1）导体应选择合适的截面，以减少线路阻抗，降低线路损耗。

（2）根据现行国家标准《电力工程电缆设计规范》GB 50217（以下简称《缆规》）的有关规定，按经济电流密度选择导体截面。

（3）电力线缆在电缆托盘上敷设时，其总截面积与托盘内横断面积的比值，不应大于40%；选择线缆截面应考虑多股线缆间运行散热的相互影响而导致的降容系数。电缆桥架应选用有孔形桥架或梯形桥架，以提高电缆散热能力，减少电能损耗。

2.5.3 供配电系统的设备节能

1. 变压器

变压器应选用低损耗型，且能效等级不应低于现行国家标准《三相配电变压器能效限定值及能效等级》（GB 20052）中能效标准的节能评价值。如：选用空载损耗低的 SBH15 型干式非晶合金铁心变压器 SBH15 型干式变压器与 SCB11 型干式变压器相比，负载损耗水平一致，但空载损耗有明显下降。

2. 电动机

（1）应根据《中小型三相异步电动机能效限定值及能效等级》（GB 18613—2012）标准选择设备电动机，尽量选择能效等级为 1~2 级的节能型电动机。

（2）不得选择 2003 年（含）以前生产的 Y、Y2、Y3 系列及电机生产企业自行命名的低压低效三相异步电动机。

（3）应选用《节能机电设备（产品）推广目录》（第一、二、三、四、五、六批）、《国家重点节能技术推广目录》（第一、二、三、四批）和四批高效电机推广目录中的用能产品和设备。

（4）选用中小型三相异步电动机在额定输出功率和 75% 额定输出功率的效率应符合现行国家标准《中小型三相异步电动机能效限定值及能效等级》（GB 18613—2012）规定的能

效限定值。

3. 交流接触器

选用的交流接触器的吸持功率应符合现行国家标准《交流接触器能效限定值及能效等级》（GB 21518—2008）规定的节能评价值。

2.5.4 供配电设备的运行节能

运行节能是对已确定投入的用电设备，在其运行过程中采取的主动控制能耗的节能行为，产生节能效果。

1. 无功补偿

采用并联电力电容器作为无功补偿装置时，低压部分的无功功率，由低压电容器补偿；低压侧设集中无功自动补偿，采用成套动态电容器自动补偿装置（带调节谐波设备）、自动投切装置，使得10kV供电进线处的功率因数不低于0.95。

（1）负荷容量较大、负荷稳定且长期经常使用的用电设备的无功功率，当功率因数较低且离配变电所较远时，宜采用并联电容器就地补偿无功补偿方式，以尽量减少线损和电压降，提高电压质量，减小导线截面。

（2）单相负荷较多的供电系统，宜采用部分分相无功自动补偿装置。

（3）无功自动补偿的调节方式，以节能为主进行补偿时，宜采用无功功率参数调节；当三相负荷平衡时，亦可采用功率因数参数调节。

2. 谐波治理

电力电子设备等的非线性负载产生的高次谐波，增加了电力系统的无功损耗。配电系统的合理设计、用电设备的正确选型（尤其谐波指标的确定）对于提高电能使用效率至关重要。

（1）大型用电设备、大型可控硅调光设备、电动机变频调速控制装置等谐波源较大设备，宜就地设置谐波抑制装置。无功功率补偿考虑谐波的影响，采取抑制谐波的措施。

（2）设计中，应尽可能将非线性负荷放置于配电系统的上游，谐波较严重且功率较大的设备应从变压器出线侧起采用专线供电。

（3）三相UPS、EPS电源输出端接地形式为TN时，中性线应接地，以钳制由谐波引起的中性线电位升高。

（4）当配电系统中具有相对集中的大容量（如200kVA或以上）非线性长期稳定运行的负载时，宜选用无源滤波器；当配电系统中具有大容量（如200kVA或以上）非线性负载，且变化较大（如断续工作的设备等），用无源滤波器不能有效工作时，宜选用有源滤波器；当配电系统中既具有相对集中且长期稳定运行的大容量（如200kVA或以上）非线性负载，又具有较大容量的经常变化的非线性负载时，宜选用有源无源组合型滤波器。

3. 电压质量

电压过高，用电设备对电源的无功需求和有功需求增加，尤其是无功需求增加比例更大，使设备及线路电流及其损耗增加；电压偏低，大部分用电设备功能下降，部分需要保持有功功率输出不变的用电设备，则电流增大，同样带来设备与线损增加。

（1）正常运行情况下，用电设备端子处电压偏差允许值宜符合下列要求：①电动机为±5%额定电压。②照明：在一般工作场所为±5%额定电压；对于远离变电所的小面积一般工作场所，难以满足上述要求时，可为+5%，–10%额定电压；应急照明、道路照明和警卫照明等为+5%，–10%额定电压。③其他用电设备当无特殊规定时为±5%额定电压。

（2）供配电系统的设计为减小电压偏差，应符合下列要求：①应降低系统阻抗；②应采取补偿无功功率措施；③宜使三相负荷平衡。

4. 变频调速（含电梯、电机）

对常年运行的动力设备如非消防电梯、扶梯、风机、水泵等，应根据工艺需要采用变频控制，并配置相应的谐波抑制措施。

（1）变频器的容量一般按额定输出电流、电动机的功率或额定容量选择：①变频器的额定输出电流（A）是其晶体管所能承受的电流值。连续运行的总电流在任何频率条件下均不得超过变频器的额定电流。②风机、水泵类负载选择变频器的容量时，一般按电动机的额定功率选用。③恒转矩负载选择变频器的容量，一般将电动机的额定功率放大一级选用。

（2）变频器的类型选择：①风机、泵类负载，低速下的负载转矩较小，通常选用普通功能型控制通用变频器。②电梯、自动扶梯等恒转矩负载若采用普通功能型控制通用变频器，需加大电动机和变频器的容量以提高低速转矩，满足负载变化的需要，也可选用恒转矩控制的通用变频器，因恒转矩控制的通用变频器低速转矩大，静态机械特性硬度大，负载适应面宽，耐冲击性能好。③恒转矩负载若对动态响应性能要求较高，可采用矢量控制的通用变频器。

5. 空调系统的节能控制

（1）公共区域空调系统设备的电气节能措施有：监测空调和新风机组等设备的风机状态、空气的温湿度、CO_2浓度等；控制空调和新风机组等设备的启停、变新风比焓值控制和变风量时的变速控制。

（2）间歇运行的空气调节系统，宜设置自动启停控制装置。控制装置应具备按预定时间表、按服务区域是否有人等模式控制设备启停的功能。

（3）风机盘管应采用电动水阀和风速相结合的控制方式，宜设置常闭式电动通断阀。公共区域风机盘管的控制应能对室内温度设定值范围进行限制、应能按使用时间进行定时启停控制，宜对启停时间进行优化调整。

（4）以排除房间余热为主的通风系统，宜根据房间温度控制通风设备运行台数或转速。

（5）地下停车库风机宜采用多台并联方式或设置风机调速装置，并宜根据使用情况对通风机设置定时启停（台数）控制或根据车库内的CO浓度进行自动运行控制。

6. 给排水系统设备的节能措施

（1）对生活给水、中央及排水系统的水泵、水箱（水池）的水位及系统压力进行监测；根据水位及压力状态，自动控制相应水泵的启停，自动控制系统主、备用泵的启停顺序。对系统故障、超高低水位及超时间运行等进行报警。

（2）集中热水供应系统的监测和控制宜符合下列规定：①对系统热水耗量和系统总供热

量值宜进行监测；②对设备运行状态宜进行检测及故障报警；③对每日用水量、供水温度宜进行监测；④装机数量大于等于 3 台的工程，宜采用机组群控方式。

2.5.5 供配电系统的管理节能

建筑供配电系统管理节能措施主要是通过安装能效监测系统，实时监测各用电设备系统的运行状况、能耗参数，分析各时段的能耗分布，对异常和不合理的用电现象及其过程及时发现与跟踪，并以实测数据为依据，制定一套各系统最优的运行方案，以便持续改进电能的使用效率。公共建筑应按照明插座、空调、电力、特殊用电分项进行电能监测与计量。照明插座用电：为建筑物主要功能区域的照明、插座等室内设备用电。如照明和插座用电、走廊和应急照明用电、室外景观照明用电。空调用电主要包括冷热站用电、空调末端用电。动力用电主要包括电梯用电、水泵用电、通风机用电。特殊用电主要包括电梯、弱电机房、厨房、餐厅或者其他特殊用电。

2.6 供配电系统的技术节能应用案例

节能变压器应用如下：

1. 非晶合金干式变压器技术性能对比

依据《干式非晶合金铁心配电变压器技术参数和要求》（GB/T 22072—2008）以及《干式电力变压器技术参数和要求》（GB/T 10228—2015）。干式非晶合金铁心变压器 SCBH15—1000/10、SCBH15—2500/10 和干式电力变压器 SCB10—1000/10、SCB10—2500/10 的技术参数见表 2-14。

表 2-14　4 种干式电力变压器技术参数

型　号	容量 / kVA	阻抗电压（%）	额定电压 /kV	空载损耗 / W	负载损耗 120℃ /W	空载电流（%）
SCBH15—1000/10	1000	6	10/0.4	550	8130	0.3
SCBH15—2500/10	2500	6	10/0.4	1200	17 100	0.2
SCB10—1000/10	1000	6	10/0.4	1770	8130	0.85
SCB10—2500/10	2500	6	10/0.4	3600	17 170	0.7

由此可见，在相同容量和相同电压下，非晶合金干式变压器产品的空载性能性参数能大大优于 10 系列产品。

2. 年运行电费分析

SCBH15—2500/10 非晶合金干式变压器运行电费分析。

例：某数据中心，总计应用 2500kVA 非晶合金干式变压器 22 台，初步预算变压器负载率为 75%，现将普通干式变压器 SCB10 与非晶合金干式变压器 SCBH15 进行经济性比较分析如下：

（1）配电变压器运行 1 年的电费按下式计算

$$C_y = H_{py} \times \left[\left(P_0 + \frac{E_C \times I_0 \times S_N}{100}\right) + \left(P_K + \frac{E_C \times U_K \times S_N}{100}\right) \times \rho^2\right] \times E_e$$

式中 P_0——空载损耗，kW；

P_K——负载损耗，kW；

I_0——空载电流，%；

S_N——额定容量，kVA；

U_K——短路阻抗，%；

E_C——平均负载系数，0.75；

E_e——变压器用户支付的单位电量电费，按 1.0 元 /（kW · h）；

H_{py}——变压器年带电小时数，通常取 8760h；

E_c——无功补偿经济当量，取 0.05kW/kvar；

（2）单台 SCBH15—2500/10 非晶合金干式变压器运行 1 年的电费为

$$C_{y1} = 8760 \times 1 \times \left[\left(1.2 + \frac{0.05 \times 0.2 \times 2500}{100}\right) + \left(17.1 + \frac{0.05 \times 6 \times 2500}{100}\right) \times 0.75^2\right]$$

$$= 133\,918.5（元/年）$$

（3）单台常规干式变压器 SCB10—2500/10/0.4 运行 1 年的电费为

$$C_{y2} = 8760 \times 1 \times \left[\left(3.6 + \frac{0.05 \times 0.7 \times 2500}{100}\right) + \left(17.17 + \frac{0.05 \times 6 \times 2500}{100}\right) \times 0.75^2\right]$$

$$= 160\,762.4（元/年）$$

（4）因此，1 台非晶合金干式变压器 SCBH15—2500/10 运行 1 年比 1 台常规干式变压器 SCB10—2500/10/0.4 运行 1 年节省的电费为

$$\Delta C_y = C_{y2} - C_{y1} = 160\,762.4 - 133\,918.5 = 26\,843.9（元/年）$$

则 22 台产品每年可为客户节省电费 57.82 万元。

（5）回收年限分析（不考虑资金的时间因素）。变压器的投资回收年限=设备差价 / 年运行电费差价

SCBH15—2500/10 非晶合金干式变压器目前跟 SCB10—2500/10 的差价约 12 万元（参考差价），其回收年限 N

$$N=\frac{120\ 000}{26\ 843.9}\approx 4.47\ （年）$$

从以上分析可知，用户使用非晶合金干式变压器约 4.47 年即可收回投资差价，而一般变压器的运行寿命约 30 年。因此，22 台 SCBH15—2500/10 非晶合金干式变压器在生命周期内可为用户带来的经济效率按下式计算

$$C=(30-4.47)\times 22\times 26\ 843.9/10\ 000=1507\ （万元）$$

结论，22 台 SCBH15—2500/10 非晶合金干式变压器运行 30 年可给用户带来总计 1507 万元的收益。

3.1 建筑照明的能耗现状

3.1.1 建筑照明能耗现状

现代建筑中照明系统对于能源的消耗已经高达15%~35%。办公、住宅、教育、医院、酒店、体育、交通建筑等不仅要有足够的工作照明，更需营造一个舒适的视觉环境，减少光污染。照明已经成为直接影响工作效率的主要因素之一，因此，越来越引起人们的高度重视。做好照明设计，加强照明控制设计，已成为现代化建筑的一个重要内容。

一个良好的工作环境（包括舒适的灯光、适宜的温度）是提高工作效率的一个必要条件。照明若没有有效的控制，其节能效果就会大打折扣。现行的标准和规范提出了照明控制措施，但仅仅为一般性条文，项目的前期设计工作中若未把照明系统的控制功能明确出来，就会制约智能照明技术在项目中的应用和推广。

3.1.2 建筑照明能耗分析

地铁站能耗分析根据现场调查及相关人员叙述，照明用电量占整个电能耗的25%，2009年、2010年照明平均每月用电数据见表3-1和表3-2。

表3-1　某地铁站2009年的照明总能耗

日期	照明总用电量 /（kW·h）	照明总电费 / 元 ［按照平均0.8元 /（kW·h）计算］
2009年1月	36 895	29 516
2009年2月	48 600	38 880

续表

日期	照明总用电量 / (kW · h)	照明总电费 / 元 [按照平均 0.8 元 / (kW · h) 计算]
2009 年 3 月	37 575	30 060
2009 年 4 月	37 250	29 800
2009 年 5 月	36 125	28 900
2009 年 6 月	38 800	31 040
2009 年 7 月	38 775	31 020
2009 年 8 月	40 900	32 720
2009 年 9 月	40 075	32 060
2009 年 10 月	38 575	30 860
2009 年 11 月	38 350	30 680
2009 年 12 月	43 300	34 640
合计	475 220	380 176
平均每月	39 601.666 67	31 681.333 33

表 3-2　　某地铁站 2010 年的照明总能耗

日期	照明总用电量 / (kW · h)	总电费 / 元 [按照平均 0.8 元 / (kW · h) 计算]
2010 年 1 月	46 500	37 200
2010 年 2 月	48 075	38 460
2010 年 3 月	32 950	26 360
2010 年 4 月	30 650	24 520
2010 年 5 月	33 950	27 160
2010 年 6 月	36 190	28 952
2010 年 7 月	36 975	29 580
2010 年 8 月	41 300	33 040
2010 年 9 月	40 850	32 680
2010 年 10 月	34 475	27 580
合计	381 915	305 532
平均每月	38 191.5	30 553.2

根据以上数据分析可得：地铁站平均每月用在照明方面的用电量及能耗费用是相当大的，如果可以合理地开闭各个区域的灯光，使用先进的智能照明控制系统，则每年节省下来的能源及费用也是非常可观的。

3.2 建筑照明的节能标准

节约能源资源已成为我国的基本国策，我国政府从基本国情出发，提出发展“节能省地型住宅和公共建筑”，即在建筑的全寿命周期内，最大限度地节约资源（节能、节地、节水、节材）、保护环境和减少污染，为人们提供健康、适用和高效的使用空间。为此国家颁布了多项有关照明节能的法规、标准及规范，引导采用先进适用的照明节能技术，推动建筑的可持续发展。我国目前实行的有关照明节能的标准见表 3-3。

表 3-3 照明节能标准

	标准名称	标准编号	发布单位	有效期
公共建筑照明节能标准（包括办公、教育、医院、体育、交通等公共建筑）	建筑照明设计标准	GB 50034—2013	中华人民共和国住房和城乡建设部、中华人民共和国国家质量监督检验检疫总局	2014 年 6 月 1 日实施
	节能建筑评价标准	GB/T 50668—2011	中华人民共和国住房和城乡建设部、中华人民共和国国家质量监督检验检疫总局	2012 年 5 月 1 日实施
	民用建筑电气设计规范	JGJ 16—2008	中华人民共和国住房和城乡建设部	2008 年 8 月 1 日实施
	教育建筑电气设计规范	JGJ 310—2013	中华人民共和国住房和城乡建设部	2014 年 4 月 1 日实施
	医疗建筑电气设计规范	JGJ 312—2013	中华人民共和国住房和城乡建设部	2014 年 4 月 1 日实施
	体育建筑电气设计规范	JGJ 354—2014	中华人民共和国住房和城乡建设部	2015 年 5 月 1 日实施
	交通建筑电气设计规范	JGJ 243—2011	中华人民共和国住房和城乡建设部	2012 年 6 月 1 日实施
居住建筑照明节能标准	住宅建筑电气设计规范	JGJ 242—2011	中华人民共和国住房和城乡建设部	2012 年 4 月 1 日实施
室外照明节能标准	室外作业场地照明设计标准	GB 50582—2010	中华人民共和国住房和城乡建设部	2010 年 12 月 1 日实施
	城市道路照明设计标准	CJJ 45—2015	中华人民共和国住房和城乡建设部	2016 年 6 月 1 日实施
	城市夜景照明设计规范	JGJT 163—2008	中华人民共和国住房和城乡建设部	2009 年 5 月 1 日实施
	城市照明节能评价标准	JGJT 307—2013	中华人民共和国住房和城乡建设部	2014 年 2 月 1 日实施

3.2.1 公共建筑照明节能标准

3.2.1.1 《建筑照明设计标准》（GB 50034—2013）

《建筑照明设计标准》（GB 50034—2013）为我国国家标准，由中华人民共和国住房和城乡建设部、中华人民共和国国家质量监督检验检疫总局联合发布，自 2014 年 6 月 1 日起实施。该规范是为在建筑照明设计中贯彻国家的法律、法规和技术经济政策，满足建筑功能需要，有利于生产、工作、学习、生活和身心健康，做到技术先进、经济合理、使用安全、节能环保、维护方便，促进绿色照明应用而制定的，适用于新建、改建和扩建以及装饰的居住、公共和工业建筑的照明设计。

《建筑照明设计标准》规定应在满足规定的照度和照明质量要求的前提下，进行照明节能评价。照明节能应采用一般照明的照明功率密度值（LPD）作为评价指标。一个房间或场所的照明功率密度值不应超过标准规定的限值，LPD 值越低，则照明系统越节能，因此，照明节能的关键就是在保证设计照度值的情况下降低 LPD 值。

1. 住宅建筑每户照明功率密度限值（表 3-4）

表 3-4　住宅建筑每户照明功率密度限值

房间或场所	照度标准值 /lx	照明功率密度限值 /（W/m²）	
		现行值	目标值
起居室	100	≤ 6.0	≤ 5.0
卧室	75		
餐厅	150		
厨房	100		
卫生间	100		
职工宿舍	100	≤ 4.0	≤ 3.5
车库	30	≤ 2.0	≤ 1.8

2. 图书馆建筑照明功率密度限值（表 3-5）

表 3-5　图书馆建筑照明功率密度限值

房间或场所	照度标准值 /lx	照明功率密度限值 /（W/m²）	
		现行值	目标值
一般阅览室、开放式阅览室	300	≤ 9.0	≤ 8.0
目录厅（室）、出纳室	300	≤ 11.0	≤ 10.0
多媒体阅览室	300	≤ 9.0	≤ 8.0
老年阅览室	500	≤ 15.0	≤ 13.5

3. 办公建筑和其他建筑类型中具有办公用途场所照明功率密度限值（表 3-6）

表 3-6　　办公建筑和其他建筑类型中具有办公用途场所照明功率密度限值

房间或场所	照度标准值 /lx	照明功率密度限值 /（W/m^2）	
		现行值	目标值
普通办公室	300	≤ 9.0	≤ 8.0
高档办公室、设计室	500	≤ 15.0	≤ 13.5
会议室	300	≤ 9.0	≤ 8.0
服务大厅	300	≤ 11.0	≤ 10.0

4. 商店建筑照明功率密度限值（表 3-7）

当商店营业厅、高档商店营业厅、专卖店营业厅需装设重点照明时，该营业厅的照明功率密度限值应增加 $5W/m^2$。

表 3-7　　商店建筑照明功率密度限值

房间或场所	照度标准值 /lx	照明功率密度限值 /（W/m^2）	
		现行值	目标值
一般商店营业厅	300	≤ 10.0	≤ 9.0
高档商店营业厅	500	≤ 16.0	≤ 14.5
一般超市营业厅	300	≤ 11.0	≤ 10.0
高档超市营业厅	500	≤ 17.0	≤ 15.5
专卖店营业厅	300	≤ 11.0	≤ 10.0
仓储超市	300	≤ 11.0	≤ 10.0

5. 旅馆建筑照明功率密度限值（表 3-8）

表 3-8　　旅馆建筑照明功率密度限值

房间或场所	照度标准值 /lx	照明功率密度限值 /（W/m^2）	
		现行值	目标值
客房	—	≤ 7.0	≤ 6.0
中餐厅	200	≤ 9.0	≤ 8.0
西餐厅	150	≤ 6.5	≤ 5.5
多功能厅	300	≤ 13.5	≤ 12.0
客房层走廊	50	≤ 4.0	≤ 3.5
大堂	200	≤ 9.0	≤ 8.0
会议室	300	≤ 9.0	≤ 8.0

6. 医疗建筑照明功率密度限值（表 3-9）

表 3-9　医疗建筑照明功率密度限值

房间或场所	照度标准值 /lx	照明功率密度限值 /（W/m²）	
		现行值	目标值
治疗室、诊室	300	≤ 9.0	≤ 8.0
化验室	500	≤ 15.0	≤ 13.5
候诊室、挂号厅	200	≤ 6.5	≤ 5.5
病房	100	≤ 5.0	≤ 4.5
护士站	300	≤ 9.0	≤ 8.0
药房	500	≤ 15.0	≤ 13.5
走廊	100	≤ 4.5	≤ 4.0

7. 教育建筑照明功率密度限值（表 3-10）

表 3-10　教育建筑照明功率密度限值

房间或场所	照度标准值 /lx	照明功率密度限值 /（W/m²）	
		现行值	目标值
教室、阅览室	300	≤ 9.0	≤ 8.0
实验室	300	≤ 9.0	≤ 8.0
美术教室	500	≤ 15.0	≤ 13.5
多媒体教室	300	≤ 9.0	≤ 8.0
计算机教室、电子阅览室	500	≤ 15.0	≤ 13.5
学生宿舍	150	≤ 5.0	≤ 4.5

8. 美术馆建筑照明功率密度限值（表 3-11）

表 3-11　美术馆建筑照明功率密度限值

房间或场所	照度标准值 /lx	照明功率密度限值 /（W/m²）	
		现行值	目标值
会议报告厅	300	≤ 9.0	≤ 8.0
美术品售卖区	300	≤ 9.0	≤ 8.0
公共大厅	200	≤ 9.0	≤ 8.0
绘画展厅	100	≤ 5.0	≤ 4.5
雕塑展厅	150	≤ 6.5	≤ 5.5

9. 科技馆建筑照明功率密度限值（表 3-12）

表 3-12 科技馆建筑照明功率密度限值

房间或场所	照度标准值 /lx	照明功率密度限值 /（W/m²）	
		现行值	目标值
科普教室	300	≤ 9.0	≤ 8.0
会议报告厅	300	≤ 9.0	≤ 8.0
纪念品售卖区	300	≤ 9.0	≤ 8.0
儿童乐园	300	≤ 10.0	≤ 8.0
公共大厅	200	≤ 9.0	≤ 8.0
常设展厅	200	≤ 9.0	≤ 8.0

10. 博物馆建筑其他场所照明功率密度限值（表 3-13）

表 3-13 博物馆建筑其他场所照明功率密度限值

房间或场所	照度标准值 /lx	照明功率密度限值 /（W/m²）	
		现行值	目标值
会议报告厅	300	≤ 9.0	≤ 8.0
美术制作室	500	≤ 15.0	≤ 13.5
编目室	300	≤ 9.0	≤ 8.0
藏品库房	75	≤ 4.0	≤ 3.5
藏品提看室	150	≤ 5.0	≤ 4.5

11. 会展建筑照明功率密度限值（表 3-14）

表 3-14 会展建筑照明功率密度限值

房间或场所	照度标准值 /lx	照明功率密度限值 /（W/m²）	
		现行值	目标值
会议室、洽谈室	300	≤ 9.0	≤ 8.0
宴会厅、多功能厅	300	≤ 13.5	≤ 12.0
一般展厅	200	≤ 9.0	≤ 8.0
高档展厅	300	≤ 13.5	≤ 12.0

12. 交通建筑照明功率密度限值（表 3-15）

表 3-15　　交通建筑照明功率密度限值

房间或场所		照度标准值 /lx	照明功率密度限值 /（W/m²）	
			现行值	目标值
候车（机、船）室	普通	150	≤ 7.0	≤ 6.0
	高档	200	≤ 9.0	≤ 8.0
中央大厅、售票大厅		200	≤ 9.0	≤ 8.0
行李认领、到达大厅、出发大厅		200	≤ 9.0	≤ 8.0
地铁站厅	普通	100	≤ 5.0	≤ 4.5
	高档	200	≤ 9.0	≤ 8.0
地铁进出站门厅	普通	150	≤ 6.5	≤ 5.5
	高档	200	≤ 9.0	≤ 8.0

13. 金融建筑照明功率密度限值（表 3-16）

表 3-16　　金融建筑照明功率密度限值

房间或场所	照度标准值 /lx	照明功率密度限值 /（W/m²）	
		现行值	目标值
营业大厅	200	≤ 9.0	≤ 8.0
交易大厅	300	≤ 13.5	≤ 12.0

14. 工业建筑非爆炸危险场所照明功率密度限值（表 3-17）

表 3-17　　工业建筑非爆炸危险场所照明功率密度限值

房间或场所		照度标准值 /lx	照明功率密度限值 /（W/m²）	
			现行值	目标值
1. 机、电工业				
机械加工	粗加工	200	≤ 7.5	≤ 6.5
	一般加工公差≥ 0.1mm	300	≤ 11.0	≤ 10.0
	精密加工公差 <0.1mm	500	≤ 17.0	≤ 15.0
机电、仪表装配	大件	200	≤ 7.5	≤ 6.5
	一般件	300	≤ 11.0	≤ 10.0
	精密	500	≤ 17.0	≤ 15.0
	特精密	750	≤ 24.0	≤ 22.0
电线、电缆制造		300	≤ 11.0	≤ 10.0

续表

房间或场所		照度标准值/lx	照明功率密度限值/（W/m^2）	
			现行值	目标值
线圈绕制	大线圈	300	≤ 11.0	≤ 10.0
	中等线圈	500	≤ 17.0	≤ 15.0
	精细线圈	750	≤ 24.0	≤ 22.0
线圈浇注		300	≤ 11.0	≤ 10.0
焊接	一般	200	≤ 7.5	≤ 6.5
	精密	300	≤ 11.0	≤ 10.0
钣金		200	≤ 7.5	≤ 6.5
冲压、剪切		300	≤ 11.0	≤ 10.0
热处理		200	≤ 7.5	≤ 6.5
铸造	熔化、浇铸	200	≤ 9.0	≤ 8.0
	造型	300	≤ 13.0	≤ 12.0
精密铸造的制模、脱壳		500	≤ 17.0	≤ 15.0
锻工		200	≤ 8.0	≤ 7.0
电镀		300	≤ 13.0	≤ 12.0
酸洗、腐蚀、清洗		300	≤ 15.0	≤ 14.0
抛光	一般装饰性	300	≤ 12.0	≤ 11.0
	精细	500	≤ 18.0	≤ 16.0
复合材料加工、铺叠、装饰		500	≤ 17.0	≤ 15.0
机电修理	一般	200	≤ 7.5	≤ 6.5
	精密	300	≤ 11.0	≤ 10.0
2. 电子工业				
整机类	整机厂	300	≤ 11.0	≤ 10.0
	装配厂房	300	≤ 11.0	≤ 10.0
元器件类	微电子产品及集成电路	500	≤ 18.0	≤ 16.0
	显示器件	500	≤ 18.0	≤ 16.0
	印制电路板	500	≤ 18.0	≤ 16.0
	光伏组件	300	≤ 11.0	≤ 10.0
	电真空器件、机电组件等	500	≤ 18.0	≤ 16.0
电子材料表	半导体材料	300	≤ 11.0	≤ 10.0
	光纤、光缆	300	≤ 11.0	≤ 10.0
酸、碱、药液及粉配制		300	≤ 13.0	≤ 12.0

15. 公共和工业建筑非爆炸危险场所通用房间或场所照明功率密度限值（表 3-18）

表 3-18　公共和工业建筑非爆炸危险场所通用房间或场所照明功率密度限值

房间或场所		照度标准值 /lx	照明功率密度限值 / (W/m^2)	
			现行值	目标值
走廊	一般	50	≤ 2.5	≤ 2.0
	高档	100	≤ 4.0	≤ 3.5
厕所	一般	75	≤ 3.5	≤ 3.0
	高档	150	≤ 6.0	≤ 5.0
实验室	一般	300	≤ 9.0	≤ 8.0
	高档	500	≤ 15.0	≤ 13.5
检验	一般	300	≤ 9.0	≤ 8.0
	精细，有颜色要求	750	≤ 23.0	≤ 21.0
计量室、测量室		500	≤ 15.0	≤ 13.5
控制室	一般控制室	300	≤ 9.0	≤ 8.0
	主控制室	500	≤ 15.0	≤ 13.5
电话站、网络中心、计算机站		500	≤ 15.0	≤ 13.5
动力站	风机房、空调机房	100	≤ 4.0	≤ 3.5
	泵房	100	≤ 4.0	≤ 3.5
	冷冻站	150	≤ 6.0	≤ 5.0
	压缩空气站	150	≤ 6.0	≤ 5.0
	锅炉房、煤气站的操作层	100	≤ 5.0	≤ 4.5
仓库	大件库	50	≤ 2.5	≤ 2.0
	一般件库	100	≤ 4.0	≤ 3.5
	半成品库	150	≤ 6.0	≤ 5.0
	精细件库	200	≤ 7.0	≤ 6.0
公共车库		50	≤ 2.5	≤ 2.0
车辆加油站		100	≤ 5.0	≤ 4.5

当房间或场所的室形指数值等于或小于 1 时，其照明功率密度限值应增加，但增加值不应超过限值的 20%。当房间或场所的照度标准值提高或降低一级时，其照明功率密度限值应按比例提高或折减。设装饰性灯具场所，可将实际采用的装饰性灯具总功率的 50% 计入照明功率密度值的计算。

自《建筑照明设计标准》（GB 50034—2013）颁布实施以来，对建筑照明节能起到了很大的推动作用，促进了照明产品的更新换代和照明行业的发展，也为我国制定绿色建筑标准和法规提供了借鉴和依据，并被相关绿色建筑标准所引用。

近年来，随着照明光源、灯具技术的发展，照明系统能效的不断提高，以及政府主管部门、建设单位、照明工程设计人员、照明行业对节能的重视，大部分建筑的照明功率密度值均可低于标准规定的LPD限值。有数据显示，近年来已竣工建筑的照明功率密度值达标率为：办公建筑91.3%，商店建筑100%，旅馆建筑92.9%，医疗建筑91.9%，教育建筑97.9%，工业建筑93.6%，通用房间96.4%。且实际的LPD值比标准规定的最大限值有较大的降低，也就是说，降低标准LPD限值的时机已经成熟。《建筑照明设计标准》（GB 50034—2013）充分考虑了这一实际情况，适当降低了LPD的最大限值，这一举措必将进一步推动照明节能。

3.2.1.2 《节能建筑评价标准》（GB/T 50668—2011）

为贯彻落实节约能源资源的基本国策，引导采用先进适用的建筑节能技术，推动建筑的可持续发展，规范节能建筑的评价，编制节能建筑评价标准。本标准由中华人民共和国住房和城乡建设部、中华人民共和国国家质量监督检验检疫总局联合发布，自2012年5月1日起实施。标准对居住建筑、公共建筑的照明节能进行控制项、一般项、优选项三个方面的评价。

1. 居住建筑

（1）控制项。选用光源的能效值及与其配套的镇流器的能效因数（BEF）应满足：

1）单端荧光灯的能效值不应低于现行国家标准《单端荧光灯能效限定值及节能评价值》（GB 19415）规定的节能评价值。

2）普通照明用双端荧光灯的能效值不应低于现行国家标准《普通照明用双端荧光灯能效限定值及能效等级》（GB 19043）规定的节能评价值。

3）普通照明用自镇流荧光灯的能效值不应低于现行国家标准《普通照明用自镇流荧光灯能效限定值及能效等级》（GB 19044）规定的节能评价值。

4）管型荧光灯镇流器的能效因数（BEF）不应低于现行国家标准《管型荧光灯镇流器能效限定值及节能评价值》（GB 17896）规定的节能评价值。

选用荧光灯灯具的效率不应低于表3-19规定。

表3-19　荧光灯灯具的效率

灯具出光口形式	开敞式	保护罩（玻璃或塑料）		格栅
		透明	磨砂、棱镜	
灯具效率	75%	65%	55%	60%

照明系统功率因数不应低于0.9。楼梯间、走道的照明，应采用节能自熄开关。

（2）一般项。各房间或场所的照明功率密度值（LPD）不高于现行国家标准《建筑照明设计标准》（GB 50034）规定的现行值。楼梯间、走道采用半导体发光二极管照明。

（3）优选项。各房间或场所的照明功率密度值（LPD）不高于现行国家标准《建筑照明设计标准》（GB 50034）规定的目标值。未使用普通白炽灯。

2. 公共建筑

（1）控制项。各房间或场所的照明功率密度值（LPD）不应高于现行国家标准《建筑照明设计标准》（GB 50034）规定的现行值。选用光源的能效值及与其配套的镇流器的能效因数（BEF）应满足下列规定：

1）单端荧光灯的能效值不应低于现行国家标准《单端荧光灯能效限定值及节能评价值》（GB 19415）规定的节能评价值。

2）普通照明用双端荧光灯的能效值不应低于现行国家标准《普通照明用双端荧光灯能效限定值及能效等级》（GB 19043）规定的节能评价值。

3）普通照明用自镇流荧光灯的能效值不应低于现行国家标准《普通照明用自镇流荧光灯能效限定值及能效等级》（GB 19044）规定的节能评价值。

4）金属卤化物灯的能效值不应低于现行国家标准《金属卤化物灯能效限定值及能效等级》（GB 20054）规定的节能评价值。

5）高压钠灯的能效值不应低于现行国家标准《高压钠灯能效限定值及能效等级》（GB 19573）规定的节能评价值。

6）管型荧光灯镇流器的能效因数（BEF）不应低于现行国家标准《管型荧光灯镇流器能效限定值及节能评价值》（GB 17896）规定的节能评价值。

7）金属卤化物灯镇流器的能效因数（BEF）不应低于现行国家标准《金属卤化物灯用镇流器能效限定值及能效等级》（GB 20053）规定的节能评价值。

8）高压钠灯镇流器的能效因数（BEF）不应低于现行国家标准《高压钠灯用镇流器能效限定值及节能评价值》（GB 19574）规定的节能评价值。

选用荧光灯灯具的效率不应低于表 3-20 规定。

表 3-20　　荧光灯灯具效率

灯具出光口形式	开敞式	保护罩（玻璃或塑料）		格栅
		透明	磨砂、棱镜	
灯具效率	75%	65%	55%	60%

照明系统功率因数不应低于 0.9。

（2）一般项。各房间或场所的照明功率密度值（LPD）不高于现行国家标准《建筑照明设计标准》（GB 50034）规定的目标值。未使用普通照明白炽灯。走廊、楼梯间、门厅等公共场所的照明，采用集中控制。楼梯间、走道采用半导体发光二极管（LED）照明。体育馆、影剧院、候机厅、候车厅等公共场所照明采用集中控制，并按建筑使用条件和天然采光状况采取分区、分组控制措施。

（3）优选项。天然采光良好的场所，按该场所照度自动开关灯或调光。旅馆的门厅、电梯大堂和客房层走廊等场所，采用夜间降低照度的自动控制装置。大中型建筑，按具体条件采用合适的照明自动控制系统。

3.2.1.3 《民用建筑电气设计规范》（JGJ 16—2008）

《民用建筑电气设计规范》（JGJ 16—2008）为我国行业标准，由中华人民共和国住房和城乡建设部发布，自2008年8月1日起实施。本规范要求，根据视觉工作要求，应采用高光效光源、高效灯具和节能器材，并应考虑最初投资与长期运行的综合经济效益。灯具的结构和材质应便于维护清洁和更换光源，并搭配功率损耗低、性能稳定的灯用附件。照明与室内装修设计应有机结合，室内表面宜采用高反射率的饰面材料。在确保照明质量的前提下，应有效控制照明功率密度值，并应符合现行国家标准《建筑照明设计标准》（GB 50034）的规定。

3.2.1.4 《教育建筑电气设计规范》（JGJ 310—2013）

《教育建筑电气设计规范》（JGJ 310—2013）为我国行业标准，由中华人民共和国住房和城乡建设部发布，自2014年4月1日起实施。教育建筑应根据照明场所的功能要求确定照明功率密度值，除应符合现行国家标准《建筑照明设计标准》（GB 50034）标值的规定外，还应符合表3-21规定。

表3-21　照明功率密度值

房间或场所	照明功率密度/（W/m²）	对应照度值/lx
	目标值	
合班教室、音乐教室、形体教室、多功能教室等	9	300
艺术学校的美术教室	23	750
计算机教室	15	500
重要阅览室、电子阅览室	15	500
学生宿舍	6	150
学生活动室	7	200
食堂餐厅	8	200
变配电室	7	200
制冷机房	6	150
电子信息机房	15	500
风机房、空调机房、泵房	4	100

教育建筑照明设计选择光源时，应在满足显色性、启动时间等要求条件下，根据光源、灯具及镇流器等的效率、寿命和价格，在进行综合技术经济分析比较后确定。阅览室、书库、教室、会议室、办公室等宜采用细管径三基色直管形荧光灯；休息室、超市等宜采用细管径直管形荧光灯、紧凑型荧光灯或小功率的金属卤化物灯；风雨操场、体育场馆宜采用金属卤化物灯，也可根据建筑高度不同，采用大功率细管径荧光灯；校园照明宜采用紧凑型荧光灯、发光二极管（LED）灯、高压钠灯或金属卤化物灯；应急照明应选用荧

光灯、发光二极管（LED）灯等能快速点燃的光源。

在选择光源时，应搭配合适的镇流器：紧凑型荧光灯应配用电子镇流器；直管形荧光灯应配用电子镇流器或节能型电感镇流器；高压制灯、金属卤化物灯应配用节能型电感镇流器；在电压偏差较大的场所，宜配用恒功率镇流器，功率较小者可配用电子镇流器。

3.2.1.5 《医疗建筑电气设计规范》（JGJ 312—2013）

《医疗建筑电气设计规范》（JGJ 312—2013）为我国行业标准，由中华人民共和国住房和城乡建设部发布，自 2014 年 4 月 1 日起实施。

医疗建筑室内外照明应选用节能型光源。除医用磁共振成像设备室等有特殊需要的房间外，一般场所不应采用白炽灯。除有特殊要求的医疗场所外，应选用效率高的灯具。医疗建筑应采用功率损耗低、性能稳定的灯具附件。镇流器按光源需求配置，并应符合相应能效标准节能评价值。

在保证照明质量的前提下，应控制照明功率密度值。气体放电灯具的线路功率因数不应低于 0.9。采用电感镇流器的气体放电灯具，宜采用分散方式进行无功补偿。医疗建筑的室内照明设计应利用自然光，照明控制宜与外窗平行。室外照明宜采用时间及照度控制方式。有条件的地区，室内照明可采用太阳能光伏照明。

3.2.1.6 《体育建筑电气设计规范》（JGJ 354—2014）

《体育建筑电气设计规范》（JGJ 354—2014）为我国行业标准，由中华人民共和国住房和城乡建设部发布，自 2015 年 5 月 1 日起实施。本规范适用于新建、扩建和改建的体育建筑的电气设计。本规范主要从光源选择方面对照明节能设计作要求。

光源、灯具和镇流器之间应匹配，并应有稳定的电气和光学特性；运动员用房、裁判员用房、体育官员用房、颁奖嘉宾等待室、领奖运动员等待室等高度较低的房间，宜采用细管径直管形蓝基色荧光灯、紧凑型荧光灯；国旗存放间、奖牌存放间、兴奋剂检验室、血样收集室等场所应选用高显色性的光源；新闻发布厅宜采用细管径直管形荧光灯、紧凑型荧光灯或中小功率的金属卤化物灯；室外平台宜采用金属卤化物灯；室外广场宜采用金属卤化物灯或高压钠灯。

3.2.1.7 《交通建筑电气设计规范》（JGJ 243—2011）

《交通建筑电气设计规范》（JGJ 243—2011）为我国行业标准，由中华人民共和国住房和城乡建设部发布，自 2012 年 6 月 1 日起实施。本规范适用于新建、扩建、改建的以客运为主的民用机场航站楼、交通枢纽站、铁路旅客车站、城市轨道交通站、磁浮列车站、港口客运站、汽车客运站等交通建筑电气设计，不适用于飞机库、油库、机车站、行业专用货运站、汽车加油站等的电气设计。

交通建筑宜充分利用自然光，人工照明的照度宜随室外自然光的变化自动调节；宜利用各种导光或反光装置将自然光引人室内进行照明。照明控制方式应根据使用条件及功能要求决定，一般场所宜采用就地分散控制；公共场所的照明及广告、标识照明宜采用分区域集中控制。有条件的场所应采用下列控制方式：

（1）天然采光良好的场所，宜按该场所的照度来自动开关人工照明或调节照明照度。

（2）门厅、候车（机）厅、走廊、车库等公共场所宜采用夜间自动降低照度的装置；门厅、候车（机）厅等公共场所运营期间可根据客运情况控制照明照度，低峰时间可降低照度，但不得低于标准值的1/2；非运营时间可只保留火灾应急照明及值班照明。

（3）按具体条件采用集中或集散的多功能照明控制系统，宜结合车船、航班时间进行智能照明控制。

（4）及以上民用机场航站楼、特大型和大型铁路旅客车站、集民用机场航站楼或铁路与城市轨道交通车站等为一体的大型综合交通枢纽站、城市轨道交通地铁车站、磁浮车站等建筑，宜采用照明管理系统对公共照明系统进行自动监控和节能管理。

3.2.2 居住建筑照明节能标准

《住宅建筑电气设计规范》（JGJ 242—2011）由中华人民共和国住房和城乡建设部发布，于2012年4月1日实施，适用于城镇新建、改建和扩建的住宅建筑的电气设计，不适用于住宅建筑附设的防空地下室工程的电气设计。本规范要求直管形荧光灯应采用节能型镇流器，当使用电感式镇流器时，其能耗应符合现行国家标准《管形荧光灯镇流器能效限定值及节能评价值》（GB 17896）的规定。

有自然光的门厅、公共走道、楼梯间等的照明，宜采用光控开关。住宅建筑公共照明宜采用定时开关、声光控制等节电开关和照明智能控制系统。

3.2.3 室外照明节能标准

3.2.3.1 《室外作业场地照明设计标准》（GB 50582—2010）

《室外作业场地照明设计标准》（GB 50582—2010）由中华人民共和国住房和城乡建设部、中华人民共和国国家质量监督检验检疫总局联合发布，于2010年12月1日实施。适用于新建、改建和扩建的机场、铁路站场、港口码头、造（修）船厂、石油化工工厂、加油站、发电厂、变电站、动力和热力工厂、建筑工地、停车场、供水和污水处理厂等室外作业场地的照明设计。

照明标准值应根据照明场地的使用功能，视觉作业的识别对象尺寸大小，并按本标准第5章有关规定合理选定。作业场地的照明方式应选择合理。光源及镇流器应选用高效、长寿命的产品，其能效指标应符合国家现行有关能效标准规定的节能评价值。照明灯具应选用高效率的灯具及性能稳定的附件。

照明计量应按使用单位分别设置配电线路，并分户装设电能表。照明控制应选择合理的控制方式，采用可靠度高的控制设备。按使用条件宜采用分区、分组的集中控制，有条件时宜采用自动控制方式。有条件时，照明设备宜采用变功率镇流器、调压器。在有条件的场地，可采用太阳能等可再生能源。有顶棚的大面积作业场所宜利用顶部天然采光。照明管理应建立切实有效的维护和管理机制。

3.2.3.2 《城市道路照明设计标准》（CJJ 45—2015）

为确保城市道路照明给各种车辆的驾驶人员以及行人创造良好的视觉环境，达到保障交通安全、提高交通运输效率、方便人民生活、满足治安防范需求和美化城市环境的目的制定了《城市道路照明设计标准》（CJJ 45—2015），本标准适用于新建、扩建和改建的城市道路及与道路相关场所的照明设计，由中华人民共和国住房和城乡建设部发布，于 2016 年 6 月 1 日实施。

机动车道照明应以照明功率密度（LPD）作为照明节能的评价指标。对于设置连续照明的常规路段，机动车道的照明功率密度限值应符合表 3-22 的规定。当设计照度高于表 3-22 的照度值时，照明功率密度值不得相应增加。

表 3-22　　机动车道的照明功率密度限值

道路级别	车道数 / 条	照明功率密度（LPD）限值 /（W/m^2）	对应的照度值 /lx
快速路 主干路	≥ 6	≤ 1.00	30
	< 6	≤ 1.20	
	≥ 6	≤ 0.70	20
	< 6	≤ 0.85	
次干路	≥ 4	≤ 0.80	20
	< 4	≤ 0.90	
	≥ 4	≤ 0.60	15
	< 4	≤ 0.70	
支路	≥ 2	≤ 0.50	10
	< 2	≤ 0.60	
	≥ 2	≤ 0.40	8
	< 2	≤ 0.45	

当不能确定灯具的电器附件功耗时，高强度气体放电灯灯具的电器附件功耗可按光源功率的 15% 计算，发光二极管灯具的电器附件功耗可按光源功率的 10% 计算。

本规范采取的节能措施有：

（1）进行照明设计时，应提出多种符合照明标准要求的设计方案，进行技术经济综合分析比较，从中选择技术先进、经济合理又节约能源的最佳方案。

（2）路灯专用配电变压器应选用符合现行国家标准《三相配电变压器能效限定值及能效等级》（GB 20052）规定的节能产品。

（3）照明器材的选择应符合下列规定：光源及镇流器的能效指标应符合国家现行有关能效标准的要求；选择灯具时，在满足灯具国家现行相关标准以及光强分布和眩光限制要求的前提下，采用传统光源的常规道路照明灯具效率不得低于 70%；泛光灯效率不得低于 65%。

（4）气体放电灯应在灯具内设置补偿电容器，或在配电箱内采取集中补偿，补偿后系统的功率因数不应小于0.850。

（5）宜根据所在道路的照明等级、夜间路面实时照明水平以及不同时间段的交通流量、车速、环境亮度的变化等因素，确定相应时段需要达到的照明水平，通过智能控制方式，调节路面照度或亮度。但经过调节后的快速路、主干路、次于路的平均照度不得低于10lx，支路的平均照度不得低于8lx。

（6）采用双光源灯具照明的道路，可通过在深夜关闭一只光源的方法降低路面照明水平。中小城市中的道路可采用关闭不超过半数灯具的方法来降低路面照明水平，且不应同时关闭沿道路纵向相邻的两盏灯具。

（7）应制订维护计划，定期进行灯具清扫、光源更换及其他设施的维护。

3.2.3.3 《城市夜景照明设计规范》（JGJ/T 163—2008）

《城市夜景照明设计规范》（JGJ/T 163—2008）由中华人民共和国住房和城乡建设部发布，于2009年5月1日实施。本规范使用于城市新建、改建和扩建的建筑物、构筑物、特殊景观元素、商业步行街、广场、公园、广告与标识等景物的夜景照明设计。本规范要求：

（1）应根据照明场所的功能、性质、环境区域亮度、表面装饰材料及所在城市规模等，确定照度或亮度标准值。

（2）应合理选择夜景照明的照明方式。

（3）选用的光源应符合相应光源能效标准，并应达到节能评价值的要求。

（4）应采用功率损耗低、性能稳定的灯用附件。镇流器按光源要求配置，并应符合相应能效标准的节能评价值。

（5）应采用效率高的灯具。

（6）气体放电灯灯具的线路功率因数不应低于0.9。

（7）应合理选用节能技术和设备。

（8）有条件的场所，宜采用太阳能等可再生能源。

（9）应建立切实有效的节能管理机制。

对照明功率密度值，规范中要求建筑物立面夜景照明的照明功率密度值不宜大于表3-23要求。

表3-23　　建筑物立面夜景照明的功率密度值

建筑物饰面材料		城市规模	E2区		E3区		E4区	
名称	反射比		对应照度/lx	功率密度/（W/m²）	对应照度/lx	功率密度/（W/m²）	对应照度/lx	功率密度/（W/m²）
白色外墙涂料，乳白色外墙釉面砖，浅冷、暖色外墙涂料，白色大理石	0.6～0.8	大	30	1.3	50	2.2	150	6.7
		中	20	0.9	30	1.3	100	4.5
		小	15	0.7	20	0.9	75	3.3

续表

建筑物饰面材料		城市规模	E2 区		E3 区		E4 区	
名称	反射比		对应照度 /lx	功率密度 /（W/m^2）	对应照度 /lx	功率密度 /（W/m^2）	对应照度 /lx	功率密度 /（W/m^2）
银色或灰绿色铝塑板、浅色大理石、浅色瓷砖、灰色或土黄色釉面砖、中等浅色涂料、中等色铝塑板等	0.3 ~ 0.6	大	50	2.2	75	3.3	200	8.9
		中	30	1.3	50	2.2	150	6.7
		小	20	0.9	30	1.3	100	4.5
深色天然花岗石、大理石、瓷砖、混凝土，褐色、暗红色釉面砖、人造花岗石、普通砖等	0.2 ~ 0.3	大	75	3.3	150	6.7	300	13.3
		中	50	2.2	100	4.5	250	11.2
		小	30	1.3	75	3.3	200	8.9

注：1. 城市规模及环境区域（E1 ~ E4 区）的划分可按本规范附录 A 进行。
2. 为保护 E1 区（天然暗环境区）的生态环境，建筑立面不应设置夜景照明。

3.2.3.4 《城市照明节能评价标准》（JGJ/T 307—2013）

《城市照明节能评价标准》（JGJ/T 307—2013）由中华人民共和国住房和城乡建设部发布，于 2014 年 2 月 1 日实施。该标准为提高城市照明的节能水平，规范城市照明工作的节能评价制定，适用于单项或区域的城市照明的节能评价。

单项项目评价指标分为控制项、一般项和优选项。

（1）控制项。项目照明功率密度值应符合现行行业标准《城市道路照明设计标准》（CJJ 45）、《城市夜景照明设计规范》（JGJ/T 163）和《公路隧道通风照明设计规范》（JTJ 026.1）的有关规定。未使用国家或地方有关部门明令禁止和淘汰的高超低效材料和设备。

（2）一般项。项目的照明产品能效应达到能效等级 2 级以上水平，分值为 5 分。项目功能照明灯具效率不应低于 75%，分值为 5 分。项目泛光灯灯具效率不应低于 70%，分值为 5 分。项目线路的功率因数不应小于 0.85，分值为 5 分。

项目所选用的照明节能产品，应符合国家现行标准，并通过有资质的检测机构检测鉴定，优先选用通过认证的光源、灯具和光源电器等高效节能产品，分值为 5 分。项目应纳入城市照明信息管理系统，具有统计设施的基本信息和能耗情况的功能，分值为 2 分。

（3）优选项。节电率每提高 2%，加 1 分，最高得分为 20 分。

项目功率密度值在符合现行行业标准《城市道路照明设计标准》（CJJ 45）、《城市夜景照明设计规范》（JGJ/T 163）和《公路隧道通风照明设计规范》（JTJ 026.1）有关规定的基础上，每降低 2%，加 1 分，最高得分为 20 分。

在节能改造项目中应合理利用太阳能、风能等可再生能源的新产品新技术，经济性和节电率达到设计要求，分值为 10 分。项目应选用具有节能功能的控制系统产品，分值为 10 分。区域项目评价指标同样分为控制项、一般项和优选项。

（1）控制项。项目照明功率密度达标率不应低于 80%。未使用国家或地方有关部门明令禁止和淘汰的高耗低效材料和设备。

（2）一般项。项目照明设施应全部纳入监管，责任单位明确，设施监管计划翔实，分值为 4 分。定期应对照明灯具进行清洁，维护系数不应低于 0.7，分值为 4 分。通过控制系统应实现照明设施的开关灯或分时、分区智能化控制，分值为 8 分。控制系统的控制终端在通信中断时应具有自动或手动开关灯的功能，分值为 4 分。

（3）优选项。项目节能技资回收期不应超过五年，每少半年，加 1 分，最高得分为 10 分。

3.3 建筑照明的节能措施（含电气照明节能设计原则）

3.3.1 合理选择光源（LED 灯代替传统灯）

3.3.1.1 节能光源的选用原则

（1）照明光源的选择应符合国家现行相关标准的规定；选用的照明光源、镇流器的能效应符合相关能效标注的节能评价值。

（2）应根据不同的使用场合，选用合适的照明光源，所选用的照明光源应具有尽可能高的光效，以达到照明节能的效果；在满足照度均匀度条件下，宜选择单灯功率较大、光效较高的光源。

（3）照明设计时，除特殊场所外，禁止使用白炽灯。

（4）一般工作场所宜采用细管径直管荧光灯和紧凑型荧光灯。选择荧光灯光源时，应优先使用更节能的 T5 荧光灯。

（5）一般照明场所不宜采用荧光高压汞灯，不应采用自镇流荧光高压汞灯。当公共建筑或工业建筑选用单灯功率小于或等于 25W 的气体放电灯时，除自镇流荧光灯外，其镇流器宜选用谐波含量低的产品。

（6）推广使用高光效、长寿命的 LED 灯。

3.3.1.2 节能光源的选用方法

1. LED 灯

（1）LED 灯的优势。LED 的内在特征决定了它具有光效高、寿命长、启动快捷、易调光、多色彩、可调色温的优点，具体主要优点如下：

1）节能。发光效率可高达90lm/W，并多种色温可选，显色指数高，显色性好。

2）体积小。LED基本上是一块很小的晶片被封装在环氧树脂里面，所以非常小，非常轻。

3）耗电量低。LED耗电相当低，直流驱动，超低功耗，电光功率转换接近30%。

4）使用寿命长，坚固耐用。LED光源为固体冷光源，环氧树脂封装，灯体内没有松动的部分，不存在灯丝易烧、热沉积、光衰等缺点，在恰当的电流和电压下，使用寿命可达6万~10万h，比传统光源寿命长10倍以上。

5）高亮度、低热量。LED使用冷发光技术，发热量比普通照明灯具低很多。

6）无频闪。纯直流工作，消除了传统光源频闪引起的视觉疲劳。

7）环保。LED是由无毒的材料制成，不像荧光灯含水银会造成污染，同时LED也可以回收再利用。

（2）LED灯在建筑照明中的应用。鉴于LED灯所具有的诸多优点，目前业界、建设单位以及政府均在积极推动其应用，特别是在能够发挥其优势的场所，例如：民用建筑的装饰性照明，需要彩色光、彩色变幻光、色温变化的园林景观照明、建筑立面照明、广告照明，博展馆、美术馆、壁画、工艺卫生间、酒店客房、地下车库等需要长时间工作，或者需要调光或频繁开关灯的场所得到了越来越广泛的应用。

《建筑照明设计标准》（GB 50034—2013）对LED在建筑室内照明的使用提供了必要的规范依据：其他有关LED灯的相关规范也相继颁布，如《普通照明用非定向自镇流LED灯性能要求》（GB/T 24908—2014）。因此，随着各相关规范的支持，广大室内照明设计师也必然会越来越多地采用LED灯，LED灯在办公室、会议室等场所也必然会取代传统光源。

（3）LED灯的选用。

1）在不宜检修和更换灯具的场所，可选用LED，利用LED光源的寿命长的特点，减少维护次数。

2）博物馆、美术馆、壁画等文物照明设计时需滤出紫外线的场所，可用LED灯。

3）装饰性照明，需要彩色光、彩色变幻光、色温变化的园林景观照明、建筑立面照明、广告照明等可采用LED灯。

4）体育建筑中，传统采用金属卤化物灯进行照明。由于金属卤化物灯启动时间较长，因此可采用LED灯达到快速启动的目的。

5）LED灯的相关参数需满足《建筑照明设计标准》（GB 50034）的相关要求。

6）灯的使用寿命和光通维持率应符合GB/T 24908的规定。

7）灯具宜有漫射罩时，灯的谐波应符合GB 17625.1的规定。

2. 传统节能灯

（1）荧光灯的选用。

1）荧光灯主要适用于层高4.5m以下的房间，如办公室、商店、教室、图书馆、公共场所等。

2）荧光灯应以直管荧光灯为主，并应选用细管径型（$d \leq 26$mm），有条件时应优先选用直管稀土三基色细管径荧光灯（T8、T5），以达到光效长、寿命长、显示性好的品质要求。

3）在要求照度相同条件下宜采用紧凑型荧光灯，除非特殊场所，禁止使用白炽灯。

4）双端荧光灯能效限定值及能效等级要求符合《普通照明用双端荧光灯能效限定值及能效等级》（GB 19043）的规定；单端荧光灯能效限定值及节能评价值要求应符合《单端荧光灯能效限定值及节能评价值》（GB 19415）的规定。

（2）金属卤化物灯的选用。

1）室内空间高度大于4.5m且对显色性有一定要求时，宜采用金属卤化物灯。

2）体育场馆的比赛场地因对照明质量、照度水平及光效有较高的要求，宜采用金属卤化物灯。

3）一般照明场所不宜采用荧光高压汞灯，不应采用自镇流荧光高压汞灯，可用金属卤化物灯替代荧光高压汞灯，以取得较好的节能效果。

4）商业场所的一般照明或重点照明可采用陶瓷金属卤化物灯，该灯比石英金属卤化物灯具有更好的显色性、更长的寿命、更高的光效。

5）金属卤化物灯的光效和寿命与其安装方式、工作位置有关，应根据工作时照明的水平或垂直位置，选择合适的类型。

6）光源对电源电压的波动敏感，电源电压变化不宜大于额定值的10%。

7）金属卤化物灯宜按三级能效等级选用。

8）除1500W以外的规格，产品2000H光通维持率不应低于75%。

（3）高压钠灯的选用。

1）高压钠灯的发光特性与灯内的钠蒸汽压有关，标准高压钠灯光效高、显色性较差，适用于显色性无要求的场所；对显色性要求较高的场所，宜选用显色性改进型高压钠灯。

2）高压钠灯可进行调光，光输出可以调至正常值一半，功耗能减少至正常值的65%。

3）高压钠灯宜按三级能效等级选用，选用要求应符合《高压钠灯能效限定值及能效等级》（GB 19573）的规定。

4）50W、70W、100W、1000W的2000H光通维持率不应低于85%，150W、250W、400W的产品2000H光通维持率不应低于90%。

3.3.2 合理选择灯具（LED灯代替传统的灯具）

3.3.2.1 高效灯具的选用原则

（1）选择灯具光强空间分布曲线宜采用空间等照度曲线、平面相对等照度曲线。

（2）灯具分类宜按光通量分布、光束角、防护等级划分。

（3）灯具的能效应采用灯具的光束出比作为评价标准。

（4）灯具配光种类的选择。

1）宜根据不同场所选用不同种类灯具的配光形式，见表3-24。

2）直接配光灯具射出的光通量应最大限度地落到工作面上，即有较高的利用系数，宜根据室空比 RCR 选择配光曲线，见表 3-25。

（5）灯具效率及保护角选择。

1）灯具反射器的反射效率受材料影响较大，常用反射材料的反射特性，见表 3-26。

2）灯具格栅的保护角对灯具的效率和光分布影响很大，保护角为 20°～30° 时，灯具格栅效率为 60%～70%；保护角为 40°～50° 时，灯具格栅效率为 40%～50%。

3）灯具的光输出比应满足规范要求。

（6）高保持率灯具的采用。高保持率灯具指运行期间光源光通下降较少、灯具老化污染现象较少的灯具。

（7）推广使用高光效、长寿命的 LED 灯具。

（8）除有装饰需要外，应选用直射光通比例高、控光性能合理的高效灯具。室内用灯具效率不宜低 70%，装有遮光格栅时应不低于 60%，室外用灯具效率不宜低 50%。

表 3-24　　不同种类灯具的配光性能

<table>
<tr><th rowspan="2">类别名称</th><th>上半球光通(%)</th><th rowspan="2">配光曲线形状</th><th rowspan="2">灯具特点</th><th rowspan="2">适用场所</th></tr>
<tr><th>下半球光通(%)</th></tr>
<tr><td rowspan="2">直接型</td><td>0</td><td rowspan="2">窄中宽</td><td rowspan="2">照明效率高
顶棚暗，垂直照度低</td><td rowspan="2">要求经济,高效率的场所,使用高顶棚</td></tr>
<tr><td>100</td></tr>
<tr><td rowspan="2">半直接型</td><td>10</td><td rowspan="2">苹果形配光</td><td rowspan="2">照明效率中等</td><td rowspan="8">适用于要求创造环境氛围的场所，经济性较好</td></tr>
<tr><td>90</td></tr>
<tr><td rowspan="4">扩散型</td><td>40</td><td rowspan="4">梨形配光</td><td rowspan="4">增加天棚亮度</td></tr>
<tr><td>60</td></tr>
<tr><td>60</td></tr>
<tr><td>40</td></tr>
<tr><td rowspan="2">半间接型</td><td>90</td><td rowspan="2">元宝形配光</td><td rowspan="2">要求室内各表面有较高的反射</td></tr>
<tr><td>10</td></tr>
<tr><td rowspan="2">间接型</td><td>100</td><td rowspan="2">凹字形
心字形</td><td rowspan="2">效率低，环境光线柔和，室内反射影响大</td><td rowspan="2">使用创造气氛，具有装饰效果反 1 射型的吊灯、壁灯</td></tr>
<tr><td>0</td></tr>
</table>

表 3-25　　根据室空比 RCR 选择配光曲线

室空比 RCR	选择灯具的最大允许距离比 L/H	配光种类
1 ～ 3	1.5 ～ 2.5	宽配光
3 ～ 6	0.8 ～ 1.5	中配光
6 ～ 10	0.5 ～ 1.0	窄配光

表 3-26 灯具常用反射材料的反射特性表

反射材料		反射率（%）	吸收率（%）	特性
镜面反射	银	90 ~ 92	8 ~ 10	亮面或镜面材料，光线入射角等于反射角
	铬	63 ~ 66	34 ~ 37	
	铝	60 ~ 70	30 ~ 40	
	不锈钢	50 ~ 60	40 ~ 50	
定向扩散反射	铝（磨砂面，毛丝面）	55 ~ 58	42 ~ 45	磨砂或毛丝面材料，光线朝反射方向扩散
	铝漆	60 ~ 70	30 ~ 40	
	铬（毛丝面）	45 ~ 55	45 ~ 55	
	两面白漆	60 ~ 85	15 ~ 40	
漫反射	白色塑料	90 ~ 92	8 ~ 10	亮度均匀的雾面，光线朝各个方向反射
	雾面白漆	70 ~ 90	10 ~ 30	

3.3.2.2 高效灯具的选用方法

1. LED 灯具

（1）发光二极管筒灯灯具的效能不应低于表 3-27 规定。

表 3-27 发光二极管筒灯灯具的效能（lm/W）

色温	2700K		3000K		4000K	
灯具出光口形式	格栅	保护罩	格栅	保护罩	格栅	保护罩
灯具效能	55	60	60	65	65	70

（2）发光二极管平面灯灯具的效能不应低于表 3-28 规定。

表 3-28 发光二极管平面灯灯具的效能（lm/W）

色温	2700K		3000K		4000K	
灯盘出光口形式	反射式	直射式	反射式	直射式	反射式	直射式
灯具效能	60	65	65	70	70	75

2. 传统灯具

（1）荧光灯的选用。

1）采用直管形荧光灯的灯具的效率不应低于表 3-29 规定。

表 3-29 直管形荧光灯的灯具的效率（%）

灯具出光口形式	开敞式	保护罩玻璃或塑料		格栅
		透明	棱镜	
灯具效率	75	70	65	65

2）紧凑型荧光灯筒灯灯具的效率不应低于表 3-30 规定。

表 3-30　　紧凑型荧光灯筒灯灯具的效率（%）

灯具出光口形式	开敞式	保护罩	格栅
灯具效率	55	50	45

3）灯具格栅的保护角对灯具的效率和光分布影响很大，保护角 2°～30° 时，灯具格栅效率 60%～70%；保护角 40°～50° 时，灯具格栅效率 40%～50%。

（2）高强度气体放电灯灯具的选用。

1）小功率金属卤化物灯筒灯灯具的效率不应低于表 3-31 规定。

表 3-31　　小功率金属卤化物灯筒灯灯具的效率（%）

灯具出光口形式	开敞式	保护罩	格栅
灯具效率	60	55	50

2）高强度气体放电灯灯具的效率不应低于表 3-32 规定。

表 3-32　　高强度气体放电灯灯具的效率（%）

灯具出光口形式	开敞式	格栅或透光罩
灯具效率	75	60

3.3.2.3　节能镇流器的选用

1. 节能镇流器的选用原则

（1）直管形荧光灯应配用电子镇流器或节能型电感镇流器。

（2）金属卤化物灯、高压钠灯应配节能型电感整流器；在电压偏差较大的场所宜配用恒功率镇流器；功率较小者可配用电子镇流器。

（3）荧光灯和高强气体放电灯的镇流器分为电感镇流器和电子镇流器，选用时宜考虑能效因数 BEF。

（4）各类镇流器谐波含量应符合《低压电气及电子设备发出的谐波电流限值（设备每相输入电流小于或等于 16A）》（GB 17625.1）的规定，无线电骚扰特性应符合《电气照明和类似设备的无线电骚扰特性的限值和测量方法》（GB 17743）的规定。

2. 节能镇流器的选用方式

（1）宜按能效限定值和节能评价值选用管型荧光灯镇流器，选用要求参见《管型荧光灯镇流器能效指定值及节能评价》（GB 17896）。

（2）宜按能效限定值和节能评价值选用高压钠灯镇流器，选用要求参见《高压钠灯镇流器能效指定值及节能评价》（GB 19574）。

（3）宜按能效等级选用金属卤化物灯镇流器。

3.3.3 智能照明控制

照明控制的主要作用是改善工作环境，提高照明质量，实现多种照明效果，延长光源寿命，方便维护管理。照明控制是照明节能的重要手段，要达到不同的照明效果，往往需要安装大量的光源和灯具，而不同的照明效果需要照明控制手段实现，减少开灯数量和开灯时间，实现节能目的。

随着计算机技术、网络技术、控制技术以及社会经济的发展，人们对照明控制提出了更高的要求，从而产生了以照明灯具为主要控制对象的智能照明控制系统。智能照明控制系统不仅可以实现开关控制和调光控制，还可以预设多个灯光场景，根据时间、场所的功能、室内外照度、有人和无人自动调整场景，实现照明系统集中统一管理与监控的功能。

3.3.3.1 智能照明控制方式（表 3-33）

表 3-33　　智能照明控制方式

序号	智能照明控制方式	注释
1	中央控制	通过中央站以及系统软件实现对整个系统的开关、调光、时针、灯光状态进行监控及管理
2	开关控制	由中央站、就地控制面板对灯光进行开启、关闭控制
3	调光控制	由中央站、就地控制面板对灯光进行从照度零到最大的控制
4	定时时钟控制	系统根据预先设定的时间对灯光进行开启、关闭控制
5	天文时钟控制	输入当地的经纬度，系统自动推算出当天的日落时间，根据这个时间来控制照明场景的开关
6	场景控制	通过中央站、就地控制面板进行编程，预设场景，对灯光进行开启、关闭、调光控制
7	遥控控制	通过手持遥控器对设有红外线控制面板所控制的灯光进行开启、关闭、调光控制
8	日照补偿控制	根据照度探测传感器的探测数据（照度值），按照预先设定的参数自动对灯光进行开启、关闭、调光控制
9	存在、移动控制	根据存在探测、移动探测等传感器的探测数据，按照预先设定的参数自动对灯光进行开启、关闭、调光控制
10	群组组合控制	一个按钮，可定义为打开 / 关闭多个箱柜（跨区）中的照明回路，可一键控制真个建筑照明的开关
11	联动控制	通过输入模块接受视频安防监控系统、入侵报警系统、火灾自动报警系统、出入口控制系统的联动控制信号，对光源进行开关控制或调光控制
12	远程控制	通过 internet 对照明控制系统进行远程监控，能实现：对系统中各个照明控制箱的照明参数进行设定、修改；对系统的场景照明状态进行监视；对系统的场景照明状态进行控制
13	图示化监控	用户可以使用电子地图功能，对整个控制区域的照明进行直观的控制。可将整个建筑的平面图输入系统中，并用各种不同的颜色来表示该区域当前的状态

续表

序号	智能照明控制方式	注释
14	日程计划安排	可设定每天不同时间段的照明场景状态。可将每天的场景调用情况记录到日志中，并可将其打印输出，方便管理

实际操作中，可根据建筑物的建筑特点、建筑功能、建筑标准、使用要求等具体情况，对照明系统进行多种控制方式的组合。

3.3.3.2 建筑物功能照明的控制

（1）体育场馆比赛场地应按比赛要求分级控制，大型场馆宜做到单灯控制。

（2）候机厅、候车厅、港口等大空间场所应采用集中控制，并按天然采光状况及具体需要采取调光或降低照度的控制措施。

（3）影剧院、多功能厅、报告厅、会议室及展示厅等宜采用调光控制。

（4）博物馆、美术馆等功能性要求较高的场所应采用智能照明集中控制，使照明与环境要求相协调。

（5）宾馆、酒店的每间（套）客房应设置节能控制型总开关。

（6）大开间办公室、图书馆、厂房等宜采用智能照明控制系统，在有自然采光区域宜采用恒照度控制，靠近外窗的灯具随着自然光线的变化，自动点燃或关闭该区域内的灯具，保证室内照明的均匀和稳定。

（7）当房间或场所装设两列或多列灯具时，宜按下列方式分组控制：生产场所宜按车间、工段或工序分组；在有可能分隔的场所，宜按每个有可能分隔的场所分组；电化教室、会议厅、多功能厅、报告厅等场所，宜按靠近或远离讲台分组；除上述场所外，所控灯列可与侧窗平行。高级公寓、别墅宜采用智能照明控制系统。

3.3.3.3 走廊、门厅等公共场所的照明控制

（1）公共建筑如学校、办公楼、宾馆、商场、体育场馆、影剧院、候机厅、候车厅和工业建筑的走廊、楼梯间、门厅等公共场所的照明，宜采用集中控制，并按建筑使用条件和天然采光状况采取分区、分组控制措施。

（2）公共场所应采用集中控制，并按需要采取调光或降低照度的控制措施。

（3）住宅建筑等的楼梯间、走道的照明，宜采用节能自熄开关，节能自熄开关宜采用红外移动探测加光控开关，应急照明应有应急时强制点亮的措施。

（4）旅馆的门厅、电梯大堂和客房层走廊等场所，采用夜间定时降低照度的自动调光装置。

（5）医院病房走道夜间应采取能关掉部分灯具或降低照度的控制措施。

3.3.3.4 道路照明和景观照明的控制

（1）道路照明应根据所在地区的地理位置和季节变化合理确定开关灯时间，并应根据天

空亮度变化进行必要修正。宜采用光控和时控相结合的智能控制方式。

（2）道路照明采用集中遥控系统时，远动终端宜具有在通信中断的情况下自动开关路灯的控制功能，采用光控、时控、程控等智能控制方式，并具备手动控制功能。同一照明系统内的照明设施应分区或分组集中控制。

（3）道路照明采用双光源时，在“半夜”应能关闭一个光源；采用单光源时，宜采用恒功率及功率转换控制，在“半夜”能转换至低功率运行。

（4）景观照明应具备平日、一般节日、重大节日开灯控制模式。

（5）应根据照明部位的灯光布置形式和环境条件选择合适的照明控制方式。

3.3.4 照明节能设计原则

照明节能设计原则：应在提高整个照明系统效率，保证照明质量的前提下，节约照明用电。通过采用高效节能照明产品，提高质量，优化照明设计等手段达到照明节能的目的。为节约照明用电，一些发达国家相继提出节能原则和措施，国际照明委员会（CIE）提出如下9条节能原则：

（1）根据视觉工作需要，决定照度水平。

（2）得到所需照明的节能照明设计。

（3）在考虑显色性的基础上采用高光效光源。

（4）采用不产生眩光的高效率灯具。

（5）室内表面采用高反射比的材料。

（6）照明和空调系统的热结合。

（7）设置不需要时能关灯或灭灯的可变装置。

（8）不产生眩光和差异的人工照明同天然采光的综合利用。

（9）定期清洁照明器具和室内表面，建立换灯和维修制度。

在进行设计时，具体应遵循的原则如下：

（1）根据视觉感官及使用功能需要，决定照明水平及标准。

（2）进行优选照明布置方案对比，得到所需照度标准的照明设计，校核照明节能满足《建筑照明设计标准》（GB 50034—2013）功率密度限值标准要求。

（3）选用低谐波含量、低能耗、高能效的灯具及电器，能效值应符合国家标准相关能效节能评价标准。

（4）在考虑显色性的基础上尽可能选用高光效光源。

（5）选用不产生眩光或特地眩光的高效率灯具。

（6）室内表面装饰装修选用高反射比的材料。

（7）采用照明灯具散热和空调系统热回收相结合的一体设计。

（8）采用场景控制方式，设置不需要时能关灯或灭灯的可变装置。

（9）与建筑遮阳系统相结合，最大限度地利用自然采光，而不产生眩光和差异，减少人工照明的使用时间。

（10）定期清洁照明器具和室内表面，建立换灯和维修制度。

3.3.5 照明节能设计措施

3.3.5.1 正确选择照明装置

照明节能设计是在满足规定的照度和照明质量要求的前提下，尽可能地节约用电；应依据相关规范标准规定进行照明设计，在保证有合理数量照明灯具的前提下，设法降低照明用电负荷的能耗，改进照明设备的设计和管理。

（1）光源、灯具方面的节能措施：使用高效率光源及灯具；使用低能耗、低谐波含量、高功率因数的灯具电器；重新分析照明效果，不断改进或更换淘汰旧产品；正确使用照明控制开关；选用寿命长的光源和灯具；安装考虑运行和维护方便；定期维修。

（2）照明设备在使用方面的节能措施：照明设备的选择应功能合理，性能完善，杜绝浪费；投入使用后须加强检查和维护。

（3）照明配电线路在设计方面的节能措施：依据照明灯具对端电压的要求，考虑配电线路电压降取值，规划线路最大距离长度限值，从而减少线路损耗，节能线材；防止电压过高会导致光源使用寿命降低和能耗过分增加的不利影响；三相配电干线的各相负荷宜分配平衡；配线方式与回路所接灯具，应与照明控制和管理相协调。宜采取集中控制与分散控制相结合；电能计量满足管理需求。

（4）选择具有光控、时控、人体感应等功能的智能照明控制装置，做到需要照明时，将灯打开，不需要照明时，将灯关闭。

（5）充分合理地利用自然光、太阳能源等。

3.3.5.2 正确选择照度标准值

目前，主要的照明设计标准有《建筑照明设计标准》（GB 50034—2013）、《城市道路照明设计标准》（CJJ 45—2006）、《城市夜景照明设计规范》（JGJ/T 163—2008）、《体育场馆照明设计及检测标准》（JGJ 153—2007）等，照明设计节能首要的是要选取合理的照度标准值，照度值过高会造成浪费、不节能，过低会牺牲照明质量，即使节能，也违背了照明节能的原则，所以应按国际或行业标准选取合理的标准值。

3.3.5.3 严格控制照明功率密度值

照明功率密度（LPD）是照明节能的主要评价指标之一，不同的建筑、不同的功能房间或场所，其 LPD 所有不同。在计算 LPD 时，应计算灯具光源及附属装置的全部用电量。

《建筑照明设计标准》（GB 50034—2013）中规定的照明功率密度限值是强制性条文，必须严格执行。照明功率密度限值是最大允许值，并非优化值。一个房间或场所照明安装功率的确定，应根据该场所的照度标准值和场所面积及其室形指数（RI）等因素，经照度计算来确定，由此得出实际的 LPD 值不应大于规定的 LPD 最大限值，并尽可能地低于标准规定的 LPD 限值，低得越多越节能。要降低 LPD 值，就必须正确理解标准规定的含义，合理选用高效光源、高效镇流器和高效灯具，正确处理好节能和装饰性、艺术性、实用性的关系，在其中找出适当的平衡点。其次是理解标准规定的均匀度是作业面的均匀度，对一些非作业面可以降低照度，不必要追求整个房间的均匀度指标。

3.3.5.4 合理选择照明方式

照明方式在照明节能设计中是十分重要的，应按下列要求确定照明方式：

（1）工作场所通常应设置一般照明。

（2）同一场所内的不同区域有不同照度要求时，贯彻所选照度在该区该高则高和该低则低的原则，满足功能的前提下，应采用分区一般照明。

（3）对于部分作业面照度要求较高，只采用一般照明不合理的场所，宜采用混合照明；在照明要求高，但作业密度又不大的场所，若只装设一般照明，会大大增加照明安装功率，因而不节能，应采用混合照明方式，即用局部照明来提高作业面的照度，以节约能源。

（4）在一个工作场所内不应只采用局部照明。

（5）慎用间接照明。间接照明是由灯具发射光的通量的 10% 以下部分，直接投射到假定工作面上的照明。90% 以上的光通量发射向顶棚、墙面等，通过反射再照射到工作面，效率不高，特别是顶棚、墙面的反射系数不高时，效率会更低。但对于照明质量、环境要求较高的场所，如要求空间亮度好、严格控制眩光的公共场所，如航站楼、游泳池，利用灯具将光线投向顶棚，再从顶棚反射到工作面上，没有照度不均匀、眩光和光幕反射等问题，应选择高光效光源如高强气体放电灯、LED 灯等，既兼顾了照明效果，也不失为一种节能方式。

照明灯具的控制方式有多种，有简单的、也有复杂的，应根据项目和具体房间或场所功能的要求确定。具体控制方式如下：

（1）简便灵活的就地控制方式，采用跷板开关控制就近的照明灯具。价格便宜、使用方便，但节能效果较差。

（2）对于有天然采光状况的房间或场所应采取分区、分组控制措施。

（3）建筑的楼梯间，特别是住宅建筑的公共部位的照明，采用延时自动熄灭开关控制，在有应急疏散照明功能时，应具有消防时强制点亮的措施。

（4）道路照明和景观照明，通常采用光控、程控和时间控制的方式。

（5）宾馆、酒店客房，采用智能客房控制箱，将照明灯具、人体感应传感器、电器、电动窗帘等功能融入其中。除保留原普通酒店的集中控制功能外，还具有了感应控制、无线遥控、场景控制、远程控制等控制方式。

（6）在博物馆、影剧院、体育场馆、机场等公共建筑大量采用智能照明控制系统，具有开关控制、恒照度控制、恒照度加红外开关控制、调光控制、定时照明控制、基于日光的照明控制、基于人体感应的照明控制、模式控制、集中控制和分散控制等。

照明节能控制系统为建筑提供了高效、节能、易于分割和合并的光环境。同时也为项目实现低能耗和绿色建筑提供了有力支持。

3.3.5.5 推广使用高光效照明光源

应采用高效节能光源，在满足照明效果和质量的条件下，对灯具悬挂位置较低的场所（安装高度小于4.5m），照明宜采用荧光灯，尽量选用细管径直管荧光灯、紧凑型荧光灯；对高大场所（安装高度大于4.5m）的一般照明，宜采用高强度气体放电灯，如高压钠灯（可用于显色性无要求或要求不高的场所）、金属卤化物灯等节能光源。除有特殊要求外，不宜采用管形卤钨灯及大功率普通白炽灯；对走道、车库、景观照明等采用节能、长寿命的LED光源。

作为电能转换为光的主要元器件，光源无疑是影响照明能耗的最主要因素，采用优质高效光源，淘汰和限制使用低效光源，是照明节能的根本。

1. 淘汰和限制使用的低效光源

2012年修订完成并报批的《建筑照明设计标准》（GB 50034—2013）对普通照明白炽灯、卤素灯的使用提出了更为严格的限制条件，并规定不应再采用荧光高压汞灯和自镇流高压汞灯。

2011年，国家发展改革委等五部门发布了“中国逐步淘汰白炽灯路线图”，从2011年11月1日至2012年9月30日为过渡期，2012年10月1日起禁止进口和销售100W及以上普通照明白炽灯；2014年10月1日起禁止进口和销售60W及以上普通照明白炽灯；2015年10月1日至2016年9月30日为中期评估期，2016年10月1日起禁止进口和销售15W及以上普通照明白炽灯，或视中期评估结果进行调整。按照这个路线图，2013年正处于淘汰100W及以上普通照明白炽灯阶段。因此，除其他光源不能满足要求的个别特殊场所，不应再选用普通照明白炽灯；对于现有使用白炽灯的场所，如酒店客房、大堂等处，应逐步进行改造，用LED灯和自镇流荧光灯等新型节能光源取代。

对于光效略高于白炽灯的卤素灯，除了用于对光色和显色性要求很高的商场以及博物馆、画廊等场所的重点照明外，不应在酒店客房、大堂以及餐厅、走廊、电梯轿厢、电梯厅、会议室等场所作为一般照明灯具大面积使用。而荧光高压汞灯和自镇流高压汞灯，光效低，显色性差，已经没有任何使用价值和优势，不应再选用。

2. 推广应用高效光源

20世纪70年代末到21世纪初，荧光灯技术的发展成效显著，在细管径、紧凑型、稀土三基色荧光粉、高频电子镇流器、固汞和低汞、微汞等方面取得了重大进步，使其在光效、显色性、频闪效应、使用寿命、节材、保护环境等方面都有了很大的改善，获得广泛应用。另一方面，固体发光半导体器件——发光二极管（LED）的崛起，也为我们提供了一个全新的光源。白光LED灯研制成功近二十年来，其技术飞速发展，日新月异。LED灯以其高光效、长寿命、启动快捷、调光方便等诸多优势，受到照明产业界、科技界、工程设计人员和政府部门的高度重视，发展前景广阔。

目前，常用的高效节能光源主要有三基色细管径直管荧光灯、紧凑型荧光灯、金属卤化物灯、高压钠灯、无极荧光灯、LED灯等。这些光源的共同特点是光效高：三基色细管径直管荧光灯的光效一般可达到93～104lm/W左右，最高可达到110lm/W；紧凑型荧光灯的光效可达到50lm/W左右；无极荧光灯的光效可达到55～70lm/W左右；金属卤化物灯、高压钠灯的光效可达到65～110lm/W左右，高压钠灯最高可达到140lm/W。对于灯具，由于与传统光源灯具存在很大差别，其光源和灯具是整体式的，因此，不能以光源的光效来衡量节能与否，而是采用灯具的效能作为节能评价指标。目前市场上的LED灯具种类繁多，制造水平和质量参差不齐，灯具的效能在40～90lm/W左右。上述这些光源远比白炽灯、卤素灯（卤钨灯）的光效高，更节能，但显色指数、启动性能、调光性能等各有其优缺点，应根据场所的特点和要求合理应用。

光源光效由高向低排序为低压钠灯、高压钠灯、三基色荧光灯、金属卤化物灯、普通荧光灯、紧凑型荧光灯、高压汞灯、卤钨灯、普通白炽灯。目前，LED的光效已达到高压钠灯的级别，并且发展很快，是一种革命性的节能光源。除光效外，当然还要考虑在显色性、色温、使用寿命、性能价格比等技术参数指标合适的基础上选择光源。光源的效率可用综合评价法评定，各种光源的综合能效指标，见表3-34。

表3-34　各种光源的综合能效指标

光源种类	光效/（lm/W）	光效参考平均值	平均寿命/h	综合能效能效/（10^3lm·h/W）	综合能效参考平均值
普通白炽灯	7.3～25	19.8	1000～2000	7.3～50	28.65
卤钨灯	14～30	22	1500～2000	21～60	40.5
普通直管荧光灯	60～70	65	6000～8000	360～560	460
三基色荧光灯	93～104	98.5	12 000～15 000	1116～1560	1338
紧凑型荧光灯	44～87	65.5	5000～8000	220～696	458
荧光高压汞灯	32～55	43.5	5000～10 000	160～550	355
金属卤化物灯	52～130	91	5000～10 000	260～1300	780
高压钠灯	64～140	102	12 000～24 000	768～3360	2064
高频无极灯	55～70	62.5	40 000～80 000	2200～5600	3900
LED	70～120	95	20 000～50 000	1400～6000	3700

从表3-34可以看出：卤钨灯和普通照明用白炽灯光效很低，寿命很短，综合能效低下。因此，需要逐步淘汰白炽灯。而高压钠灯、三基色荧光灯、高频无极灯和LED灯具有较高的光效和较长的使用寿命，应大力推广，以实现节能的效果

3.3.5.6 积极推广节能型镇流器

气体放电灯的镇流器是一个耗能器件，应采用新型节能镇流器取代普通高耗能镇流器。由于镇流器质量的优劣对照明节能、照明质量和电能质量影响很大，因此选择镇流器时应掌握以下原则：①运行可靠，使用寿命长；②自身功耗低；③频闪小，噪声低；④谐

波含量小，电磁兼容性符合要求。目前，常用电子镇流器和节能型电感镇流器取代普通电感镇流器。普通电感镇流器性能好，但功耗大；节能型电感镇流器虽然价格稍高，但寿命长、可靠性好。从长远发展来看，电子镇流器以更高的能效、无频闪、噪声低、功率因数高、可实现调光、体积小和重量轻等优势而具有广阔的应用前景。

电子镇流器的优点是节能，其自身功耗低，只有 3 ~ 5W 的功耗，功率因数高，光效高，重量轻，体积小，启动可靠，无频闪，无噪声，可调光，允许电压偏差大等。节能型电感镇流器采用低耗材料，其能耗介于传统型和电子型之间。应推广这两种镇流器。在选择镇流器时，应注意镇流器能效因数（BEF），BEF 值越大则越节能。自镇流荧光灯应配用电子镇流器。直管形荧光灯应配用电子镇流器或节能型电感镇流器。高压钠灯、金属卤化物灯应配用节能型电感镇流器。

3.3.5.7 照明配电节能

（1）过高的电压将使照度过分提高，会导致光源使用寿命降低和能耗过分增加，不利节能；而过低的电压将使照度降低，影响照明质量。照明灯具的端电压不宜大于其额定电压的 105%；一般工作场所不宜低于其额定电压的 95%。

（2）气体放电灯配电感镇流器时，应设置电容补偿，以提高功率因数到 0.9。有条件时，宜在灯具内装设补偿电容，以降低线路能耗和电压损失。

（3）三相配电干线的各相负荷宜分配平衡，最大相线负荷不宜超过三相负荷平均值的 115%，最小相线负荷不应小于平均值的 85%。

（4）配电线路宜采用铜芯，其截面应考虑电压降和机械强度的要求。

3.3.5.8 充分利用自然光

充分利用自然光是照明节能的重要途径之一。天然光是取之不尽、用之不竭的能源。如何利用天然光作为建筑物的照明，以节约照明用电，已引起国内外建筑和照明设计人员的高度重视。

利用自然光可以从以下几个方面入手：首先，积极采用自动调光设备。自动调光设备能随自然光强弱的变化自动调节人工光源的照明，以保证工作面有恒定的照度。这样，不仅能改善照明效果，而且比开关控制方法更节能。其次，合理利用热反射贴膜。热反射贴膜通常可以透过 80% 以上的可见光，同时将太阳光内的红外热辐射反射回去，这样建筑可以通过恰当地增加窗墙比来充分利用自然光，同时又能避免房间过热增加空调负荷。最后，适当应用自然光光导照明系统。该系统通常由采光装置、光导管、漫射装置三部分组成，通过室外采光装置收集室外的自然光线并将其导入系统内部，再经由特殊制作的光导管传输后，由安装于系统另一端的漫射装置把自然光线均匀发散到室内需要照明的地方。图 3-1 为自然光光导照明系统在地下车库中应用，图 3-2 为自然光光导照明系统采光装置。一般而言，利用自然光能节约用电 10% ~ 70%，充分利用自然光在设计中主要需注意如下问题：

图 3-1　自然光光导照明系统在地下车库中的应用

图 3-2　自然光光导照明系统采光装置

（1）自然光是人们生产和生活中最习惯且最经济的光源，在自然光下人的视觉反应最好，比人工光具有更高的灵敏度。因此，要正确选择采光的形式，确定必需的采光面积及适宜的位置，以便形成良好的采光环境，充分利用自然光。

（2）房间的采光系数或采光窗地面积比应符合《建筑采光设计标准》（GB 50033—2013）的规定。

（3）设计建筑物采光时，应采用效率高、性能好的新型采光方式，如平天窗等，充分利用自然光，缩短电气照明时间。有条件时宜利用各种导光和反光装置将天然光引入室内进行照明。

（4）自然采光的缺点是照射进深有限，亮度不够稳定，室内照度随受自然光的变动而变。因此，有条件时宜随室外自然光的变化自动调节人工照明照度，在距侧窗较远，自然光不足的地方辅助人工照明。

3.3.5.9　照明设施的维护

（1）照明设备在使用过程中，无论是光源的光亮度或灯具反射面的反射率都会随点燃时间的增加而逐步下降。因此，照明设施的维护对于节能来说也非常重要。

（2）光源发光效率随着点燃时间的延长或电压的降低而逐渐衰竭，寿命也受电压过高的影响而降低。因此，加强照明设施的维护管理对节约照明用电有着重要作用。宜从以下几个方面维护灯具：①定期清扫灯具及安装环境的卫生；②定期更换光源，光源的发光效率不是恒定的，使用到一定期限后，发光效率明显降低；③保证电光源在额定电压下工作。

3.4 建筑照明的节能典型案例

3.4.1 地铁站使用智能照明的优势

1. 节能效果好

采用智能照明控制系统的主要目的是节约能源，智能照明控制系统借助各种不同的“预设置”控制方式和控制元件，对不同时间不同环境的光照度进行精确设置和合理管理，实现节能。这种自动调节照度的方式，充分利用室外的自然光，只有当必需时才把灯点亮或点到要求的亮度，利用最少的能源保证所要求的照度水平，节电效果十分明显，一般可达 30% 以上。此外，智能照明控制系统中对荧光灯等进行调光控制，由于荧光灯采用了有源滤波技术的可调光电子镇流器，降低了谐波的含量，提高了功率因数，降低了低压无功损耗。

2. 延长光源寿命

灯具损坏的一个主要原因是电网的电压，过高的工作会使灯具的寿命大大降低。因此，有效地抑制电网电压的波动可以延长光源的寿命。智能照明控制系统可以成功地抑制电网的冲击电压和浪涌电压，使灯具不会因上述原因损坏。同时系统采用软启动和软关断技术，避免了开启灯具时电流对灯丝的热冲击，使得灯具寿命进一步延长。从而减少更换灯具的工作量，降低照明系统的运行费用。通过上述方法，光源的寿命通常可延长 2 ~ 4 倍。

3. 提高照明质量

一般照明设计师对新建的建筑物进行照明设计时，均会考虑到随着时间的推移灯具，效率和墙面反射率会不断衰减，因此，其初始照度均设置得较高，这种设计不仅造成建筑物使用期（或两次装饰的间隔期）的照度不一致，而且由于照度偏高造成不必要的能源浪费。采用智能照明控制后，虽然照度还是偏高设计，但由于可以智能调光，系统将会按照预先设置的标准亮度使照明区域保持恒定的照度，而不受灯具有效率降低和墙面反射率衰减的影响，这也是智能照明控制系统可以节约能源的原因之一。另外，这种控制方式内所采用的电气元件也解决了频闪效应，不会使人产生不舒适、眼睛疲劳的感觉。

4. 管理维护

智能照明控制系统对照明的控制是以模块式的自动控制为主，手动控制为辅，照明预置场景的参数以数字式存储在 EPROM 中，这些信息的设置和更换十分方便，照明管理和设备维护变得更加简单。有较高的经济回报率，仅从节电和省灯这两项做一估算，得出这样一个结论：用三至五年的时间，业主就可基本收回智能照明控制系统所增加的全部费用。而智能照明控制系统可改善环境，提高员工工作效率以及减少维修和管理费用等。

3.4.2 地铁站特点

地铁站作为大量使用灯光的建筑，对于智能照明的需求具有以下特点：

（1）控制区域类型较多，如图 3-3 所示。

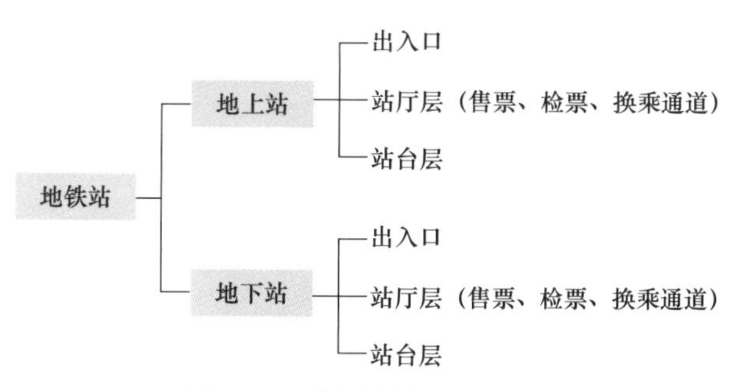

图 3-3　地铁站控制区域类型

（2）灯光耗能量大，因此对于照明节能的要求较高，效果要求显著；人流量和照明量存在线性比例关系，人流量越多，需要打开的光源越多；乘客对于灯光有较高的指标要求，在不同的区域、不同的场所来设置不同的场景。

3.4.3　系统设计的总体思路

地铁站智能照明控制系统要在满足地铁正常运营以及特殊照明的情况下，同时兼顾环境舒适、科学管理和有效节能的目标。并确保系统在运行数年内仍具有一定的先进性，使地铁成为融合高效、安全、节能、管理、先进为一体的，达到国内外先进水平的智能化地铁站。具体主要体现于先进性、成熟性、扩展性、可靠性、经济性。

地铁站内出入口、站厅层、站台层及换乘通道等公共区域的照明，包括公共区域及通道照明、装饰照明广告和标识灯箱照明等，这些区域各自都有不同的控制策略和要求，智能照明控制系统要通过不同的场景设置来实现不同功能区域的照明控制要求。当人流量较少时可适当减少灯光的开启。由于地铁站的面积较大，需考虑进行节能控制管理的照明区域众多，这在普通公共建筑中是非常少见的，虽然系统的实现有一定难度，但所构建的系统要确保技术先进、可靠安全、方便管理。

3.4.4　智能照明控制原则（1-3-6 原则）

1-3-6 控制原则是由日本首先提出的智能照明行业新型控制方式，此控制原则全面诠释了智能照明行业的控制范围，所谓的 1-3-6 原则中的“1”指 10% 的灯光为应急安全照明（不同于消防的应急疏散照明），这些灯光是保障地铁站的最根本的照明，需要 24h 常开；“3”指 30% 的灯光为基础照明，这些灯光按照编程进行定时控制；“6”指 60% 的灯光为适应性照明（即重点照明），这些灯光按照地铁运营时间及照度情况进行合理有效的开启。

根据《城市轨道交通照明》的照度要求，对地铁站的各个区域都有明确的照度规定见表 3-35。

表 3-35　　地铁站各区域照度规定

类别	照度基准参考平面	照度标准值 /lx
出入口门厅、楼梯、自动扶梯	地面	150
通道	地面	150
站内楼梯、自动扶梯	地面	150
售票室、自动售票机	台面	300
检票处、自动检票口	台面	300
地下站厅	站厅面	200
地下站台	站台面	150
地面站厅	站厅面	150
地面站台	站台面	100
办公室	桌面	300
会议室	桌面	300
休息室	高 0.75m 水平面	100
盥洗室、卫生间	地面	100
行车、电力、机电、配电等控制室	工作台面	300
变电、机电、通信等设备用房	高 1.5m 竖直面	150
泵房、风机房	地面	100
冷冻站	地面	150
风道	地面	10

因此地铁站项目各控制区域需要用到的控制手段分析见表 3-36。

表 3-36　　地铁站项目各控制区域的控制原则

类型	控制区域	地板照度要求 /lx	控制原则
地上站	出入口	300	时钟控制、场景控制、主控电脑控制、照度控制
	售票厅	300	时钟控制、场景控制、主控电脑控制、照度控制
	进出站大厅	200	时钟控制、场景控制、主控电脑控制、照度控制
	换乘通道	150	时钟控制、场景控制、主控电脑控制、照度控制
	站台	150	时钟控制、场景控制、主控电脑控制、照度控制
地下站	出入口	300	时钟控制、场景控制、主控电脑控制、照度控制
	进出站大厅	300	时钟控制、场景控制、主控电脑控制
	售票厅	200	时钟控制、场景控制、主控电脑控制
	地下通道	150	时钟控制、场景控制、主控电脑控制
	站台	150	时钟控制、场景控制、主控电脑控制

照度控制：照度传感器将会用测量值与设定值进行比较，自动开启光线比较弱的地方的灯光；地铁站采用照度与人流量结合使用，可以实现多种场景控制模式，见表3-37。

表 3-37　　地铁站场景控制模式

人流量 天气	重大节日	高峰	中	低谷	无人
晴天	场景模式 1	场景模式 2	场景模式 3	场景模式 4	场景模式 5
多云	场景模式 6	场景模式 7	场景模式 8	场景模式 9	场景模式 10
阴雨	场景模式 11	场景模式 12	场景模式 13	场景模式 14	场景模式 15
夜晚	场景模式 16	场景模式 17	场景模式 18	场景模式 19	场景模式 20

根据天气情况和人流量的不同对该区域的控制方式就不同，4 种天气 ×5 种人流量 = 20 种场景模式。

时钟控制：时钟控制器根据所设定的时间点进行开启或关闭各个区域的部分灯光，当夜晚运营结束后，自动将照度感应器屏蔽，并将灯光关闭，只留少量的应急照明灯光。

现场面板控制：工作人员可以根据现场的人流量合理的对各个区域的灯光进行控制。

主控电脑控制：主控站可以对各个区域的灯光进行监测，合理的控制各个区域的灯光。

控制流程如图 3-4 所示。

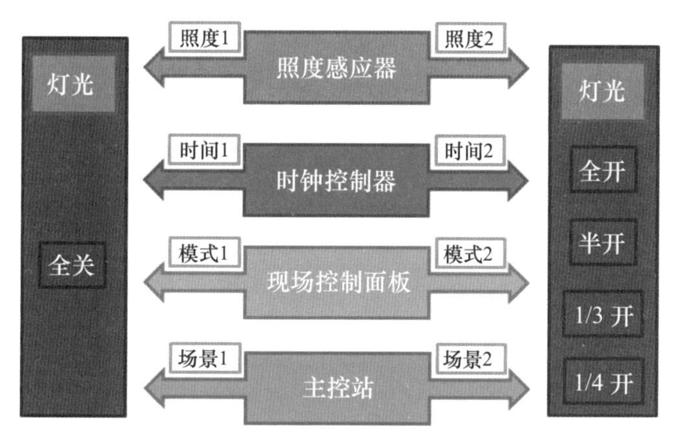

图 3-4　控制流程

3.4.5　地铁站智能照明控制系统结构

地铁站各个区域之间连接方式：每个区域的设备都接入该区域的网关，每个区域的网关通过 TCP/IP 通信协议的智能专网进行连接。

第4章 建筑智能化节能技术

4.1 建筑智能化技术现状

4.1.1 建筑智能化定义

根据《智能建筑设计标准》(GB 50314—2015)，智能建筑的定为义：以建筑物为平台，基于对各类智能化信息的综合应用，集架构、系统、应用、管理及优化组合为一体，具有感知、传输、记忆、推理、判断和决策的综合智慧能力，形成以人、建筑、环境互为协调的整合体，为人们提供安全、高效、便利及可持续发展功能环境的建筑。智能建筑是一个整体的建筑产品，而建筑智能化系统，就是构造智能建筑的核心要件，从狭义的角度，智能建筑的含义就等同于建筑智能化系统和技术。建筑智能化系统所包含的具体技术系统如图4-1所示。

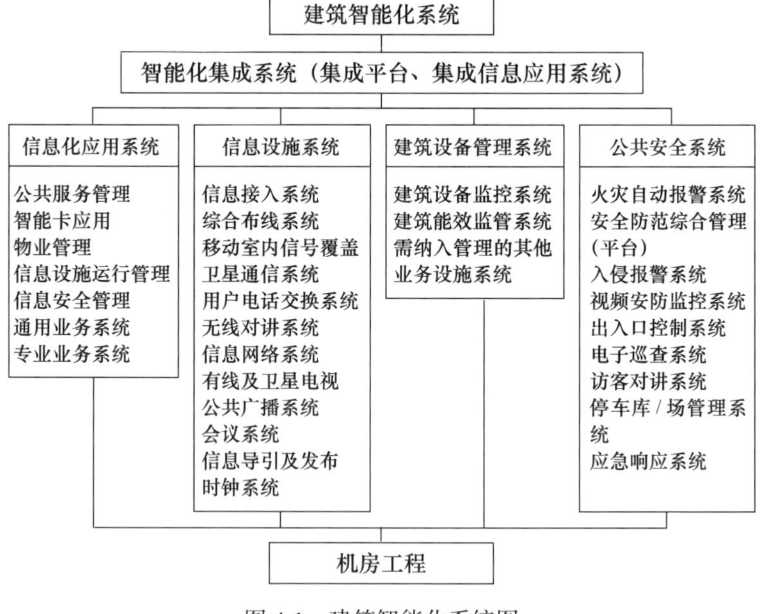

图4-1 建筑智能化系统图

4.1.2 建筑智能化国内外发展现状

4.1.2.1 建筑智能化产业的发展阶段

自从世界上公认的第一幢智能大厦——美国康涅狄格州哈特福德市的“城市广场”1984年建成，智能建筑的理念和技术在世界范围里得到了迅速的传播和应用。欧美是智能建筑发展的领先地区，在亚洲，日本、新加坡和我国台湾地区在智能建筑方面也有大量的研究和应用，取得了长足地进步。

中国智能化建筑的出现也立即引起了关注，发展迅速。在发展历程上，经过起步阶段（1990—1995年）、推进阶段（1996—2003年）和规范发展阶段（2003—2013年），目前我国智能建筑已进入第四个阶段，即持续发展阶段。

（1）起步阶段（1990—1995年）。智能建筑技术引入我国，该阶段建筑智能化的对象主要是宾馆酒店和商务楼，各子系统独立，实现智能化的水平不高。为适应智能建筑发展，主管部门开始制定了一系列标准规范。

（2）推进阶段（1996—2003年）。智能建筑技术在全国范围内得以推广和应用，各种指导性文件、行业管理性文件、行业规范标准性文件、企业和人员执业证书文件得到充实与完善；建筑智能化的对象扩展到机关、企业单位办公楼、图书馆、医院、校园、博物馆、会展中心、体育场馆以至智能化居民小区。智能化系统实现了系统集成并形成了网络化控制。

（3）规范发展阶段（2003—2013年）。进入21世纪后，建筑智能化工程技术日趋成熟，国内部分建筑智能化技术研发成果已接近国际水平。智能化系统在我国建筑行业的应用范围也不断扩大。智能化小区的建设标志着智能化已经突破通常意义的建筑范畴，逐渐延伸至整个城市、整个社会中应用。

（4）持续发展阶段（2013年至今）。随着信息技术的全面发展，国家宣布“互联网+”发展战略，同时国家也将全面推广“数字城市”、“智慧城市”建设，以及在“十二五”“十三五”规划中提出了广泛需求的建筑节能等规划，建筑智能化进一步与“绿色建筑”“节能减排”相关联，产业推向了一个持续发展的新高度。

4.1.2.2 建筑智能化市场发展规模及影响因素

对于我国智能化市场的规模测算，产业信息网发布的《2014—2019年中国建筑产业竞争态势及市场前景研究报告》指出，我国建筑智能市场需求主要由两部分组成：一是新建建筑智能化技术的直接应用；二是既有建筑的智能化改造。

（1）存量建筑市场的智能化改造部分，该报告假设每年约3%（平均改造周期30年）的住宅以及6%（平均改造周期15年）的工业、公共建筑将会进行智能化改造，并按住宅每平方米80元、公建150元的平均改造成本计算，至2018年存量建筑智能化改造规模将达3800亿元。

（2）新建增量市场规模测算，以住建部公布的2012年各类型建筑竣工面积为基数，假定2014—2018年住宅竣工面积年均增长11%，厂房仓库年均增长8%，办公商业服务用房竣工面积年均增长15%，则2018年新增建筑面积接近68亿m^2在这些建筑面积中，智能建筑面积所占比例将会有较大增长（根据中国建筑智能化协会年会纪要，2012年我国智能建筑建设占新增建筑仅约30%，而同期美国为70%、日本为60%）。此比例假定在预测期内年均增长3%，那么智能建筑面积将由2012年的11亿m^2增长至2018年的33亿m^2。同时，产业信息网根据调研实际案例得出的智能化建筑平均新建成本：以住宅150元/m^2，厂房仓库250元/m^2，办公商业服务用房350元/m^2计算。以上述新建成本计算，未来5年内新增智能建筑市场规模将明显提升，2018年建筑智能化增量市场规模约为6800亿元。

由此，该报告测算，至2018年建筑智能化市场总规模将达1.06万亿元。相比于2012年，年均复合增长率约15%。报告对2012—2018年中国智能建筑市场的发展情况预估如图4-2所示。

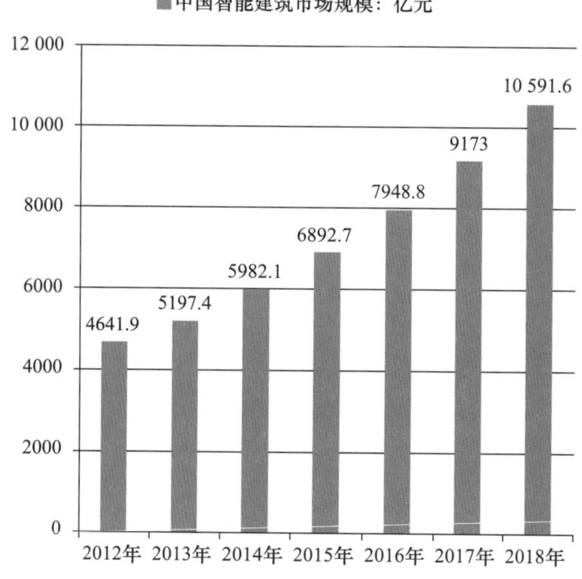

图4-2　建筑智能化市场总规模

根据国家统计局公布的数据显示，2015年全国建筑业总产值达180 757.00亿元，比上年增长2.3%；其中，建筑智能化行业市场规模达7316.40亿元，已超出上述预测结果。

这一实际结果是与国家整体经济发展形势，以及相关政策导向密切相关的。其中，国家对于建筑节能及绿色建筑的要求及规划，对智能建筑市场的发展起到了重要的作用。

不仅如此，“十二五”期间，在政策和环境的推动下，我国绿色建筑也引来了跨越式发展，逐年呈现爆发式增长。绿色建筑项目，由2008年全年开工建设10个，共计建筑面积141.22万m^2；到2015年全年开工建设项目1530个，共计建筑面积18 972.14万m^2，整体翻了150倍之多。从2008年到2015年，全国绿色建筑累计总开工项目数量达4068个，累计建筑面积达47 207万m^2（数据来自绿色建筑评价标识网）。

建筑智能化产业是推广绿色建筑的直接受益者之一。因为绿色建筑实际上就是要在建筑的建设以及使用期内尽量减少能源消耗，提高资源利用效率，并且要充分保证居住者的舒适度，建筑智能化从根本上讲就是建筑节能的一种方式和驱动力。

根据实际统计，在绿色公共建筑和住宅建筑中，运营管理中的智能化系统使用率均达到80%以上（来自《绿色建筑电气与智能化应用技术及实例》，2016年出版）。

4.1.2.3 建筑智能化技术发展状况

建筑智能化行业的发展，巨大的市场需求，也不断地推动了智能化技术的发展。使得我国在智能建筑技术的研发成果已经接近国际水平，尤其在北京、上海、广州等大城市的办公楼宇，智能化技术水平已经达到国际发达国家标准。

近几年，在智能化技术方面，网络技术、传感和控制技术、视频技术以及生物识别、无线通信及定位等技术得到了长足的发展，这些技术深刻地影响并促进了建筑节能化技术的进步。以下技术的发展改变了智能化应用系统：

（1）网络技术的发展，使得智能化应用系统中的各类原本单独建设的通信系统（例如电话交换系统、公共广播系统、信息网络系统等）倾向于统一网络建设，实现全IP化。

（2）传感、控制及通信技术的发展，使得越来越多设备（例如电力设备、空调设备等）本身具备了智能控制和通信功能。在传统上，强电是电力电源，弱电视微电信号，布线和管理上是分开和独立独立的。随着电力设备智能化的发展、设备制造技术的提高、强弱电之间相互干扰问题的解决以及政策/市场对于控制和能源管理的需求驱动，促使了强电与弱电控制技术的融合。

（3）视频技术的发展，使得视频不仅仅作为一种存储和事后查证或者人工防患的手段，而同时通过视频分析实现入侵报警、停车库无卡管理、反向寻车等功能，更加方便建筑物的日常运营管理。

（4）生物识别、无线通信、无线定位以及电子支付等技术的发展，改变了早期的人员识别（例如门禁系统）、人员定位和实时通信（例如电子巡查系统），以及收费管理（例如停车库收费）等智能化系统。

下面汇编了智能化系统的先进设施和控制系统这些新技术已经在众多智能化建筑中得到广泛和成熟应用，见表4-1。

表4-1　　智能化系统的先进设施和控制系统应用

系统	新技术	使用情况
综合布线系统	（1）带十字骨架的六类非屏蔽双绞线 （2）零水峰光缆	逐步推广，渐成主流技术
智能卡应用系统	NFC移动终端近程识别与通信技术	
公共广播系统	数字IP广播	在学校、医院等地理范围较大而又需要统一规划的广播系统中，数字IP广播系统得到了较多的应用
建筑设备监控系统	强弱电一体化控制	
入侵报警系统	智能视频报警系统	

续表

系统	新技术	使用情况
视频安防监控系统	高清 H265 视频压缩技术	
出入口控制系统	（1）生物识别技术 （2）CPU 卡技术	
电子巡查系统	GPRS 电子巡查系统	
停车场管理系统	（1）便捷移动付费系统 （2）不停车付费系统	

4.1.3 建筑智能化技术发展趋势

在“十三五”规划中，我国确定了包括现代能源技术、新一代网络技术、智慧城市和数字社会技术等八大技术作为未来一段时间内发展的主要方向。

智能化技术的发展将展现如下趋势：

1. 深度融合移动互联网、物联网技术应用，建筑智能化系统的服务将更个性化，更体贴，更全面

移动互联网是移动和互联网融合的产物，继承了移动随时、随地、随身和互联网分享、开放、互动的优势，是整合二者优势的“升级版本”。国内移动数据服务商 Quest Mobile 发布了一份详尽的《2015 年中国移动互联网研究报告》。报告显示：截至 2015 年 12 月，国内在网活跃移动智能设备数量达到 8.99 亿。工信部公布的相关数据也证明了这一点，截至 2015 年 7 月，中国的移动互联网用户数已经达到 8.72 亿，这一数字远超于之前预测的 7.1 亿。物联网中国早期称为传感网。其定义是通过射频识别（RFID）、红外感应器、全球定位系统、激光扫描器等信息传感设备，按约定的协议，把任何物品与互联网相连接，进行信息交换和通信，以实现智能化识别、定位、跟踪、监控和管理的一种网络概念。

物联网不仅强调了物品感知和物物互联的概念，推而广之，利用局部网络或互联网等通信技术把传感器、控制器、机器、人员和物品等通过新的方式联在一起，形成人与物、物与物相连，实现信息化、远程管理控制和智能化的网络。在未来物联网技术将在智能建筑、智能小区、智慧家居、智能导航、智能交通、智慧城管、智慧市政、智慧医疗、智能电网、电子商务、智能物流等领域得到广泛的应用。

2. 云计算和大数据技术的引入，使建筑智能化系统智慧更专深，能力更强大

云计算是基于互联网相关服务的增加、使用和交付模式，通常涉及通过互联网来提供动态易扩展且经常是虚拟化的资源。云计算提供了一种集中专业计算能力的途径，即为现场的智能化系统提供更强大的运算支持和更广泛的专业服务资源，使得建筑智能化系统的能力更强大。

典型的例子包括对设备节能控制策略、空间能耗预估模型的更复杂运算；对建筑用能监测评估的更广泛和更专业的云服务；对三维设备运维模型更快速的生成、渲染和巡航等。一个简单的例子就是对建筑能耗的监测，当积累了建筑本身各种数据，以及积累了同

类建筑的大量数据之后，系统将提供更有价值的评估报告和节能优化策略。

3. 基于各种技术发展和需求的综合因素，建筑智能化系统将出现面向更广泛需求场景的智能互联集成大平台技术

目前，大型的商业综合体，产业经济园区，以及大型的旅游园区和主题休闲园区等不断出现，在这些项目中，由于地域面积较大、建筑种类多、管理要素多，无论是系统的综合构成、还是综合管理模式，以及对商业的支持服务等，都会变得十分复杂。在这种情况下，如果只是着重于各个建筑单体设计智能化系统，而缺乏顶层规划以及相应的智能化综合管理平台，往往无法满足项目的全面需求。

不仅如此，在“十三五”规划中，我国确定了智慧城市作为未来一段时间内发展的主要方向之一。智慧城市是由无数栋智能建筑而组成。是在城市级别上的信息化、智能化系统的集成。在各种大区域空间、多管理要素、多异构系统互联互通的项目需求驱动之下，各种网络技术的发展融合，包括5G通信网、移动互联、物联网、WiFi、现场控制的智能总线（有线与无线ZigBee、ZWave）网、近场通信NFC、蓝牙，各种信息和系统互通互联协议和中间件技术的发展推广（如OPC、Web Service、ONVIF、SIP、Niagara等），音视频数字化技术的发展升级（H.265），建筑信息模型（BIM）的建模与共享技术，以及云计算、大数据技术等，都为新的智能化集成平台技术发展提供了广泛的技术基础。

4. 节能的社会需求驱动和节能控制技术的持续深入研发，将使建筑智能化系统出现更专业、更有竞争力的节能控制功能

传统建筑智能化系统在节能控制方面，主要是通过几个系统独立体现，如建筑设备监控系统、智能照明系统、建筑能源管理系统等。但这些系统所取得的节能效果并不令人满意，其中最主要的原因是节能控制策略与能源考核之间缺乏直接关联（非闭环），工程设计与实施中各系统独立进行，导致设计的节能控制策略缺乏分系统、分设备数据验证，即使整体能效表现不佳，也很难发现具体原因，最终大量设计过程中的策略都流于形式甚至无法启用；同时，节能技术是一个跨行业，跨专业的领域，在研发、设计、实施各个环节都需要很强的组织和整合能力。建筑运行能耗涉及建筑设计、建筑的围护结构，涉及建筑电气、自动控制、IT技术，甚至还涉及物业管理。

当前，在整个社会的广泛节能减排需求下，国家也在逐步制定各种规范、导则，为技术研发指明方向。节能控制策略方面：比如对空调设备用能规律进行更仔细的研究。能效考核方面：对能源不仅控制能耗，同时也进行能效考核。技术应用方面：对物联网和传感器大量利用，进行节能感知和智能控制，降低节能系统本身的能耗，为大量应用后的低成本运营打下基础。

4.2 智能建筑智能化技术的标准

为便于索引，本节分别对当前最主要的建筑智能化标准和规范共计45项（含国家标准

31 项、具有代表和先进性的各省市地方标准 6 项，以及国际标准 8 项三大分类）进行了列举和小结。我国主要建筑智能化标准和规范见表 4-2。

表 4-2 我国最主要的建筑智能化标准和规范

标准名称	标准编号	发布单位	主要内容
1. 国内建筑智能化技术标准			
智能建筑设计标准	GB 50314	中华人民共和国住房和城乡建设部	标准展示了各类建造所应具有的智能化功能、设计标准等级和所需配置的智能化系统。本标准还规定了智能建筑建设应围绕节约资源、保护环境的主题，通过智能化技术和建筑技术的融合，有效提升建造综合性能
综合布线系统工程设计规范	GB 50311	中华人民共和国建设部（现中华人民共和国住房和城乡建设部）	本规范对新建、扩建、改建建筑与建筑群综合布线系统工程设计制定了标准，对综合布线系统的系统构成、系统分级、系统指标进行了定义，对各部分的配置设计和安装工艺要求、管线、电气防护及接地、防火等方面进行了规定
电子信息系统机房设计规范	GB 50174	中华人民共和国住房和城乡建设部，中华人民共和国国家质量监督检验检疫总局	本规范对电子信息系统机房的工程设计进行了规定，以确保电子信息设备稳定可靠地运行，保证设计和工程质量，涉及机房工艺、建筑结构、空气调节、电气技术、电磁屏蔽、网络布线、机房监控与安全防范、给水排水、消防等多种专业
有线电视系统工程技术规范	GB 50200	中华人民共和国建设部（现中华人民共和国住房和城乡建设部）	本规范对射频同同轴缆、射频同轴电缆与光缆组合、射频同轴电缆与微波组合传输方式的有线电视系统的新建、扩建和改建工程的设计、施工及验收，进行了规定
安全防范工程技术规范	GB 50348	中华人民共和国建设部（现中华人民共和国住房和城乡建设部）	本规范是安全防范工程建设的通用规范，其将设计要求粗分为两个层次，一是一般社会公众所了解的通用型建筑（公共建筑和居民建筑）的设计要求；二是直接涉及国家利益安全（金融、文博、重要物资等）的高风险类建筑的设计要求
入侵报警系统工程设计规范	GB 50394	中华人民共和国建设部（现中华人民共和国住房和城乡建设部）	本规范是《安全防范工程技术规范》（GB 50348）的配套标准，是对 GB 50348 中关于入侵报警系统工程通用性设计的补充和细化
视频安防监控系统工程设计规范	GB 50395	中华人民共和国建设部（现中华人民共和国住房和城乡建设部）	本规范是《安全防范工程技术规范》（GB 50348）的配套标准，是对 GB 50348 中关于视频安防监控系统工程通用性设计的补充和细化
出入口控制系统工程技术规范	GB 50396	中华人民共和国建设部（现中华人民共和国住房和城乡建设部）	本规范是《安全防范工程技术规范》（GB 50348）的配套标准，是对 GB 50348 中关于出入口控制系统工程通用性设计的补充和细化

续表

标准名称	标准编号	发布单位	主要内容
民用闭路监视电视系统工程技术规范	GB 50198	中华人民共和国住房和城乡建设部	本规范对民用闭路监视电视系统的工程设计、施工与验收进行了规定。民用闭路监视电视系统指民用设施中用于防盗、防灾、查询、访客、监控、科研、生产、商业及日常管理等的闭路电视系统。其特点是以电缆或光缆方式在特定范围内传输图像信号，达到监视的目的
厅堂扩声系统设计规范	GB 50371	中华人民共和国建设部（现中华人民共和国住房和城乡建设部）	本规范对厅堂（剧场和多用途礼堂等）扩声系统的设计，制定了设计的计算要求和观众厅的扩声系统特性指标，保证厅堂的观众厅及舞台（主席台）等有关场所听音良好，使用方便
视频显示系统工程技术规范	GB 50464	中华人民共和国住房和城乡建设部，中华人民共和国国家质量监督检验检疫总局	本规范对视频显示系统工程的分类和分级，视频显示系统的工程设计，工程施工，试运行，工程验收进行了规定
公共广播系统工程技术规范	GB 50526	中华人民共和国住房和城乡建设部，中华人民共和国国家质量监督检验检疫总局	本规范对公共广播进行定义和种类划分（业务广播、背景广播、紧急广播），以及对不同广播种类进行等级定义，规定各等级应备功能。规范对公共广播系统各设备的配置设计、系统工程施工、电声性能测量、工程验收制定了规定
会议电视会场系统工程设计规范	GB 50635	中华人民共和国住房和城乡建设部，中华人民共和国国家质量监督检验检疫总局	本规范对会议电视会场的音频、视频、灯光等系统及设施提成了专业技术要求，对音频、视频性能指标和建造、装饰、电源、接地等提出了要求
电子会议系统设计规范	GB 50799	中华人民共和国住房和城乡建设部	本规范对电子会议系统的各子系统的设计制定了标准，子系统类别包括会议讨论系统、会议同声传译系统、会议表决系统、会议扩声系统、会议显示系统、会议摄像系统、会议录制和播放系统、集中控制系统、会场出入口签到管理系统，对各系统的系统分类与组成、功能设计要求、性能设计要求、主要设备设计要求制定了规范，并对会议室、控制室的物理位置、环境、建筑声学、供电、接地以及线缆敷设等提出了要求
会议电视系统工程设计规范	YD/T 5032	中华人民共和国信息产业部（现中华人民共和国工业和信息化部）	本规范内容包括会议电视系统的组成、组网方式和技术、系统功能和设备选型要求、会议电视系统的质量要求、设备安装设计要求等
城镇建设智能卡系统工程技术规范	GB 50918	中华人民共和国住房和城乡建设部，中华人民共和国国家质量监督检验检疫总局	本规范主要技术内容包括城镇建设智能卡系统的一般要求、设计要求、施工要求、安全防护、设备安装、系统调试与验收。城镇建设智能卡系统工程的IC卡，除《建设事业集成电路（IC）卡应用技术》（CJ/T 166）所规定的卡片外，还包括且不限于移动支付、电子钱包、网络支付等技术和产品在城镇建设行业应用的IC卡片

续表

标准名称	标准编号	发布单位	主要内容
城市轨道交通综合监控系统工程设计规范	GB 50636	中华人民共和国住房和城乡建设部，中华人民共和国国家质量监督检验检疫总局	本规范对城市轨道交通综合监控系统的设计进行了规定，内容包括城市轨道交通综合监控想的系统功能、系统性能、系统组成、软件要求、接口要求和工程设施与设备要求等，目的是提高我国城市轨道交通自动化的技术水平
住宅区和住宅建筑内光纤到户通信设施工程设计规范	GB 50846	中华人民共和国住房和城乡建设部，中华人民共和国国家质量监督检验检疫总局	本规范对光纤到户工程中不同小区建筑类型及规模，定义用户接入点的位置，在此基础上，对红线内外和用户交接点两侧的通信管道、设备间、电信间建设、线缆设备的工程界面进行了明确划分，对具体系统的设计、设备选择、传输指标和设备间电信间选址和工艺设计提出了要求
住宅小区安全防范系统通用技术要求	GB/T 21741	中华人民共和国国家质量监督检验检疫总局，中国国家标准化管理委员会	本标准规定了住宅小区安全防范系统的通用技术要求，是住宅小区安全防范系统设计、施工的基本依据
智能家用电器的智能化技术通则	GB/T 28219	中华人民共和国国家质量监督检验检疫总局，中国国家标准化管理委员会	本标准规定了智能家用电器的智能化技术及智能特性检测与评价的条件、方法和要求
防盗报警控制器通用技术条件	GB 12663	中华人民共和国国家质量监督检验检疫总局，中国国家标准化管理委员会	本标准规定了用于建筑物内及其周围的防盗报警控制器的功能、性能和试验要求
视频安防监控数字录像设备	GB 20815	中华人民共和国国家质量监督检验检疫总局，中国国家标准化管理委员会	本标准规定了视频安防监控系统中数字录像设备的通用技术要求、试验方法、检验规则、对文件要求及标志、包装、运输和存储
楼寓对讲系统及电控防盗门通用技术条件	GA/T 72	中华人民共和国公安部	本标准规定了楼寓对讲系统及电控防盗门的系统组成、技术方法、试验方法和检验规则，是设计、制造、验收楼寓对讲系统及电控防盗门的基本依据
安全防范工程程序与要求	GA/T 75	中华人民共和国公安部	本标准规定了安全防范工程立项、招标、委托、设计、审批、安装、调试、验收的通用程序和管理要求
视频安防监控系统技术要求	GA/T 367	中华人民共和国公安部	本标准规定了建筑物内部及周边地区安全技术防范用视频监控系统的技术要求，是设计、验收安全技术防范用电监控系统的基本依据。本标准的计算内容仅适用于模拟系统或部分采用数字技术的模拟系统

续表

标准名称	标准编号	发布单位	主要内容
入侵报警系统技术要求	GA/T 368	中华人民共和国公安部	本标准规定了用户保护人、财产和环境的入侵报警系统（手动式和被动式）的通用技术要求，是设计、安装、验收入侵报警系统的基本依据
出入口控制系统技术要求	GA/T 394	中华人民共和国公安部	本标准规定了出入口控制系统的技术要求，是设计、验收出入口控制系统的基本依据
防尾随联动互锁安全门通用技术条件	GA 576	中华人民共和国公安部	本标准规定了防尾随联动互锁安全门的技术要求、试验方法、检验规则、标志、包装、运输和贮存
电子巡查系统技术要求	GA/T 644	中华人民共和国公安部	本标准规定了电子巡查系统的构成、技术要求、检验方法，是设计、安装、验收电子巡查系统及其设备的基本依据
城市监控报警联网系统技术标准第1部分通用技术要求	GA/T 669.1	中华人民共和国公安部	GA/T 669的第1部分规定了城市监控报警联网系统的设计原则、系统结构、系统功能及性能要求、系统设备要求、信息传输要求、安全性要求、电磁兼容性要求、电源要求、环境与环境适应性要求、可靠性要求、允许和维护要求等通用性技术要求，是进行城市监控报警联网系统建设规划、方案设计、工程实施、系统检测、竣工验收以及与之相关的系统设备研发、生产的依据
联网型可视对讲系统技术要求	GA/T 678	中华人民共和国公安部	本标准规定了联网型可视对讲系统的技术要求和检验方法，是设计、制造、检验联网型可视对讲系统的基本依据
2. 各省市地方性建筑智能化技术标准			
公共建筑用能监测系统工程技术规范	DG/T J08-2068	上海市城乡建设和交通委员会	本规程从建筑用能的分类、分项、监测范围以及建筑用能监测系统建设工程从设计、施工、检测、验收和维护运行的全过程提出了统一要求，以规范建筑用能监测系统工程建设、保证工程质量并确保系统采集的能耗数据满足管理部门监管的要求
公共建筑通信配套设施设计规范	DG/T J08-2047	上海市城乡建设和交通委员会	本规范对本市公共建筑通信基础设施建设，合理使用公共建筑资源，实现信息综合、资源集约化式共享，结合上海城市信息基础设施建设实际做出设计规定，主要内容包括基础设施、机电设计、通信设施布线设计、有线通信与有线电视设施设计、无线通信设施设计、卫星通信系统设计；无线广播系统设计等
住宅建筑通信配套工程技术规范	DG/T J08-606	上海市城乡建设和交通委员会	本规范的第1部分设计规范对本市新建住宅及住宅小区的光纤入户通信工程的配套设施设计做出技术规定，包括通信管网、暗配线系统及中心机房、电信间等。规范所指的通信配套设施是不含有线电视、建筑设备监控、火灾报警及安全防范等系统的通信配套设施

续表

标准名称	标准编号	发布单位	主要内容
住宅小区安全技术防范系统要求	DB 31/294	上海市局技防办	本标准规定了住宅小区（以下简称小区）安全技术防范系统的要求，是小区安全技术防范系统设计、施工和验收的基本依据
重点单位重要部位安全技术防范系统要求	DB 31/329	上海市质量技术监督局	本标准分行业和场所，对重要部分的技术防范系统提出了要求： （1）展览会场馆 （2）剧毒化学品、放射性同位素集中存放场所 （3）金融营业场所 （4）公共供水 （5）电力系统 （6）学校、幼儿园 （7）城市轨道交通 （8）旅馆、商务办公楼 （9）零售商业 （10）党政机关 （11）医院 （12）通信单位 （13）枪支弹药 （14）燃气系统 （15）公交车站及公交专用停车场（库）
安全技术防范系统建设技术规范	DB 33/768	浙江省质量技术监督局	本标准分行业和场所，对安全技术防范建设提出了技术要求： （1）一般单位重点部位 （2）危险物品存放场所 （3）汽车站与客运码头 （4）商业批发与零售场所 （5）公共供水场所 （6）供配电场所 （7）燃油供储场所 （8）城镇燃气供储场所 （9）旅馆业 （10）学校 （11）医院 （12）住宅小区 （13）娱乐场所

4.3 建筑智能化技术的节能措施

安全、高效、便利和可持续是人们对现代建筑的核心需求，本节所介绍的节能措施也将围绕广义“节能”，即不仅仅是绝对能耗的降低，而是整个能效水平的提高，同时也包括管理效率的提高以及运维、使用体验的提高。

4.3.1 建筑能效水平的定义

能效水平不同于能耗水平，能耗水平更多地强调能源绝对消耗，而建筑能效水平强调人们对于能源的需求层次（图 4-3）。

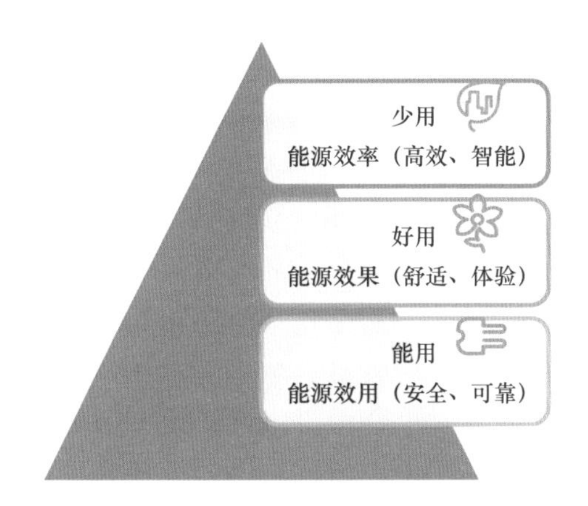

图 4-3 能源需求层次及关注核心

（1）能源效用。随着当代建筑规模的增大以及对能源需求（以电力需求尤为突出）的增大，能源安全以及可靠性直接关系到建筑物安全及正常运行。尤其对于一些关键能源用户（如数据中心、医院等），更需要对一些关键区域（如数据机房、手术室等）、关键设备（如数据服务器、医学影像设备等）进行多重保护和管理。因此评判能效水平的首要指标是能源系统供应的安全性和可靠性。同时，由于大量节能设备（如节能灯、变频器等）的使用会导致如电力谐波等能源质量问题，从而影响建筑设备以及一些敏感关键设备（如数据通信、高精密仪器）的稳定运行。

（2）能源效果。能源使用效果包括环境舒适度（热舒适度、光舒适度等）、动力供给（供水、电梯等）、工艺区域保障（机房温度、洁净度控制、换气次数等）以及运维体验及效率提升（设备）等。节能不能以牺牲使用效果为代价，但同时也要避免浪费。在不同的时段、根据不同的环境条件（如人流密度、室外温度等）调整控制策略，实现精确控制，兼顾控制效果和节能降耗是能源使用效果的优化重点。

（3）能源效率。能源效率的衡量不是单纯的能耗多少，而是满足同样需求情况下，设备、系统消耗能源的多少（效率）。例如满足同样空调负荷情况下的耗电量、满足同样人流量舒适度需求前提下的特定区域的能源消耗等。以能源效率为考核指标可以有效解决目前建筑节能管理中主要依靠关闭设备或者降低舒适度为代价的节能减排误区。

由此可见，运用建筑智能化技术提高建筑综合能效水平需要搭建一个一体化平台，将能源供给、能源计量、主要设备监控、关键区域控制以及行业信息流程打通，从而使得能源、设备真正高效地服务于建筑使用者以及业务流程。

4.3.2　建筑智能化技术与绿色建筑及能效水平关联度分析

建筑智能化技术对于绿色建筑以及主动节能增效的贡献巨大。本节将分别对各种建筑智能化技术［参照《智能建筑设计标准》（GB 50314—2015）］、［如何贡献绿色建筑（参照《绿色建筑评价标准》（GB/T 50318—2016）］以及节能增效进行分析，同时也增加了一些目前标准中尚未覆盖的新技术发展趋势。

4.3.2.1　建筑智能化技术与绿色建筑

随着全球气候变暖以及资源的日益匮乏，绿色建筑相应而生并得到快速发展。近十多年来，各个国家相继推出了各自的绿色建筑评价体系，比较常见的绿色建筑评价体系主要有：中国绿色建筑评价标准（GB 50378—2014）、美国绿色建筑评估体系（LEED）、英国绿色建筑评估体系（BREEAM）、德国生态建筑导则（DGNB）以及新加坡绿色建筑标志认证（Green Mark）。各个绿色建筑体系的编制标准，均是达到减少环境破坏，降低能源消耗，安全、健康且舒适的目的。本小节将重点针对中国绿色建筑体系，从智能化的角度进行分析。

中国住房和城乡建设部于 2006 开始推广绿色建筑评价标识，是一种由政府组织和社会自愿参与的标识行为，其对于智能化系统的设计要求，以及建筑智能化技术对于绿色建筑的贡献巨大。据统计，建筑智能化技术对于中国国标 GBL 的直接或间接贡献的分近 25%。

对于各章节中的评估分（加权前）而言，针对《智能建筑设计标准》（GB 50314—2015）的分类，信息化应用系统相关 2 项，共计 12 分（未加权）；建筑设备管理系统相关 18 项，共计 119 分（未加权，且另加一项相关项为强制项，即必须满足）；公共安全系统 1 项，共计 3 分（未加权）。具体贡献项内容及未加权贡献得分详见表 4-3。

表 4-3　建筑智能化技术中具体贡献内容及加权贡献得分情况

建筑智能化技术		绿色建筑条款	得分	具体条文细则
信息化应用	智能卡应用	6.2.5　公用浴室采取节水措施，第二条文	2	2　设置使用者付费的设施，得 2 分
	物业管理	10.2.9　应用信息化手段进行物业管理，建筑工程、设施、设备、部品、能耗等档案及记录齐全	10	1　设置物业信息管理系统，得 5 分 2　物业管理信息系统功能完备，得 2 分 3　记录数据完整，得 3 分
建筑设备管理系统	建筑设备监控系统	5.2.7　采取措施降低过渡季节供暖、通风与空调系统能耗	6	

续表

建筑智能化技术		绿色建筑条款	得分	具体条文细则
建筑设备管理系统	建筑设备监控系统	5.2.8 采取措施降低部分负荷、部分空间使用下的供暖、通风与空调系统能耗	9	1 区分房间的朝向，细分供暖、空调区域，对系统进行分区控制，得 3 分 2 合理选配空调冷、热源机组台数与容量，制定实施根据负荷变化调节制冷（热）量的控制策略，且空调冷源的部分负荷性能符合现行国家标准《公共建筑节能设计标准》（GB 50189）的规定，得 3 分 3 水系统、风系统采用变频技术，且采取相应的水力平衡措施，得 3 分
	建筑设备监控系统	5.2.9 走廊、楼梯间、门厅、大堂、大空间、地下停车场等场所的照明系统采取分区、定时、感应等节能控制措施	5	
	建筑设备监控系统	5.2.11 合理选用电梯和自动扶梯，并采取电梯群控、扶梯自动启停等节能控制措施	3	
	建筑设备监控系统 建筑能效监管系统	5.2.13 排风能量回收系统设计合理并运行可靠	3	
	建筑设备监控系统 建筑能效监管系统	5.2.14 合理采用蓄冷蓄热系统	3	
	建筑设备监控系统 建筑能效监管系统	5.2.15 合理利用余热废热解决建筑的蒸汽、供暖或生活热水需求	4	
	建筑设备监控系统 建筑能效监管系统	5.2.16 根据当地气候和自然资源条件，合理利用可再生能源	10	
	建筑能效监管系统	6.2.2 采取有效措施避免管网漏损，第三条文	5	3 设计阶段根据水平衡测试的要求安装分级计量水表；运行阶段提供用水量计量情况和管网漏损检测、整改的报告，得 5 分
	建筑能效监管系统	6.2.4 设置用水计量装置	6	1 按使用用途，对厨房、卫生间、绿化、空调系统、游泳池、景观等用水分别设置用水计量装置，统计用水量，得 2 分 2 按付费或管理单元，分别设置用水计量装置，统计用水量，得 4 分
	建筑设备监控系统	6.2.7 绿化灌溉采用节水灌溉方式	10	1 采用节水灌溉系统，得 7 分；在此基础上设置土壤湿度感应器、雨天关闭装置等节水控制措施，再得 3 分
	建筑设备监控系统 建筑能效监管系统	8.2.8 采取可调节遮阳措施，降低夏季太阳辐射得热	12	

续表

建筑智能化技术		绿色建筑条款	得分	具体条文细则
建筑设备管理系统	建筑设备监控系统	8.2.9 供暖空调系统末端现场可独立调节	8	供暖、空调末端装置可独立启停的主要功能房间数量比例达到70%，得4分；达到90%，得8分
	建筑设备监控系统 建筑能效监管系统	8.2.12 主要功能房间中人员密度较高且随时间变化大的区域设置室内空气质量监控系统	8	1 对室内的二氧化碳浓度进行数据采集、分析，并与通风系统联动，得5分 2 实现室内污染物浓度超标实时报警，并与通风系统联动，得3分
	建筑设备监控系统	8.2.13 地下车库设置与排风设备联动的一氧化碳浓度监测装置	5	
	建筑设备监控系统 建筑能效监管系统	10.1.5 供暖、通风、空调、照明等设备的自动监控系统应工作正常，且运行记录完整	控制项	
		10.2.5 定期检查、调试公共设施设备，并根据运行检测数据进行设备系统的运行优化	10	1 具有设施设备的检查、调试、运行、标定记录，且记录完整，得7分 2 制定并实施设备能效改进等方案，得3分
		10.2.8 智能化系统的运行效果满足建筑运行与管理的需要	12	1 居住建筑的智能化系统满足现行行业标准《居住区智能化系统配置与技术要求》（CJ/T 174）的基本配置要求，公共建筑的智能化系统满足现行国家标准《智能建筑设计标准》（GB 50314）的基础配置要求，得6分 2 智能化系统工作正常，符合设计要求，得6分
公共安全系统	停车库（场）管理系统	4.2.10 合理设置停车场所，第二条文	3	2 合理设置机动车停车设施，并采取下列措施中至少2项，得3分 1）采用机械式停车库、地下停车库或停车楼等方式节约集约用地 2）采用错时停车方式向社会开放，提高停车场（库）使用效率 3）合理设计地面停车位，不挤占步行空间及活动场所
创新项	BIM	11. 2.10 应用建筑信息模型（BIM）技术	2	在建筑的规划设计、施工建造和运行维护阶段中的一个阶段应用，得1分；在两个或两个以上阶段应用，得2分

同时，从住房和城乡建设部建筑节能与绿色建筑综合信息管理平台得知，截至2016年3月，全国约有4195个项目获得绿色建筑标识认证，累计建筑面积48 728万 m^2，见图4-4。然而，仅有6%的项目获得了运营阶段绿色建筑认证。

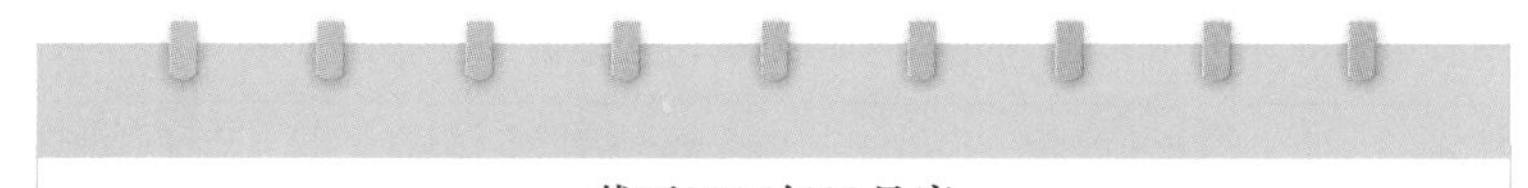

截至2016年03月底
累计项目数量（个）：4195
累计建筑面积（万m^2）：48 728
（信息来源：住房和城乡建设部建筑节能与绿色建筑综合信息管理平台）

图 4-4　全国绿色建筑标识项目统计

造成获得运营标识项目偏少的原因，一方面，由于很多新建的项目还没有正式进入运营期；另一方面，也反映出了绿色建筑发展过程中重设计而轻运营，很多运行数据无法获得。因此，包括信息化应用、建筑设备管理、公共安全在内的综合建筑智能化平台就尤为重要，甚至应该和建筑信息技术 BIM、可视技术 VR 等进一步整合，同时结合专家服务在内的辅助决策系统，实现最终的能源的效用、效果、效率的综合提升。

4.3.2.2　建筑智能化技术与能效水平关联度分析

由 4.3.2.1 节统计可以看出，建筑智能化技术对于绿色建筑评价体系的最主要贡献体现在建筑设备管理系统上，这主要是由于建筑设备管理系统承担了运营阶段建筑物的主要能耗设备管理工作，对节能、低碳的直接贡献最大。然而如果从更加广义的能效（即能源效用、能源效果和能源效率三个层次）考虑，智能化技术对于建筑综合能效水平的贡献更大。参照《智能建筑设计标准》（GB 50314—2015）中的系统进行分析，可以发现在 34 项智能化系统中（所有机房工程合为一项），其中 20 项与能源效用相关；15 项与能源效果相关；23 项与能源效率相关。具体各智能化技术分类对于能效三个层级的贡献程度如图 4-5 所示。

下表列举了《智能建筑设计标准》（GB 50314—2015）中各建筑智能化技术对于能源效用、能源效果和能源效率三个层次的具体关联内容和贡献，见表 4-4。

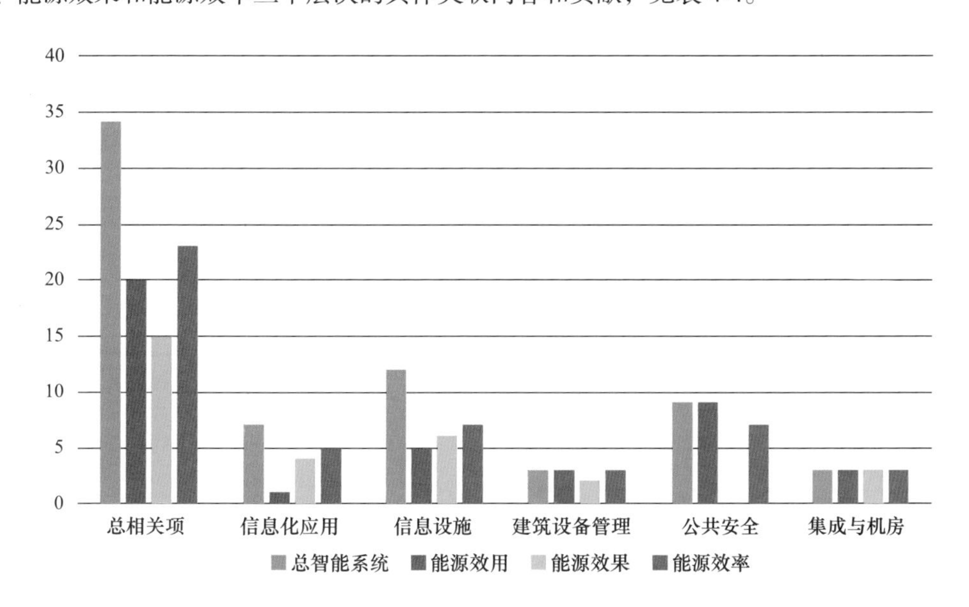

图 4-5　智能技术对能效贡献分析图

表 4-4 建筑智能化技术对于能源利用、能源效果和能源效率三个层次的具体关联内容和贡献

建筑智能化技术		能源效用	能源效果	能源效率
信息化应用系统	公共服务管理 - 访客接待管理 - 服务信息发布	不适用	- 访客管理：人员密度统计 - 信息发布：区域环境参数信息发布（如 PM2.5 等）	- 访客管理：访客碳足迹 - 访客管理：人均碳排放 - 信息发布：能效宣传
	智能卡应用	不适用	- 人员密度统计及控制策略调整 - 联动环境控制	- 人员轨迹追踪及碳足迹 - 人员数量及能耗相关性分析
	物业管理	- 电力等资产运行维修管理	- 物业经营状态与环境参数动态调整	- 物业经营状况及能耗对比
	信息设备运行管理	不适用		
	信息安全管理	不适用		
	通用业务信息管理	不适用		
	专业业务信息管理	不适用	- 根据状态调整控制策略调整，如酒店根据前台系统客房出租状态调整房间设定温度；医院根据 HIS 系统手术室排班及状态调整设定温度及换气率等	- 根据业务量对能源效率进行管理，如机场根据航班信息系统航班流量管理能源使用效率；商业综合体根据人流系统人流量管理能源效率等
智能化集成系统	智能化信息集成（平台）系统 集成信息应用系统（针对各行业，信息化应用的配置应满足相关行业建筑业务运行和物业管理的信息化应用需求）	根据《智能建筑设计标准》（GB/50314—2015）智能化集成系统应以实现绿色建筑为目标，应满足建筑的业务功能、物业运营级管理模式的应用需求。智能化集成系统对能效的贡献在于将能源供给侧管理（以电力供应管理为主）和能源需求侧控制（如照明控制、建筑设备监控系统等）集成在一起，实现能源供需双向管理。同时集成化的能源供、需管理平台与行业业务运行信息系统（最终服务需求）和物业管理信息系统（管理方）打通，使得能源真正服务于业务、方便管理，全面提高能源的效用、效果和效率		
信息设施系统	信息接入系统	SaaS（Software as a Service）是未来物业资产管理及能效管理的发展方向，基于“云”的专业应用和服务将越来越普及，信息接入系统将成为大量智能化设备接入不同“云”资产运维或能效平台的主要出入口		
	布线系统	根据思科预测，至 2020 年全球将有超过 500 亿个设备通过网络连接，物联网（IoT, Internet of Things）是未来智能化和互联网相结合的主流发展方向。建筑智能化节能技术也将从单一的技术应用（如变频器、调光节能灯）向基于区域功能的物联系统节能发展（如酒店客房节能解决方案、开放办公区域节能解决方案、手术室节能解决方案等）。有线为主结合无线补充的网络连接技术仍然是当今的主流网络基础。同时随着大量节能技术（变频器等）以及高端精密设备（如医疗影像设备等）的使用也会对数据传输产生干扰，此时布线系统的抗干扰能力也需要得到充分考虑		

续表

<table>
<tr><th colspan="2">建筑智能化技术</th><th>能源效用</th><th>能源效果</th><th>能源效率</th></tr>
<tr><td rowspan="11">信息设施系统</td><td>移动通信室内信号覆盖系统</td><td colspan="3">在互联网和物联网发展的今天，移动通信室内信号覆盖系统早已不仅仅于满足移动通信业务，除大量的移动终端网络通信需求外，通过移动通信网络的互联网连接也成为大量智能化物联设备（当通过建筑布线系统和信息接入系统难以解决互联网连接时）连接互联网，对接各类“云”平台的重要手段</td></tr>
<tr><td>卫星通信系统</td><td colspan="3">不适用</td></tr>
<tr><td>用户电话交换系统</td><td colspan="3">不适用</td></tr>
<tr><td>无线对讲系统</td><td colspan="3">不适用</td></tr>
<tr><td>信息网络系统</td><td colspan="3">信息网络系统是建筑物内各类用户、应用的公用或专用信息通信链路基础，支撑了建筑物内多种类信息化及智能化信息端到端传输。信息网络拓扑架构设计的整体一致性、功能分区、信息承载负载量、分区间以及对外安全保障等均对建筑智能化节能技术 / 系统直接互联互通以及与相关信息系统的数据交换产生影响</td></tr>
<tr><td>有线电视及卫星电视接收系统</td><td colspan="3">不适用</td></tr>
<tr><td>公共广播系统</td><td colspan="3">不适用</td></tr>
<tr><td>会议系统</td><td>不适用</td><td>- 通过会议室智能化系统与会议系统（预订信息）以及门禁系统的集成，按照会议室状态动态调整各种温度、照明、遮阳、投影灯设备运行策略，同时联动会议室清扫等服务，提高会议室体验与服务的同时降低能耗</td><td>- 会议室移动端 APP 寻找、预订及超时取消、到时提醒。提高会议室利用效率及会议效率
- 通过会议室使用时间以及参会人数统计，分析会议室利用率及能源效率。必要时重新安排会议室分割空间及控制分区和策略，提高空间使用和设备使用效率</td></tr>
<tr><td>信息引导及发布系统</td><td>不适用</td><td>不适用</td><td>- 合理的信息引导系统可以减少建筑物公共区域内访客的无效走动（如医院、交通枢纽、会展等）或引导人员流向（如商业综合体、大型游乐场所等），增加空间利用率
- 同时通过发布系统，可以对绿色及能效水平等进行宣传，增强民众意识</td></tr>
<tr><td>时钟系统</td><td colspan="3">随着建筑智能化节能技术从单一的技术应用向基于区域功能的物联系统节能，乃至系统与系统直接互动的复杂系统节能发展，时钟同步在不同设备、系统之间准确、精准联动、配合起着不可忽略的作用</td></tr>
</table>

续表

<table>
<tr><th colspan="2">建筑智能化技术</th><th>能源效用</th><th>能源效果</th><th>能源效率</th></tr>
<tr><td rowspan="3">建筑设备管理系统</td><td>建筑设备监控系统</td><td>– 对主要能源供应系统直接或通过数据接口进行集成管理</td><td>– 有效地监控包括冷热源、供暖通风和空气调节、给水排水、照明、电梯等系统，监视并保证温度、湿度、流量、压力、压差、液位、照度、气体浓度等环境以及建筑设备运行基础状态信息</td><td>– 集成能耗监控及计量系统数据，对建筑设备的能源效率进行 KPI 管理
– 集成空间使用信息、人流信息以及其他业务信息系统，对空间能效、单位人数能效以及单位业务产出能效等进行 KPI 管理</td></tr>
<tr><td>建筑能效监管系统</td><td>– 对供配电系统、关键电源系统以及其他能源供应系统进行监视、能源质量管理和能源网络资产管理，保障能源安全性、可靠性和高品质</td><td>不适用</td><td>– 能耗监控范围包括冷热源、供暖通风和空气调节、给水排水、照明、电梯等建筑设备
– 能耗计量的分享及类别宜包括电量、水量、燃气量、集中供热耗热量、集中供冷耗冷量等
– 能耗管理功能包括账单验证、成本分摊、意识推广、能耗分析、使用优化、成本优化以及标准合规等</td></tr>
<tr><td>其他业务设施系统</td><td>– 特殊能源系统（如纯水、特殊气体等）的安全性、可靠性及能源质量进行管理。具体视行业而定</td><td>– 对特殊区域的能源使用效果（如气压、洁净度等）进行合理控制和优化。具体视行业而定</td><td>– 根据行业特点对能源效率进行管理和优化（如数据中心 PUE 值等）。具体能源效率衡量参数视行业而定</td></tr>
<tr><td rowspan="9">安全技术防范系统</td><td>火灾自动报警系统</td><td>– 电气防火及对电力系统的影响</td><td>不适用</td><td>不适用</td></tr>
<tr><td>安全防范综合管理（平台）</td><td rowspan="7">– 对于重要能源站的出入控制及安全防范，保证能源站及传输线路安全运行</td><td rowspan="7">不适用</td><td rowspan="7">– 利用安防监控视频分析、出入口控制人数统计的功能识别区域人数，并有针对性地调整环境控制参数，兼顾舒适度与节能
– 根据出入口控制或停车库（场）管理系统等识别人员位置，并根据人员位置动态调整工位或其他区域的控制状态和参数（如供电状态、环境温度、工位照明等）</td></tr>
<tr><td>入侵报警</td></tr>
<tr><td>视频安防监控</td></tr>
<tr><td>出入口控制</td></tr>
<tr><td>电子巡查</td></tr>
<tr><td>访客对讲</td></tr>
<tr><td>停车库（场）管理</td></tr>
<tr><td>应急响应系统</td><td colspan="3">不适用</td></tr>
</table>

续表

<table>
<tr><th colspan="2">建筑智能化技术</th><th>能源效用</th><th>能源效果</th><th>能源效率</th></tr>
<tr><td rowspan="11">机房工程</td><td>信息接入机房</td><td rowspan="11">机房对于供电系统的可靠性、电能质量等要求较高，因此对供配电设计应负荷：
- 应满足具体机房设计等级及设备用电负荷等级的要求
- 电源质量应符合国家现行有关标准的规定和所配置设备的要求
- 设备的电源输入端应设防雷击电磁脉冲（LEMP）的保护装置
- 机房重要系统、设备应配备不间断电源（UPS），在主电源故障情况下的连续供电时间应达到相应标准</td><td rowspan="11">- 机房内的温度、湿度等应满足设备的使用要求
- 部分机房（如智能化总控室、消防控制室、安防监控中心、应急响应中心、数据机房等）应采用恒温恒湿空调进行环境控制
- 对于数据机房，行级制冷、免费制冷等方式即可以有效地控制机房温度，又可以起到节能增效的目的</td><td rowspan="11">- 机房重要能耗设备（如恒温恒湿空调机组、主要服务器等）的能源效率KPI管理
- 对于数据机房，可以使用PUE值对机房综合能效进行评估和管理</td></tr>
<tr><td>有线电视前端机房</td></tr>
<tr><td>信息设施系统总配线机房</td></tr>
<tr><td>智能化总控室</td></tr>
<tr><td>信息网络机房</td></tr>
<tr><td>用户电话交换机机房</td></tr>
<tr><td>消防控制室</td></tr>
<tr><td>安防监控中心</td></tr>
<tr><td>应急响应中心</td></tr>
<tr><td>智能化设备间（弱电间、电信间）</td></tr>
<tr><td>数据机房</td></tr>
</table>

4.3.2.3 建筑智能化新技术及建筑智能化节能技术发展趋势

从上小节分析可以看出，现行《智能建筑设计标准》（GB 50314—2015）中涉及的建筑智能化技术仍然以传统信息化、智能化系统为主，并未涉及近年快速成长或逐渐成为关注焦点的BIM（建筑信息模型）、VR/AR（虚拟现实/增强现实）、RTLS（实时定位系统）以及模式识别、人工智能诊断等智能技术，以下对这些新的智能化技术进行简单介绍：

建筑信息模型（Building Information Modeling, BIM）是以建筑工程项目的各项相关信息数据作为模型的基础，建立的建筑模型，通过数字信息仿真模拟建筑物所具有的真实信息。目前BIM技术仍然主要应用于建筑物建设阶段，用以进行建筑物可视化管理、协调冲突管理、建设模拟管理以及优化、出图等，以达到提高效率、节约成本和缩短工期的作用。随着技术的发展，BIM技术将进一步应用于运营阶段。BIM与各种自动化、信息化智能系统以及VR/AR技术相结合，实现物业管理的可视化、信息化和自动化，将大大提高建筑物的管理效率和能源效率。

1. RTLS及其相关应用

RTLS（Real Time Location System）即实时定位系统，是一种基于信号的无线电定位手段，可以采用主动式或者被动感应式。目前国内RTLS行业主要用于人员、货物、资产设备等定位。将来物联网在国内普及之时，基于提供位置服务的应用必将得到更快的发展。

2. 人工智能分析诊断及自动优化技术

《智能建筑设计标准》(GB 50314—2015)中已将“建筑设备管理系统”区分为“建筑设备监控系统”和“建筑能效监管系统”，由建筑设备监控系统完成建筑设备的监视和优化控制功能，并通过建筑能效监管系统实现能效数据（包括能源可靠新性、能源消耗量以及能源质量等）可视化（通过KPI看板、趋势、图表、报告等方式）。这是本版标准相对于前版标准（GB 50314—2006）在能效管理方面的一大提升。

随着计算机、网络技术以及人工智能算法的发展，建筑物能效管理智能化水平进一步得到提高。能效优化水平从可视化及辅助分析发展到智能化分析（故障自动诊断、节能空间智能识别、基于投资回报优先级排序及改造建议、任务自动分派及追踪等），未来将进一步提升为自动能效优化管理，通过动态自适应、自学习系统和网格计算等实现问题自动识别、策略动态调整甚至自动进化控制策略。

4.3.3 建筑智能化综合能效管理平台一体化架构

建筑综合能效管理平台设计应该包括能源供应侧管理（能源管理系统）、能源需求侧管理（设备管理系统）和建筑业务流程（行业应用）三大部分以及三者之间的相互集成和融合。这与《智能建筑设计标准》(GB/T 50314—2015）中“建筑设备管理系统”的分类一致，只要在各个系统中再完善和集成一些子系统就可以将建筑设备管理系统上升为一个统一的、供需双向的、与行业应用结合的综合能效管理平台。集成整合后的建筑能效综合管理平台架构如图4-6所示。

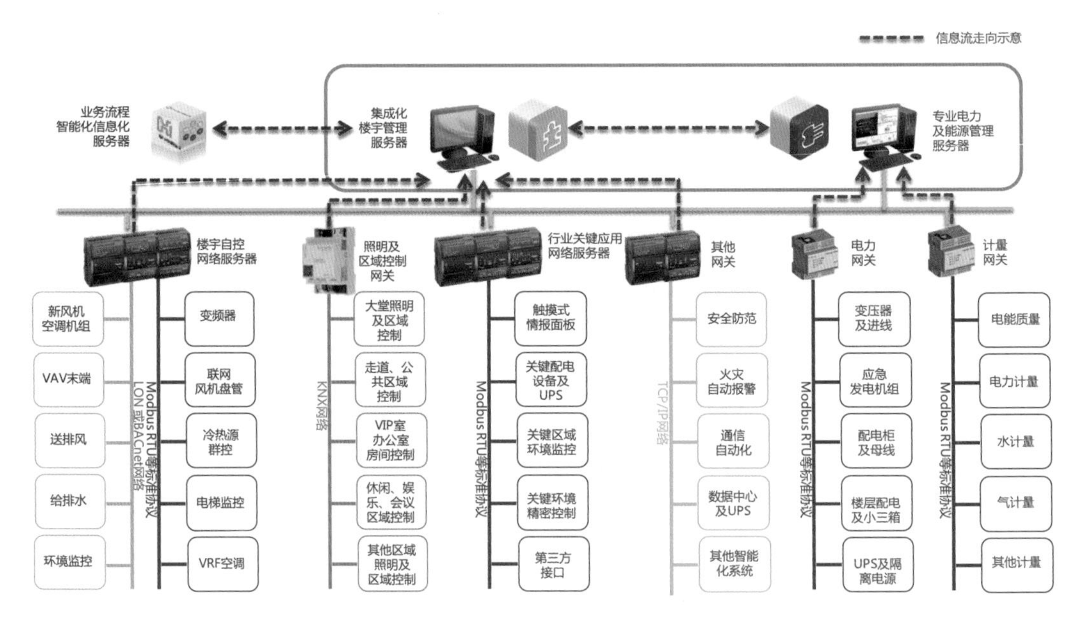

图4-6 建筑综合能效管理平台

能效综合管理平台将在顶层（服务器层面）将能源管理系统、设备管理系统和业务流程管理系统打通。以建筑设备监控系统为基础，整合能源管理系统和业务流程管理系统。

目前绝大多数建筑的主要能源仍然是电力，电力供应的可靠性、电能质量对建筑物稳定运行至关重要。因此建筑能效综合管理平台的能源管理系统建议以电力管理系统为基础，整合能源计量及其他水、汽等能源管理系统，实现能源的供给可靠性、能源消耗以及能源网络设备资产管理。表 4-5 建筑能源管理系统将建筑物区分为普通建筑（对能源可靠性的要求一般，能源中断主要引起经济、业务等普通损失，此类建筑如商场、宾馆、办公等）和重要建筑（对能源可靠性的要求高，能源中断将引起生命危险或大范围社会影响等，此类建筑如医院、数据中心等）。重要建筑的能源管理系统除应具备普通建筑的通用功能外，还会根据需要，增配关键功能。

表 4-5　　建筑能源管理系统

项目	能源可靠性	能耗管理	能源网络资产
普通建筑通用功能	能源网络监视 能源网络保护 电能质量 故障分析 故障恢复 能源网络分析模拟 能源网络控制	能源账单验证 能源成本分摊 能源意识推广 能耗分析功能 能源使用优化 能源成本优化 绿建标准合规	资产信息管理 资产维护管理 资产优化 关键资产管理
重要建筑关键功能	柴油发电机监视 柴油发电机自检测 UPS 在线管理 手术室配电管理		电力资产寿命管理 电力资产性能评估 电力资产预警 电力资产远程管理

1. 设备管理系统

设备管理系统可以以建筑设备监控系统为基础（建筑设备监控系统自身监控了暖通等高能耗系统，同时具有很强的集成和定制化能力），集成照明控制、行业特殊区域等高能耗设备监控系统，实现设备实时监控、环境监控以及必要的系统集成等功能。表 4-6 将建筑设备管理系统区分为通用建筑功能（绝大多数建筑都普遍具备的功能）和行业关键功能（根据建筑类型不同的行业特色功能）。

表 4-6　　建筑设备管理系统区分为通用建筑功能和行业关键功率

项目	设备实时监控	环境监控	系统集成
通用建筑功能	冷热源监控 空调机组监控 新风机组监控 风机盘管监控 照明系统监控 送排风监控 给排水监控	温度监控 湿度监控 CO_2 监控 PM2.5 监控 VOC 监控	智能照明 电梯集成 安防系统集成 火灾自动报警 数据中心集成 通信自动化集成

续表

项目	设备实时监控	环境监控	系统集成
医疗建筑特色功能	手术室洁净控制 病房控制	正负压监控 洁净度监控	护士呼叫 RTLS
数据中心特色功能	机房温度控制 大型冷站控制	机架温度监控	DCIM
交通枢纽特色功能			
酒店建筑特色功能	酒店客房控制 宴会厅及大堂控制 健身房控制		客房服务
办公建筑特色功能	会议室控制 VAV 及工位控制		空间效率管理 时租工位管理
商场建筑特色功能	商铺快速部署控制		人流信息系统

2. 建筑业务流程管理融合

建筑物内所有的能源、设备最终都服务于业务，行业众多 IT 软件对业务流程进行管理和协调。建筑能效综合管理平台需要和应用的一些关键 IT 管理系统对接，从而利用业务流程信息动态优化设备控制和能源调度，使得能源、设备真正服务于业务目标，减少不必要的浪费。医疗建筑中，HIS（Hospital Information System）是覆盖医院所有业务和业务全过程的信息管理系统。将建筑能效综合平台与 HIS 系统打通，获取各类等信息，评价各区域能源效率；进行动态优化控制。酒店建筑中，酒店前台管理系统（Property Management System, PMS）是一个对酒店信息管理和处理的综合计算机系统，通过将建筑能效综合平台与 PMS 系统打通，可以根据客房状态（空闲、入住但客人不在房、入住且客人在房）动态调节客房设备（照明、空调、供电等状态），节能降耗。商场建筑中，将建筑能效综合管理平台与人流分析及商铺管理系统打通，实现人流及能耗相关性分析、根据人流动态调整环境参数设定和能源分布，将设备运行参数状态 / 能耗状态等与商铺管理相结合辅助日常运行等。

交通枢纽中，通过将建筑能效综合管理平台与航班信息管理系统打通，动态优化空调、照明等相关设备，避免在航班空闲阶段由于空闲区域设备大功率运行造成能源浪费。

4.3.4 建筑智能化综合能效管理平台软件界面功能架构

建筑能效综合管理平台集成了众多子系统，但不是对各子系统数据的集中呈现和罗列。而需要对数据进行重新组合和再加工，针对不同使用者的需求进行信息呈现。大致可分为如下三级：

（1）控制级：以单一系统 / 设备监控为主，供各专业的相关物业保障人员 / 专业工程师日常使用。

（2）运营级：通过控制级各种运营技术（Operation Technology, OT）的集成；行业业务信息技术（Information Technology, IT）的融合集成；打造行业区域导向物联技术（Internet of Things, IoT）解决方案。使用者为各区域运营人员以及各区域的最终用户。

（3）企业级：此层为企业或集团多站点综合管理，往往基于云技术，实现企业层级功能，此层根据各企业具体需求决定。

4.3.4.1 建筑综合能效管理平台通用功能

建筑物业运维主管及以上的管理人员，关注重点是使用整合后的信息反映出能源、设备以及空间的总体效率，当发现异常或不合理后，再进入设备细节或要求相关物业运维人员采取行动，从而优化后勤运营。

4.3.4.2 建筑综合能效管理平台行业区域功能

OT 技术集成不仅是服务器层面的，更应该体现在各区域层面。根据各行业区域特色，将各区域内的能源、建筑设备（空调、动力、照明等）以及行业信息化 / 智能化系统（手术室排班及智能化设备、机房机架行间控制管理、智能会议系统等）打通，才能真正实现区域行业功能导向 IoT，使得智能技术真正服务于最终使用者。从能效管理和运维界面的角度，每个区域都会包括区域集成监控（使用者为区域运维人员）、区域综合管理（使用者为区域运营人员）和操控终端（使用者为最终使用者）。

4.3.4.3 建筑智能化综合能效管理平台设计及工程实施流程整合

建筑综合能效管理平台设计及工程实施流程的关键是有一个在项目全生命周期中（从项目定位到验收认证）整体把控整个平台架构、功能、接口规范以及系统逻辑关系的解决方案架构师，从区域、不同使用者的角度考虑，将项目咨询顾问的绿色 / 行业目标以及各子系统的具体设计 / 执行联系起来。

4.4 建筑智能化的节能典型案例

为便于对比智能化节能效果，本章并未选取新建项目作为案例（节能效果难以比较），而分别采用一个整体改造案例（对于智能化技术的节能效果而言，相当于新建）和一个局部改造案例（更能体现不同智能化技术对于节能作用）进行讨论。

4.4.1 整体改造（相当于新建）建筑智能化节能案例

4.4.1.1 工程概况

该项目为某世界 500 强法国总部，位于法国巴黎，建筑主体共 6 层，建筑面积 3.5 万 m^2。于 2009 年 1 月投入使用，目前容纳了 1850 名员工，每年将接待大约 10 万名来访者。

4.4.1.2 改造目标及整体实施步骤

2009 年，该企业入住新总部办公楼，入住当年单位能耗为 150kW·h/（m^2·年）（原办公地点为巴黎同地区 9 座类似办公建筑，平均能耗 320kW·h/（m^2·年））。为了进一步提高对办公楼的运行管理水平、提高员工工作效率并降低能耗，该企业决定对此办公楼进行改造，希望实现 3 个目标：

（1）建筑各子系统能够互联互通，协同工作，并能够在一个平台上进行管理。

（2）单位面积能耗在入住首年的基础上再降低 50%，并能够实现持续改进。

（3）能够根据建筑物空间使用特点灵活调整，提高员工工作效率和空间使用效率，实现建筑物、环境和业务的和谐发展。

为实现以上目标，该项目整体改造经历了以下三大阶段：

（1）建立能源管理系统，并对各建筑设备子系统进行逐个优化和调优。

（2）建立一体化建筑管理平台，以能源绩效为目标进行系统间综合优化。

（3）通过新能源、空间效率优化等新技术持续优化建筑能效。

该办公楼在三个阶段改造前后的单位能耗指标变化如图 4-7 所示。

通过持续改进，该总部办公楼成为世界上第一座获得 ISO50001 能源管理体系国际认证建筑以及第一座获得 BREEAM-In-Use 卓越（6 星）建筑。同时也是法国第一座同时获得 3 项奖项的建筑，分别是：ISO14001 环境管理体系国际认证，NF EN160001 欧洲能源管理体系认证和 HQE 高品质环境质量建筑法国标准认证。

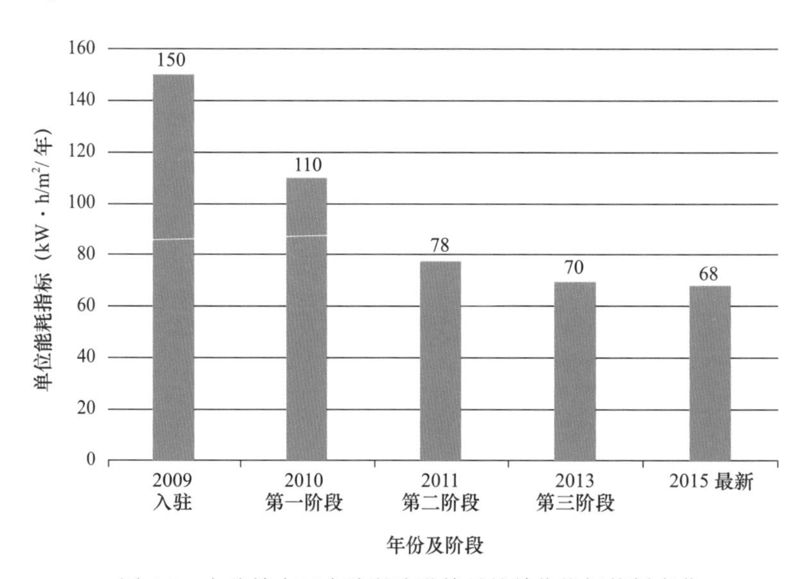

图 4-7 办公楼在三个阶段改进前后的单位指标能耗变化

4.4.1.3 第一阶段：能源管理平台搭建及单系统改造

为实现节能增效的目的，办公楼首先建立了能源管理平台。办公楼总共安装了超过 180 个测量点，实时监测大楼中的各个耗能环节，从而可得到大楼的分项能耗数据，据此建立能源管理指标考核体系，优化大楼的各个子系统（主要包括暖通空调、照明等重要能耗设备以及遮阳等辅助降耗设备）。

1. 建立能源管理平台

能源管理指标考核体系采用分级、分区的原则。

（1）在层级上分为三级，分别为企业层面，运营层面和控制层面建立不同级别的能源考核指标。

（2）分区，根据不同的区域和设备功能分别建立考核指标。

指标体系建立后，能源管理系统可以对这些指标进行实时计算、显示、分析和比较。通过趋势分析和横向比较，找到能效提升方法。指标体系的三个层级：

等级一：呈现关键的能源管理指标。包括建筑的总能耗，使用者生产率，碳排放量以及节能目标完成状况。

等级二：关注运行管理。包括能耗基准确定、能耗拆分、能效分级、节能目标跟踪、能源消耗和能源趋势报告等能耗管理功能。

等级三：关注能效优化的执行状况。监控及记录各个区域的能耗、分析 KPI 的趋势、设备效率、维护效果和员工生产行为的指导。

2. 优化暖通空调系统

暖通空调是办公建筑中的主要能耗。对暖通空调系统的改造主要包括空调系统、新风系统，空调水系统的节能改造工作。目标是对暖通系统的耗能部位进行合理化改造，实现暖通系统的运行模式自动优化调整。具体改造策略包括：

（1）设备变频改造（含给排水系统）：对大功率水泵、风机采用变频控制。

（2）冷机群控改造：

1）根据需求冷量及流量和回水温度，自动控制冷水机组及其对应水泵、冷却塔的运行台数及启动顺序；根据冷冻水末端压力，实现冷冻水泵变频优化控制。

2）根据冷却水回水温度实现冷却塔分组控制。

3）根据冷站综合能效比优化控制策略（包括冷冻水供水温度、冷却水回水温度再设、冷机台数优化控制等）。

（3）热水系统改造：

1）远程监视热水总管供水温度、回水管回水温度、供回水管流量等参数，以计算大楼所需的热负荷。

2）根据计算的热负荷及太阳能采集的热负荷，实行优化运行，确定开启热交换器的台数，达到最佳节能的目的。

（4）空调机组 / 新风机组改造：

1）采用变风量空调机组，以根据符合需求调整输出风量，兼顾区域温度需求差异和节能增效。

2）通过焓值控制进行工况切换判断，并结合室内 CO_2 浓度确定最优新回风混合比例。

3）对空调机组 / 新风机组采用热回收装置，最大方式的节约能源。

4）对空调机组 / 新风机组的温度设定值进行再设定。

5）对空调机组 / 新风机组采用自动夜风净化。

6）过渡季节，采用全新风免费制冷。

7）对空调机组 / 新风机组实行间歇运行。

（5）对人员密集区域及地下车库监测 CO_2 浓度，联动控制风机，提高室内空气质量。

3. 优化照明系统

该办公楼的第二大用能系统为照明系统。照明改造首先是实现智能照明控制，在开放区域采用 DALI 技术实现单灯单控，在独立办公室和会议室采用 KNX 技术实现照明与遮阳、空调系统的联动；其次，根据不同区域的功能特点进行相应的照明控制。

大楼内的不同区域，对照明的照度、时间和模式都有不同的需求，因此设置相应的控制面板和自动化控制策略。包括：

（1）照度控制：基于照度传感器及区域照度要求，使用调光器和灯具的开关实现室内合理照度。时间控制：根据区域功能和使用时间为不同的区域设置不同运行时间。

（2）存在控制：对于如打印间、卫生间、会议室等人员随机性较大的区域，通过存在传感器监测区域内是否有人。若有人，则打开区域内的照明，否则关闭区域内的照明。

4.4.1.4 第二阶段：一体化建筑管理平台，实现系统联动控制

搭建一体化建筑管理平台，从绿色、高效和安全三方面，进一步降低办公楼全生命周期运营成本，并通过系统联动、综合控制和能源绩效考核，在智能化控制的基础上，提高用户的舒适度和能效水平。同时，将安防系统（包括视频、门禁与入侵防范技术等）集成到此平台，以尽可能地降低计划外的停机而导致的成本和效率损失，并提供全面的风险分析。

项目一体化建筑管理平台软硬件系统架构如图 4-8 所示。

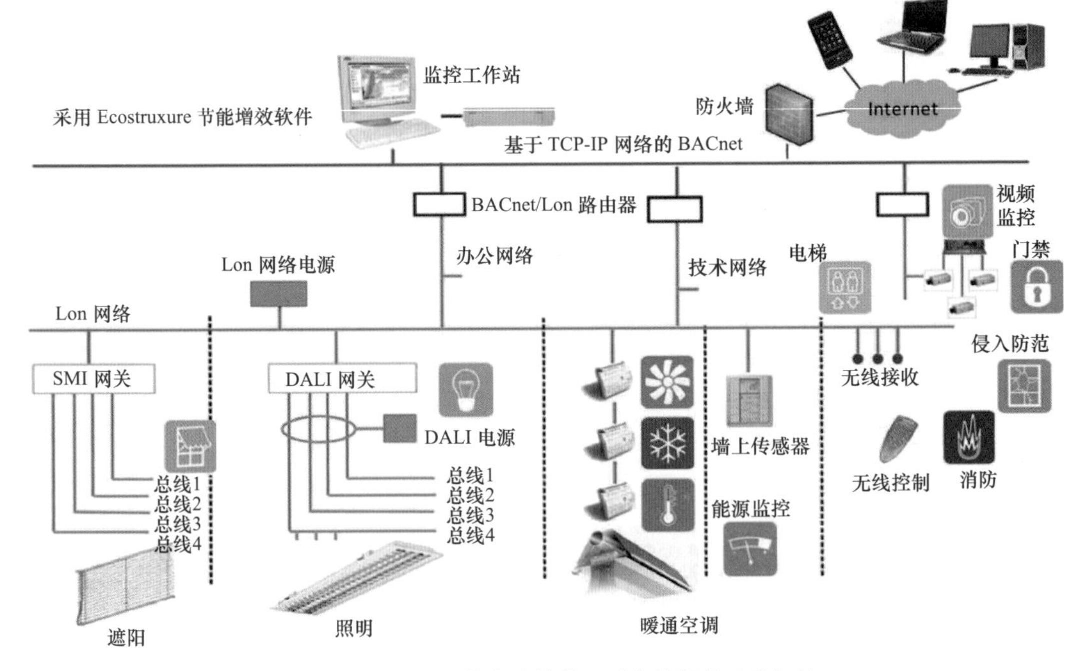

图 4-8 项目一体化建筑管理平台软硬件系统架构

一体化建筑管理平台实现了办公楼内室内外环境、暖通空调、照明、遮阳、电梯、电力、能源以及消防、安防系统的集成，并实现系统之间的联动和优化。例如：

（1）照明系统与百叶窗联动。

（2）基于区域的联动控制。

针对不同区域的功能和特点，制定特定的区域控制策略。

（1）门禁系统与照明系统、暖通空调联动。

（2）能源管理系统与其他系统联动。

4.4.1.5 第三阶段：新技术持续优化建筑能效

在 2011 年第二阶段完成后，又持续引入的新技术，并先后集成入一体化建筑管理平台。

1. 空间使用效率管理系统

建设一套空间效率管理解决方案（WorkPlace Efficiency, WPE），以有效判断并提升空间的利用效率，包括开放式办公空间以及会议室的利用。更加有效的满足员工对于办公空间的实际需求，降低办公运营成本，提升企业的经营竞争力。

WPF 空间效率优化解决方案通过：

（1）员工及访客佩戴带有 RFID 标签的员工卡 / 访客卡。

（2）遍布在大楼中的传感器能够检测到卡中信号，从而确定大楼内的人员及其位置。

（3）通过系统软件平台，计算不同区域的空间利用率、位置分布和使用时长。

（4）为大楼管理者提供空间效率使用报告，提供优化建议。

WPF 系统在 2012 年上线后，根据一年的数据统计，在 2013 年实施改造。尽管该企业 2013 年相比 2011 年在办公楼内的办公人员有所增长，仍然获得了 9% 的能源节约。同时会议室等资源得到了丰富、空间使用成本得到下降。

2. 电动汽车及太阳能发电

节能增效的另一关键是增加使用者节能、绿色意识。为此，该企业鼓励员工使用电动汽车和可再生能源。

4.4.1.6 节能效果分析及经济性分析

办公楼 2009 年入驻首年的单位能耗为 150kW·h/m^2/ 年，建筑总体年能耗费用折合人民币约 772 万元人民币。办公楼三阶段的主要投资及收益分别约为：

（1）第一阶段投资 70.5 万欧元，折合人民币约 521.7 万元。投资后每年节约能源约 1301MW·h/ 年，折合电费约 191.25 万元，投资回报率 3.7 年。

（2）第二阶段投资 40 万欧元，折合人民币约 296 万元。投资后每年解决能源约 1120MW·h/ 年，折合电费约 164.64 万元，投资回报率 1.8 年。

（3）第三阶段 78 万欧元，折合人民币约 577.2 万元。投资后每年节约能源约 280MW·h/ 年，折合电费约 41.16 万元；虽然节能效果不明显，但同时每年节约 640 万欧元的空间使用费用。因此，即使算上 WPF 系统投入一年后的数据累计时间（2012 年），投资回报也在 1.5 年以内。

4.4.1.7 小结

该办公大楼的绿色改造充分考虑了建筑的地理气候特点和建筑使用功能的需求，在绿色建筑方法的指导下，整体规划、分步实施、持续改进，达到并超出了预期的目标，实现了对办公楼的运行管理水平和对其能源使用的管理水平的提高。在这其中所采用的各种绿色建筑解决方案和能源管理解决方案也值得其他的项目借鉴。

4.4.2 局部改造建筑智能化节能案例

4.4.2.1 工程概况

此通信指挥楼位于北京市东城区，是集通信枢纽、办公及服务为一体的综合楼，承担着监控集团实装容量上亿个通信终端的交换网络、多局办数据交换以及 IDC（因特网数据中心）数据交换的重担，是集团为多个世界级大型活动提供通信保障服务的核心局所。

两栋楼总建筑面积约 9 万 m^2，地下 4 层，地上近 20 层。从布局上可分为两栋塔楼，包括通信指挥楼和通信机房楼及裙房共三部分。根据使用功能均分为通信机房、办公用房、附属设施用房。

1. 气候特点

北京的气候为典型的暖温带半湿润大陆性季风气候，夏季炎热多雨，冬季寒冷干燥，春、秋短促。年平均气温 10～12℃。1～7 月 -4℃，7 月 25～26℃。极端最低 -27.4℃，极端最高 42℃以上。全年无霜期 180～200 天，西部山区较短。年平均降水量 600 多 mm，为华北地区降雨最多的地区之一，山前迎风坡可达 700mm 以上。降水季节分配很不均匀，全年降水的 80% 集中在夏季 6、7、8 三个月，7、8 月常有暴雨。

2. 项目改造前状况

此项目中包括了大面积的通信机房，冷冻站供冷功率设计较大，对大楼整体能效影响巨大。但改造冷冻站存在以下问题。

（1）冷冻站自动控制系统老化；此项目的冷冻站由楼宇自控系统直接控制，该系统已经使用了 10 年，各种设备已经开始老化，故障隐患逐年上升。很多重要设备，如各机组的电动阀门，基本都没有正常使用，只能简单的实现温、湿度等数据上传至中央管理工作站。这都导致目前楼宇自控系统只能实现最基本的监测功能，对于重要机电设备的控制都需要通过人工进行现场管理。另外，很多重要的设备运行数据、故障处理、日常管理等数据都无法进行存储、分析，没有办法对以后大楼的维护形成有效的文档。以上的诸多实际问题，已经影响并滞后了大楼的管理效率和成本控制。制冷站存在很大节能潜力。控制系统失效。原制冷站群控系统已经无法正常使用，整个冷源系统包括机组、水泵、冷却塔及相关设备均靠人工启停控制。

（2）制冷站未实现经济运行。水泵未进行负荷调节。冷冻水侧与冷却水侧均无法变频控制，水泵能源不能随着负荷的减少得到节省。冷却塔部分布水不均，风机运行失衡。不能读取冷机内部数据。难以实现冷冻站的优化控制和管理。

4.4.2.2 改造目标

该项目通过改造希望全面恢复楼宇自控系统对冷机系统进行控制，实现优化冷机群控以节约能源费用，同时通过建立分项计量和能源管理系统对改造后的效果加以验证。项目目标节能率为 25% 以上。具体而言：

1. 全面升级楼宇自控系统

新升级的楼宇自控系统将原来对于设备的手动控制升级为自动智能控制，提高设备与系统控制的准确性，提高工作效率，降低了能耗。

2. 优化制冷站的运行，实现供需平衡，全面提升系统能效

充分利用变频技术、台数控制、机组选择、温度 / 压力再设等优化群控策略提高冷站总体运行效率，降低能耗。提高系统运行的经济性，延长设备使用寿命。

3. 实现分项计量及能源管理辅助决策

对冷站建立分项计量系统，管理冷机的能源消耗；提供最高效的能耗管理策略；提供设备运行时间和能耗量等数据，为用户做能耗分析，为其决策提供有效的依据，对系统故障及异常报警做出反应，保持空调系统的舒适性和提高能效率。

4. 系统可视化及界面友好

系统通过友好的界面显示外围设备（如冷冻水泵、冷却水泵、冷却塔及电动蝶阀等）和冷水机组的运行状态和主要参数；自动记录与打印系统数据，方便不同级别操作人员进行管理。

4.4.2.3 节能改造方案

设备更换：由于大部分手动阀门和电动阀门已无法正常工作，将对阀门进行拆除或更换。在制冷站与冷却塔区域分别设置控制器，通过联网型硬件架构，实现冷站区域及冷却塔区域的设备通信连接，实现对冷热源系统设备的现场及远程的监控。针对主机控制，在室外安装温湿度传感器 1 个，两台主机分别加装通信模块（共 2 个），通过室内负荷及室外气候来调节主机运行状况；通过在循环水的总供和总回管处的温度和压力传感器（分别为 4 个和 2 个）控制水泵的频率，并且可通过分时控制达到节能的目的；水泵及冷却塔风机变频控制。实现对于冷水机组的优化控制，自动制定冷水机组运行策略，提示最佳运行方案，并可根据系统实际负荷适当调整策略，主要运行策略有：

（1）冷冻水优化控制策略。当系统处于部分负荷状态下，适当调高供水温度以提升冷机效率，减少电耗。冷机最佳启停优化控制系统控制器可通过自动策略模块，累计数据，选择最适合的启动和停止提前量，最大程度减少暖通设备的开启时间，实现最优启停节能控制。

（2）冷机优化组合控制。系统优化组合控制是用相同输出状态下能源消耗最小（及针对具体需求下效率最高的设备）的冷机与水泵组合来满足制冷需求，实现最优的设备运行组合。

（3）冷机优化负荷分配策略。由于冷机具有不同的负荷特性，优化负荷分配策略是让高效

的冷机分担多一些负荷，低效的冷机分担少一些负荷，使机组都在近最优效率下运行。

4.4.2.4 改造效果及经济性分析

在制冷站智能节能控制系统改造中，将原先设备的现场手动控制，升级为远程操控及自动智能控制，大幅提高设备与系统控制的便利性和准确性。

一方面，制冷站智能节能控制系统通过多种高精度传感器，在平台界面中对系统及其设备的运行使用情况进行实时监测，一旦出现异常问题可及时预警与控制，保证了系统的安全运行，避免了手动控制造成的滞后性，提升了整个制冷站的可靠性。

另一方面，改造后的智能节能控制系统，通过传感器进行运行数据的采集，并根据对运行数据的分析，进行不同工况下的动态调节，最终实现制冷机组、冷冻水泵、冷却水泵、冷却塔等设备的最优运行效率，达到精细化管理，降低了能耗。

2015 年正式使用了新的制冷站智能控制系统后，节能效果非常显著，相对于改造前的 2012 年，全年节约了 211 701kW · h 的电力消耗，减少了约 29.6%，超出预期的改造目标。相当于节约了一次能源消耗 26.1 当量公吨标煤。

本系统整体改造费用约为 31 万元，每年节约运行费用 16.3 万元，在不考虑资金的时间成本的前提下，静态投资回收期为 1.9 年。

4.4.2.5 小结

以该项目为代表的老旧项目改造结果显示，该类项目的节能潜力巨大，改造效果明显，是智能化节能改造的一个广阔领域。

第5章 建筑新能源的电气节能技术

新能源又称非常规能源，一般指在新技术基础上，可系统地开发利用的可再生能源，包含了传统能源之外的各种能源形式，主要包括太阳能、风能、水能、生物质能等。与常规能源相比，新能源最大优势是地域分布比较均衡且资源量巨大。

5.1 建筑新能源的现状

在新能源产业中，太阳能、风能、水能具有清洁、可再生的特点，应作为未来的发展重点；我国的生物质能发展尚处于起步阶段，发展空间巨大。

5.1.1 太阳能光伏发电

光伏发电在可再生能源领域当中最具经济潜力，近年来发展很快。我国太阳能资源丰富，其产业规模已位居世界第一，是全球太阳能热水器生产量和使用量最大的国家，并且是重要的太阳能光伏电池生产国。

1. 定义

光伏发电是根据光生伏特效应原理，利用太阳电池将太阳光能直接转化为电能。光伏发电系统主要由太阳电池板（组件）、控制器和逆变器三大部分组成。

按照与电网的连接方式，光伏发电系统可分为离网光伏发电和并网光伏发电系统。离网光伏发电系统不与公共的电网相连接而独立供电，主要应用于远离公共电网的无电区域以及一些特殊场所；并网光伏发电系统与公共电网共同连接并承担供电任务。并网光伏发电技术是当今世界太阳能光伏发电技术发展的主流趋势。

2. 使用情况

前瞻产业研究院发布的《2016—2021年中国光伏发电产业市场前瞻与投资战略规划分析报告》指出，2011—2015年我国新增光伏装机容量分别为2.5GW、5.0GW、12GW、10.6GW、15GW，截至2015年底，我国光伏累计装机量达43GW，超越德国成为全球最大光伏应用市场。表5-1为我国2015年各地光伏发电行业情况。

从光伏应用情况看，现阶段国内累计装机容量主要集中在大型地面电站（占83.5%），分布式电站（仅占16.5%），这与发达国家形成明显的反差。

表5-1　2015年各地光伏发电行业情况

省（自治区/直辖市）	累计光伏装机/万kW	新增光伏装机/万kW	备注
江苏	422（电站304、分布式118）	165（电站132，分布式33）	超额完成装机目标，全国分布式光伏新增装机最大的省份之一
新疆	528.6（总装机）		装机容量为全国之首，名副其实的国内大型风光电基地
青海	564	151	
山东	112.8（电站70.2，分布式42.6）		我国装机容量较大的地区
广东	63（电站7）	11（电站5）	

全国大多数地区光伏发电运行情况良好，但西北部分地区出现了较为严重的弃光现象，据统计，2015年我国西北地区弃光率达到17.08%，其中，甘肃累计弃光电量26.19亿kW·h，约占全部弃光电量的56%，弃光率达到30.7%。新疆累计弃光电量15.08亿kW·h，约占全部弃光电量的32%，弃光率达到22.0%。

国家能源局2016年下达全国新增光伏电站建设规模1810万kW，其中，普通光伏电站项目1260万kW（表5-2），光伏领跑技术基地规模550万kW（表5-3）。

表5-2　2016年新增普通光伏电站建设规模

省（自治区/直辖市）	2016年普通光伏电站新增建设规模/万kW	省（自治区/直辖市）	2016年普通光伏电站新增建设规模/万kW
河北	100	河南	50
山西	70	湖北	60
内蒙古	60	湖南	30
辽宁	50	广东	50
吉林	30	广西	20
黑龙江	30	四川	40
江苏	120	贵州	30
浙江	100	陕西	80

续表

省（自治区/直辖市）	2016年普通光伏电站新增建设规模/万kW	省（自治区/直辖市）	2016年普通光伏电站新增建设规模/万kW
安徽	100	宁夏	80
福建	20	青海	100
江西	40		
全国	1260		

注：北京、天津、上海、重庆、西藏和海南在不发生弃光的前提下，不设建设规模上限。

表5-3　2016年光伏领跑技术基地建设规模

省（自治区/直辖市）	基地名称	建设规模/万kW
河北	冬奥会光伏廊道光伏领跑技术基地	50
山西	阳泉采煤沉陷区光伏领跑技术基地	100
	芮城县光伏领跑技术基地	50
内蒙古	包头采煤沉陷区光伏领跑技术基地	100
	乌海采煤沉陷区光伏领跑技术基地	50
安徽	两淮采煤沉陷区光伏领跑技术基地	100
山东	济宁采煤沉陷区光伏领跑技术基地	50
	新泰采煤沉陷区光伏领跑技术基地	50
总计		550

3. 优缺点

与常用的火力发电系统相比，光伏发电的优缺点见表5-4。

表5-4　光伏发电的优缺点

优点	缺点
（1）无枯竭危险 （2）安全可靠，无噪声，无污染排放，无公害 （3）不受现场环境的局限，可利用建筑的屋面，也可在无电地区，以及地形复杂地区使用 （4）无须消耗燃料和架设输电线路即可就地发电供电 （5）建设周期短	（1）照射的能量分布密度小，要占用巨大面积 （2）光伏发电具有间歇性和随机性 （3）各个地区太阳能资源情况不同，所以光伏发电区域性强 （4）光伏电池及组件制造过程中不环保

4. 发展趋势

据统计，2015年全球光伏新增装机容量达59GW，较2014年提高35%。

国家能源局规划到2020年底，光伏发电总装机容量达到1.5亿kW，其中分布式光伏发电累计装机达到7000万kW，接近光伏总装机的一半。

全球光伏组件价格仍有一定的下降空间，光伏需求持续强劲。国际能源署（IEA）预测，2020 年世界光伏发电量将占总发电量的 2%，2040 年将占总发电量的 20%~28%。欧盟联合研究中心（JRC）预测，到 2030 年可再生能源在总能源结构中将占 30% 以上，太阳能光伏发电在世界总电力供应中将达到 10% 以上；2040 年可再生能源在总能源结构中将占 50% 以上，太阳能光伏发电在世界总电力供应中将达 20% 以上；到 21 世纪末可再生能源在总能源结构中将占 80% 以上，太阳能光伏发电在世界总电力供应中将达 60% 以上。

全球各年光伏安装量、累计安装量统计及预测见表 5-5。

表 5-5　全球各年光伏安装量、累计安装量统计及预测

年份	2011	2012	2013	2014	2015	2016	2017	2018	2019	2020
每年安装量 /GW	2.7	4.5	5	6	8	10	12	14	17	20
累计安装量 /GW	3.5	8	13	19	27	37	49	63	80	100

注：数据来源于许洪华会议报告。

5.1.2　太阳能热发电

1. 定义

太阳能热发电技术是指：利用光学系统聚集太阳辐射能，用以加热工质，生产高温蒸汽，驱动汽轮机组发电，简称光热发电，也叫聚焦型太阳能热发电（Concentrating Solar Power，CSP）。太阳能热发电技术避免了昂贵的硅晶光电转换工艺，可大大降低太阳能发电的成本，与光伏发电相比，具有效率高、结构紧凑、运行成本低等优点。

根据集热的温度不同，太阳热发电可分为高温热发电和低温热发电两大类。根据聚光方式的不同，光热发电技术可分为四种方式：塔式、槽式、碟式和线性菲涅尔式。四种太阳能发电聚光技术比较见表 5-6。四种聚光技术太阳能热发电方式特点对比见表 5-7。

表 5-6　四种太阳能热发电聚光技术比较

光热发电技术	工作原理	关键技术	各国应用情况
塔式	将集能器置于塔顶，反射镜自动跟踪太阳，太阳能转变成热能加热盘管内流动着的介质产生蒸汽。一部分热量用来带动汽轮发电机组发电，另一部分热量则被贮存在蓄热器里以备没有阳光时发电用	（1）反射镜及其自动跟踪：一般采用电子计算机控制 （2）集能器：要求体积小，换能效率高。型式有空腔式、盘式、圆柱式等 （3）蓄热：目前还未找到最理想的贮热材料	美国、日本和欧洲已建成一些几千至上万千瓦级的太阳能试验电站。我国北京延庆八达岭兴建的亚洲第一座塔式太阳能热发电站，是中科院太阳能热发电技术及系统示范项目

续表

光热发电技术	工作原理	关键技术	各国应用情况
槽式	利用抛物线的光学原理，聚集太阳辐射能	太阳热能聚光器、吸收器、跟踪技术及高温热能储存技术	美国、以色列、澳大利亚、德国等国是槽式太阳能热发电技术强国。其中美国鲁兹LUZ公司是槽式太阳能热发电技术应用的典范。国内在太阳能热发电领域的太阳光方位传感器、自动跟踪系统、槽式抛物面反射镜、槽式太阳能接收器方面取得了突破性进展
盘式（碟式）	采用盘状抛物面聚光集热器，聚光比可以达到3000以上	Stirling发电机、Brayton发电机、碟式聚光镜和受热器	美国、澳大利亚等国都有一些应用，但规模不大。美国、西班牙、德国等国家分别建立了从9～25kW的发电系统并且成功运行
菲涅尔式	具有跟踪太阳运动装置的主反射镜将太阳光反射聚集到具有二次曲面的二级反射镜和线性集热器上，集热器将太阳能转化为热能	反射镜及反射镜系统、吸热集热结构、跟踪控制、系统及系统维护	近10年，许多欧洲和美国的公司开展了线性菲涅尔式太阳能热发电技术大型化示范工程的研究和建设

表5-7　四种聚光技术太阳能热发电方式特点对比

	槽式	塔式	盘式（碟式）	菲涅尔式
对太阳能直射资源的要求	高	高	高	低
吸热器运行温度/℃	320～400	230～1200	750	370
系统平均效率（%）	15	20～35	25～30	8～10
适宜规模/MW	30～150	30～400	1～50	30～150
已建单机最大容量/MW	80	20	100	5
占地规模	大	中	小	中

2. 使用情况

受技术条件的限制，我国在太阳能热发电领域应用的案例比较少。目前，只有槽式线聚焦系统实现了商业化，其他系统尚处在示范阶段。既可单独使用太阳能运行，又能组合成燃料混合（如与天然气、生物质气等）互补系统是太阳能热发电技术突出的优点。

3. 优缺点（表 5-8）

表 5-8　太阳能热发电优缺点

优点	缺点
（1）运行成本低，规模大小灵活 （2）故障率低，建站周期短 （3）无噪声，无污染，无需燃料 （4）能保存足够的发电热量，解决光伏发电间歇性的问题 （5）相比太阳能光伏发电，对现有火电站及电网系统有更好的兼容性	（1）太阳辐射能受天气条件影响较大 （2）相比光伏发电，对能够体现太阳能热发电经济性所需要的太阳能辐射资源及规模化容量的要求更高

4. 发展趋势

太阳能集成建筑将快速发展，并网技术将普遍推广应用。太阳能利用的另一个发展方向是空间太阳能技术。

国际能源署（IEA）下属的 SolarPACES、欧洲太阳能热能发电协会（ESTELA）和绿色和平组织的预测认为 CSP 到 2030 年在全球能源供应份额中将占 3%～3.6%，到 2050 年占 8%～11.8%，这意味着到 2050 年 CSP 装机容量将达到 830GW，每年新增 41GW。IEA 预测到 2060 年光热直接发电及采用光热化工合成燃料发电共占全球电力结构约 30%。

5.1.3 风力发电

风能是大气在太阳辐射下流动所形成的。与其他能源相比，风能具有明显的优势，它蕴藏量大，全球的风能约为 2.74×10^9MW，其中可利用的风能为 2×10^7MW，比地球上可开发利用的水能总量还要大 10 倍，分布广泛，永不枯竭，对交通不便、远离主干电网的岛屿及边远地区尤为重要。

1. 定义

风力发电是利用自然风力带动风车叶片旋转，再通过增速机将旋转的速度提高来促使发电机发电。主流的风力发电机组一般为水平轴式风力发电机，由叶片、轮毂、增速齿轮箱、发电机、主轴、偏航装置、控制系统、塔架等部件所组成。

风力发电的运行方式主要有两类。一类是独立运行供电系统，即用小型风电机组为蓄电池充电，再通过逆变器转换成交流电向终端电器供电，单机容量一般为 100W～10kW；或采用中型风电机组与柴油发电机或太阳光电池组成混合供电系统，系统容量约为 10～200kW，可解决小的社区用电问题。另一类是作为常规电网的电源，与电网并联运行，机组单机容量范围在 200～2500kW 之间。联网风力发电是大规模利用风能的最经济方式。

2. 使用情况

自 2005 年起，全球风电增长势头迅猛。2015 年新增装机容量已达到 63 013MW，累计装机容量达到 432 419MW，实现了 22% 的年增长率。

中国产业信息网公布资料显示，2015 年，中国风电新增装机 30 500MW，累计装机容量

145 104MW，位居全球风电市场首位（表 5-9）；亚洲、欧洲和北美地区分别以累计装机容量 175 573MW、147 771MW 和 88 744MW 位居全球风电市场前三位。截至 2015 年末全球主要地区风电装机情况见表 5-10。

表 5-9　　2015 年风电新增装机前十名

排序	国家	装机容量 /MW	市场份额（%）
1	中国	30 500	48.4
2	美国	8598	13.6
3	德国	6013	9.5
4	巴西	2754	4.4
5	印度	2623	4.2
6	加拿大	1506	2.4
7	波兰	1266	2.0
8	法国	1073	1.7
9	英国	975	1.5
10	土耳其	956	1.5
全球其他		6749	10.7
全球前十		56 264	89
全球统计		63 013	100

表 5-10　　截至 2015 年末全球主要地区风电装机情况

排序	国家	装机容量 /MW	市场份额（%）
1	中国	145 104	33.6
2	美国	74 471	17.2
3	德国	44 947	10.4
4	印度	25 088	5.8
5	西班牙	23 025	5.3
6	英国	13 603	3.1
7	加拿大	11 200	2.6
8	法国	10 358	2.4
9	意大利	8958	2.1
10	巴西	8715	2.0
全球其他		66 951	15.5
全球前十		365 469	84.5
全球统计		432 420	100

我国风能发电近年来受国家政策支持发展迅速。我国目前的风电场主要分布在东南沿海地区以及“三北”地区。国家能源局从 2008 年开始计划建设 6 个千万千瓦级的风电基

地，主要规划在我国的甘肃、河北、新疆、江苏以及内蒙古等风能资源较丰富的地区。近海风电方面，我国已在江苏以及山东部分沿海地区进行了比较有效的探索。目前我国风能与其他能源互补发电系统以离网型用户和示范工程为主。

3. 优缺点（表 5-11）

表 5-11 风能发电优缺点

优点	缺点
（1）清洁，环境效益好 （2）可再生，永不枯竭 （3）基建周期短 （4）装机规模灵活	（1）噪声，视觉污染 （2）占用大片土地 （3）不稳定，不可控 （4）目前成本仍然很高 （5）影响自然环境，特别是鸟类

4. 发展趋势

风力发电是当今新能源开发利用中技术成熟、最具备开发条件、发展前景良好的项目，自 20 世纪 90 年代以来，风电的年增长率一直保持了两位数的百分比水平。目前，由于风机单机容量的增加和电站建设成本的下降，风电价格已经可以与石油、煤、天然气发电以及核电的价格相竞争。预计到 2020 年，风力发电将可提供世界电力需求的 10%。中国风电发展报告指出，如果充分开发，中国有能力在 2020 年实现 4000 万 kW 的风电装机容量，风电将超过核电成为中国第三大主力发电电源。中国陆地和近海风能资源潜在开发量见表 5-12。

表 5-12 中国陆地和近海风能资源潜在开发量

地域	总面积 / 万 km^2	风能资源潜在开发量 /（亿 kW · h）
陆地	约 960	26
海上（水深 5.5m，高度 100m）	39.4	5

注：资料来源于产业信息网。

风电在未来的发展过程当中主要的趋势还包括：①风电设备价格的下降从而使风电上网电价下降，会逐渐接近燃煤发电的成本，凸显经济效益。②项目的建设时间缩短，见效快。③风能发展能遏制温室效应、沙尘暴灾害。④风能发电是比较分散的供电系统，使得边远山村也能够独立供电。⑤风能发电场变成旅游项目也能很好地带动当地的经济发展。

5.1.4 生物质发电

1. 定义

生物质一般指除化石燃料及其衍生物外的任何形式的有机物质，包括所有的动物、植物和微生物，以及由这些生命体所派生、排泄和代谢出来的各种有机物质，如农林作物及其残体、水生植物、人畜粪便、城市生活和工业有机废弃物等。

生物质发电是利用生物质所具有的生物质能进行的发电。它一般分为农林废弃物发电和城镇生活垃圾发电，具体包括农林废弃物直接燃烧发电、生物质混合燃烧发电、农林废弃物汽化发电、垃圾焚烧发电、垃圾填埋气发电、沼气发电等多种形式，其中前三种是现代生物质能利用技术中最成熟和发展规模最大的领域。生物质发电的几种形式比较见表5-13。

表5-13　　生物质发电的几种形式比较

发电形式	特点	应用情况
直燃发电	单位投资成本较高，需要进行规模生产，对资源供给量也有较高要求，存在技术难点	目前建成的项目多处于示范阶段。但在大型农场、林场或农林业集中地区，直燃发电已成为大规模处理利用农林废弃物的主要方式，并已进入推广应用阶段
混燃发电	技术简单，对原有设备改造的工作量小，投资小，而且掺混量可以调节，对原料价格有较强的调控能力，抗风险能力强，是生物质利用最经济的技术	我国目前尚未对生物质混燃发电有明确的政策优惠，所以混燃技术的使用仅属示范阶段
汽化发电	投资较少，发电成本低，发电效率较高	从国际上来看，小规模的生物质汽化发电已进入商业示范阶段，大规模的生物质汽化发电已进入示范和研究阶段，是今后生物质工业化应用的主要方式

2. 使用情况

生物质发电在欧美等发达国家已经是成熟产业，以生物质为燃料的热电联产已成为某些国家重要的发电和供热方式，实现了规模化产业经营。以美国、瑞典和奥地利三国为例，生物质转化为高品位能源利用已具有相当可观的规模，分别占该国一次能源消耗量的4%、16%和10%。

我国生物质能原料分布明显不均，主要集中在东南西北中间带，最大的是广西地区。

随着《可再生能源法》和相关可再生能源电价补贴政策的出台和实施，我国生物质及垃圾发电装机容量由2005年的2GW增加至2014年的10GW，年均复合增长率达19.58%，行业发展较快。

截至2015年底，我国生物质发电累计核准装机容量达1708万kW，累计并网装机总容量为1031万kW。其中，农林生物质直燃发电（占52%）和垃圾焚烧发电（占45%）两项并网装机容量占比在97%以上，还有少量沼气发电、污泥发电和生物质汽化发电项目。我国的生物质发电总装机容量已位居世界第二位，仅次于美国。

3. 优缺点（表5-14）

表5-14　　生物质能发电优缺点

优点	缺点
（1）生物质能发电产业化、规模化前景好 （2）对环境相对较小 （3）生物质能源蕴藏储量巨大，资源分布广 （4）符合国家新能源政策及“三农”政策	（1）依赖于生物质资源的获得，政府掌控程度高，私营企业难以通过市场竞争获得资源 （2）电厂投资规模大，缺乏市场竞争力 （3）技术密集程度高，发电技术种类少

4. 发展趋势

近年来，国家在相关行业政策上给予了一系列的优惠，随着产业政策的逐步完善，生物质能发电将进入快速发展期。中投顾问发布的《2016—2020 年中国生物质能发电产业投资分析及前景预测报告》预计，2019 年我国生物质能发电行业装机容量将达突破 2617 亿 kW · h，2015—2019 年行业年均复合增长率约为 19.11%。

5.2 建筑新能源的标准

目前，我国在太阳能、风能的利用得到较快的发展，逐步形成了较为完整的产业。在此，整理收录了国际、国家、地方及行业标准规范目录，以及国家和地方相关政策法规，以供参考、研究。

5.2.1 国际标准

建筑新能源相关国际标准见表 5-15。

表 5-15 建筑新能源相关国际标准

序号	文件名称	发布机构	发布日期	备注
1	IEEE Standard for Interconnecting Distributed Resources with Electric Power Systems 1547™ 分布式发电接入电力系统技术标准	美国电气电子工程师协会	2003 年	适用于在公共连接点接入 10MVA 及以下系统
2	IEC 61727《光伏发电系统电网接口特性》	IEC 国际电工协会	2004 年	适用于接入配电网的 10kVA 及以下系统
3	《发电站接入低压电网技术导则》	德国 VDE（德国电气工程师协会）	2008 年 6 月	适用于光伏、水电、CHP、燃料电池发电
4	IEC 61400—25《风电场通信系统监控标准》	IEC 国际电工协会 TC88		适用于风电厂的组件和外部监控系统之间的通信
5	IEC 61400—5《风轮叶片》	中国风力机械标准化技术委员会	2016 年 5 月	
6	IEC 61400—24《风力发电机组防雷》	IEC 国际电工协会 TC88	2010 年	
7	IEC 61400—23《风力发电机组叶片满量程试验》	IEC 国际电工协会 TC88		
8	IEC 61400—22《风力发电机组符合性检测及认证》	IEC 国际电工协会 TC88		

续表

序号	文件名称	发布机构	发布日期	备注
9	IEC 61400—21《并网风力发电机组功率质量特性测试与评价》	IEC 国际电工协会 TC88		
10	IEC 61400—13《机械载荷测试》	IEC 国际电工协会 TC88		
11	IEC 61400—12《风力发电机组 第 12 部分：风力发电机功率特性试验》	IEC 国际电工协会 TC88		
12	IEC 61400—11《风力发电机噪声测试》	IEC 国际电工协会 TC88		
13	IEC 61400—2《风力发电机组 第 2 部分：小型风力发电机的安全》	IEC 国际电工协会 TC88		
14	IEC 61400—1《风力发电机组 第 1 部分：安全要求》	IEC 国际电工协会 TC88		
15	ASTM E 1240—88《风能转换系统性能的测试方法》	ASTM 美国材料和实验协会		

5.2.2 国家标准

建筑新能源相关国家标准见表 5-16。

表 5-16　　建筑新能源相关国家标准

序号	文件名称	发布单位	备注
1	NB/T 32015—2013《分布式电源接入配电网技术规定》	①	适用于通过 35kV 及以下电压等级接入电网的新建、改建和扩建分布式电源
2	NB/T 33010—2014《分布式电源接入配电网运行控制规范》	①	适用于国家电网公司经营区域内以同步电机、感应电机、变流器等形式接入 35kV 及以下电压等级配电网的分布式电源
3	GB 50797—2012《光伏发电站设计规范》	②③	适用于新建、扩建或改建的并网光伏发电站和 100kW 及以上的独立光伏发电站
4	GB/T 50865—2013《光伏发电接入配电网设计规范》	②③	适用于通过 380V 电压等级接入电网以及通过 10kV（6kV）电压等级接入用户侧电网的新建、改建和扩建光伏发电系统接入配电网设计
5	GB/T 50866—2013《光伏发电站接入电力系统设计规范》	②③	适用于通过 35kV（20kV）及以上电压等级并网以及通过 10kV（6kV）电压等级与公共电网连接的新建、改建和扩建光伏发电站接入电力系统设计
6	GB/T 30153—2013《光伏发电站太阳能资源实时监测技术要求》	③④	适用于并网型光伏发电站

续表

序号	文件名称	发布单位	备注
7	GB/T 29196—2012《独立光伏系统技术规范》	③④	适用于功率不小于 1kW 的地面用独立光伏系统。聚光光伏系统、其他互补独立供电系统与光伏相关的部分可参照本标准
8	GB 50794—2012《光伏发电站施工规范》	②③	适用于新建、改建和扩建的地面及屋顶并网型光伏发电站，不适用于建筑一体化光伏发电站工程
9	GB/T 31366—2015《光伏发电站监控系统技术要求》	③④	适用于通过 35kV 及以上电压等级并网，以及通过 10kV 电压等级与公共电网连接的新建、改建和扩建光伏发电站
10	GB/T 50796—2012《光伏发电工程验收规范》	②③	适用于通过 380V 及以上电压等级接入电网的地面和屋顶光伏发电新建、改建和扩建工程的验收，不适用于建筑与光伏一体化和户用光伏发电工程
11	GB 24460—2009《太阳能光伏照明装置总技术规范》	③④	适用于道路、公共场所、园林、广告、标识及装饰等照明场所的太阳能光伏照明装置
12	GB/T 19394—2003《光伏（PV）组件紫外试验》	③④	规定了光伏组件暴露于紫外辐照环境时，考核其抗紫外辐照能力的试验，适用于评估诸如聚合物和保护层等材料的抗紫外辐照能力
13	GB/T 50795—2012《光伏发电工程施工组织设计规范》	②③	适用于新建、改建和扩建的地面及屋顶并网型光伏发电站，不适用于建筑一体化光伏发电站工程
14	GB/T 29321—2012《光伏发电站无功补偿技术规范》	③④	规定了光伏发电站接入电力系统无功补偿的技术要求，适用于通过 35kV 及以上电压等级并网，以及通过 10kV 电压等级与公共电网连接的新建、改建和扩建光伏发电站
15	GB/T 29319—2012《光伏发电系统接入配电网技术规定》	③④	适用于通过 380V 电压等级接入电网，以及通过 10（6）kV 电压等级接入用户侧的新建、改建和扩建光伏发电系统
16	GB/T 30152—2013《光伏发电系统接入配电网检测规程》	③④	适用于通过 380V 电压等级接入电网，以及 10（6）kV 电压等级接入用户侧的新建、改建和扩建光伏发电系统
17	GB/T 19964—2012《光伏发电站接入电力系统技术规定》	③④	规定了光伏发电站接入电力系统的技术要求。适用于通过 35kV 以上电压等级并网，以及通过 10kV 电压等级与公共电网连接的新建、改建和扩建光伏发电站
18	GB/T 30427—2013《并网光伏发电专用逆变器技术要求和试验方法》	③④	适用于交流输出端电压不超过 0.4kV 的并网光伏发电专用逆变器
19	GB/T 19939—2005《光伏系统并网技术要求》	③④	适用于通过静态变压器（逆变器）以低压方式与电网连接的光伏系统。光伏系统以中压或高压方式并网的相关部分也可参照本标准
20	GB/T 29320—2012《光伏电站太阳跟踪系统技术要求》	③④	适用于光伏电站的平板式和聚光式太阳跟踪系统
21	GB/T 26849—2011《太阳能光伏照明用电子控制装置性能要求》	③④	适用于自动控制太阳电池组件向蓄电池充电、蓄电池向光源放电以及对光源进行光控和时控的电子控制装置

续表

序号	文件名称	发布单位	备注
22	GB 2297—1989《太阳能光伏能源系统术语》	⑤	适用于太阳光伏能源系统
23	GB 2296—2001《太阳能电池型号命名法》	③	适用于同质结、异质结、肖特基势垒及光化学型的太阳电池
24	GB/T 19064—2003《家用太阳能光伏电源系统技术条件和试验方法》	③	适用于由太阳能电池方阵、蓄电池组、充放电控制器、逆变器及用电器等组成的家用太阳能光伏电源系统
25	GB/T 20046—2006《光伏（PV）系统电网接口特性》	③④	适用于与电网相互连接的光伏（PV）发电系统，该系统并联于电网运行，并且使用将 DC 变换为 AC 的静态（半导体）非孤岛逆变器
26	GB/T 19963—2011《风电场接入电力系统技术规定》	④	对于低电压穿越、接入系统测试等都提出了更多和更严格的标准
27	GB/T 18709—2002《风电场风能资源测量方法》	③	适用于拟开发和建设的风电场风能资源的测量
28	GB/T 18710—2002《风电场风能资源评估方法》	③	规定了评估风能资源应收集的气象数据、测风数据的处理及主要参数的计算方法、风功率密度的分级、评估风资源的参数数据、风能资源评估报告的内容和格式
29	GB/T 18709—2002《风电场风能资源测量方法》	③	适用于拟开发和建设的风电场风能资源的测量
30	GB 18451.1—2012《风力发电机组设计要求》	③④	用于所有容量的风力发电机组
31	GB/T 19115—2003《离网型户用风光互补发电系统》	③	用于风力发电和光伏发电混合功率在 5000W 以下的户用风光互补发电系统
32	GB/T 2900.53—2001《电工术语 风力发电机组》	③	适用于风力发电机组。其他标准中的术语部分也应参照使用
33	GB/T 19963—2011《风电场接入电力系统技术规定》	③④	适用于通过 110（66）kV 及以上电压等级线路与电力系统连接的新建或扩建风电场
34	GB/T 21150—2007《失速型风力发电机组》	③④	规定了以失速功率控制调节为特征的水平轴风力发电机组的技术要求、试验方法、检验规则、报装、储存、运输与标志
35	GB/T 10760.1—2003《离网型风力发电机组用发电机 第 1 部分：技术条件》	③	适用于 0.1 ～ 20kW 离网型风力发电机组用发电机
36	GB/T 10760.2—2003《离网型风力发电机组用发电机 第 2 部分：试验方法》	③	适用于 0.1 ～ 20kW 离网型风力发电机组用发电机
37	GB/T 51121—2015《风力发电工程施工与验收规范》	②	

续表

序号	文件名称	发布单位	备注
38	GB/T 31519—2015《台风型风力发电机组》	③④	适用于台风多发地区的陆上并网型水平轴风力发电机组。海上水平轴风力发电机组可以参考使用
39	GB/T 31517—2015《海上风力发电机组设计要求》	③④	规定了海上风力发电机组场址外部条件评估的附加要求，以及确保海上风力发电机组工程完整性的基本设计要求
40	GB/T 31518.1—2015《直驱永磁风力发电机组》	③④	适用于风轮扫掠面积大于 200m^2 的水平轴直驱永磁风力发电机组产品的设计、制造、报装运输以及检验
41	GB/T 30966.5—2015《风力发电机组 风力发电场监控系统通信 第5部分：一致性测试》	③④	
42	GB/T 31817—2015《风力发电设施防护涂装技术规范》	③④	适用于内陆和海上风电设施防护涂层的初始涂装及修补涂装
43	GB/T 31997—2015《风力发电场项目建设工程验收规程》	③④	适用于新建、扩建风力发电场项目建设工程验收
44	GB/T 32128—2015《海上风电场运行维护规程》	③④	适用于近海、潮间带及潮下带滩涂海上风电场
45	GB/T 21407—2015《双馈式变速恒频风力发电机组》	③④	适用于风轮扫掠面积大于 200m^2 的双馈式变速恒频风力发电机组
46	GB/T 32077—2015《风力发电机组 变桨距系统》	③④	适用于并网型水平轴（三叶风轮）风力发电机组用变桨距系统，变桨距的驱动方式为液压驱动方式或电动驱动方式
47	GB/T 22516—2015《风力发电机组 噪声测量方法》	③④	不限定用于某个特定容量或型号的风力发电机组。本标准中所给出的程序可以用于全面地描述风力发电机组的噪声辐射
48	GB/T 19071—2003《风力发电机组 异步发电机》	③	适用于并网型（带增速齿轮箱）单速或双速异步发电机，其他类型的发电机可参照使用
49	GB/T 19072—2010《风力发电机组 塔架》	③④	适用于水平轴大型风力发电机组管塔的设计和生产。其他类型的塔架可参照执行
50	GB/T 19073—2008《风力发电机组 齿轮箱》	③④	适用于水平轴风力发电机组（风轮扫掠面积大于或等于 40m^2）中使用平行轴或行星齿轮传动的齿轮箱，其他种类的风力发电机组齿轮箱可参照执行
51	GB/T 19069—2003《风力发电机组 控制器 技术条件》	③	适用于与电网并联运行，采用异步电机的定桨距失速型风力发电机组电气控制装置的设计与检验
52	GB/T 19068—2003《离网型风力发电机组》	⑥	包括技术条件、试验方法、风洞试验方法三部分
53	GB 17646—2013《小型风力发电机组 设计要求》	③④	适用于风轮扫掠面积小于 200m^2，产生的电压低于交流 1000V 或直流 1500V 的风力发电机组

续表

序号	文件名称	发布单位	备注
54	GB/T 13981—2009《小型风力机设计通用要求》	③④	适用于风轮扫掠面积小于或等于 200m^2 的上风向水平轴风力机的设计；其他类型的风力机可参考使用

注：发布单位①国家能源局；②中华人民共和国住房和城乡建设部；③国家质量监督检验检疫总局；④中国国家标准化管理委员会；⑤中华人民共和国机械电子工业部；⑥中国机械工业联合会。

5.2.3 地方标准

建筑新能源相关地方标准见表 5-17。

表 5-17　　建筑新能源相关地方标准

序号	文件名称	发布单位	备注
1	DB34/T 1104—2009《太阳能光伏照明灯具》	安徽省质量技术监督局	适用于灯具额定电压在 24V 及以下的利用太阳能光伏电池发电，通过充放电控制器为蓄电池充电储能，再由蓄电池放电点亮光源的直流照明灯具
2	DB11/T 881—2012《建筑太阳能光伏系统设计规范》	北京市质量技术监督局	适用于北京市新建、改建和扩建的建筑光伏系统工程的设计
3	DB37/T 729—2007《光伏电站技术条件》	山东省质量技术监督局	适用于并网太阳光伏电站系统和离网太阳光伏电站系统，不适用于跟踪式太阳光伏发电系统
4	DG/T J08-2004B—2008《民用建筑太阳能应用技术规程（光伏发电系统分册）》	上海市建设和交通委员会	适用于本市新建、扩建和改建的民用建筑中采用并网光伏发电系统的工程
5	DB11/T 542—2008《太阳能光伏室外照明装置技术要求》	北京市质量技术监督局	适用于北京市农村、乡镇道路、公共场所及人行道路照明用的太阳能光伏室外照明装置
6	DB35/T 962—2009《独立光伏发电系统技术要求》	福建省质量技术监督局	适用于功率在 30kW 以下的地面用独立光伏发电系统
7	DB64/T 876—2013《光伏发电站检修规程》	宁夏回族自治区质量技术监督局	
8	DB64/T 877—2013《光伏发电站运行规程》	宁夏回族自治区质量技术监督局	
9	DB64/T 878—2013《光伏发电站术语》	宁夏回族自治区质量技术监督局	
10	DB11/T 1008—2013《建筑太阳能光伏系统安装及验收规程》	北京市质量技术监督局	适用于接入用户侧低压配电网的新建、改建和扩建的建筑光伏系统和未接入电网的独立光伏系统的安装和验收
11	DB21/T 1685—2008《太阳能光伏照明应用技术规程》	辽宁省质量技术监督局	
12	DB22/T 2034—2014《单相光伏发电系统并网技术要求》	吉林省质量技术监督局	

续表

序号	文件名称	发布单位	备注
13	DB35/T 1090—2011《太阳能光伏移动充电系统技术要求》	福建省质量技术监督局	
14	DB35/T 852—2008《太阳能光伏照明灯具技术要求》	福建省质量技术监督局	适用于电压为24V及以下的太阳能光伏照明灯具
15	DB41/T 937—2014《道路视频监控设施光伏发电系统通用技术要求》	河南省质量技术监督局	
16	DB41/T 938—2014《道路视频监控设施光伏发电系统设计与施工要求》	河南省质量技术监督局	
17	DB41/T 939—2014《道路视频监控设施光伏发电系统维护技术要求》	河南省质量技术监督局	
18	DB42/T 717—2011《太阳能光伏电站可行性研究报告编制规程》	湖北省质量技术监督局	
19	DB42/T 862—2012《并网型光伏逆变器技术条件》	湖北省质量技术监督局	

5.2.4 行业标准

建筑新能源相关行业标准见表5-18。

表5-18　　建筑新能源相关行业标准

序号	文件名称	发布单位	备注
1	NB/T 32011—2013《光伏发电站功率预测系统技术要求》	①	
2	NB/T 32014—2013《光伏发电站防孤岛效应检测技术规程》	①	适用于通过380V电压等级接入电网，以及通过10（6）kV电压等级接入用户侧的新建、扩建和改建的光伏发电系统
3	NB/T 32009—2013《光伏发电站逆变器电压与频率响应检测技术规程》	①	适用于并网型光伏逆变器，不适用于离网型光伏逆变器
4	NB/T 32004—2013《光伏发电并网逆变器技术规范》	①	适用于连接到PV源电路电压不超过直流1500V，交流输出电压不超过1000V的光伏并网逆变器
5	JGJ/T 365—2015《太阳能光伏玻璃幕墙电气设计规范》	②	适用于新建、扩建和改建的接入交流220V/380V电压等级用户侧的并网或离网太阳能光伏玻璃幕墙及采光顶的电气设计
6	JGJ/T 264—2012《光伏建筑一体化系统运行与维护规范》	②	适用于验收合格并投入正常使用的光伏建筑一体化系统的运行与维护

续表

序号	文件名称	发布单位	备注
7	NY/T 1146.1—2006《家用太阳能光伏系统 第1部分：技术条件》	③	适用于光伏功率在1000W以下的晶体硅离网型家用太阳能光伏系统
8	NYT 1146.2—2006《家用太阳能光伏系统 第2部分：试验方法》	③	适用于功率在1000W以下的晶体硅离网型家用太阳能光伏系统
9	NY/T 1913—2010《农村太阳能光伏室外照明装置技术要求》	③	适用于我国农村乡镇与村庄的道路、庭院、广场等公共场所照明用太阳能光伏室外照明装置
10	NY/T 1914—2010《农村太阳能光伏室外照明装置安装规范》	③	适用于我国农村乡镇与村庄的道路、庭院、广场等公共场所照明用太阳能光伏室外照明装置
11	CQC 3302—2010《光伏发电系统用电力转换设备的安全 第1部分：通用要求》	④	适用于有统一安全技术要求的光伏（PV）系统所使用的电力转换设备（PCE）
12	CQC 33-462192—2010《光伏组件用接线盒认证规则》	④	适用于工作在直流电流下，且额定电压不大于1000V DC的光伏组件用接线盒的CQC标志认证
13	JGJ 203—2010《民用建筑太阳能光伏系统应用技术规范》	②	适用于新建、改建和扩建的民用建筑光伏系统工程，以及在既有民用建筑上安装或改造已安装的光伏系统工程的设计、安装和验收
14	CECS 84: 96《太阳光伏电源系统安装工程设计规范》	⑤	适用于地面上通信适用的平板型太阳光伏电源的新建、扩建、改建工程，其他类型的太阳光伏电源设计可参照执行
15	CECS85: 96《太阳光伏电源系统安装工程施工及验收技术规范》	⑤	适用于新建、扩建工程。其他类型太阳光伏电源可参照本规范的规定执行
16	NB/T 31003—2011《大型风电场并网设计技术规范》	①	适用于以下大型风电项目 （1）规划容量在200MW及以上的新建风电场或风电场群项目 （2）直接或汇集后通过220kV及以上电压等级线路与电力系统连接的新建或扩建风电场
17	NB/T 31005—2011《风电场电能质量测试方法》	①	
18	NB/T 31047—2013《风电调度运行管理规范》	①	适用于省级及以上电网调度机构和通过110（66）kV及以上电压等级输电线路并网运行的风电场，省级以下电网调度机构和通过其他电压等级并网运行的风电场可参照执行
19	NB/T 31046—2013《风电功率预测系统功能规范》	①	适用于电网调度机构和风电场风电功率预测系统的建设和验收，系统的研发和运行可参照使用
20	JB/T 10300—2001《风力发电机组 设计要求》	⑥	适用于风轮扫掠面积大于或等于40m^{2}的风力发电机组设计
21	NY/T 1137—2006《小型风力发电系统安装规范》	③	适用于风力发电机组功率小于或等于10kW的风力发电系统的安装施工
22	DL/T 5475—2013《垃圾发电工程建设预算项目划分导则》	①	适用于生物质发电工程

续表

序号	文件名称	发布单位	备注
23	建标 142—2010《生活垃圾焚烧处理工程项目建设标准》	②⑦	适用于新建生活垃圾焚烧处理工程项目，改、扩建工程项目可参照执行
24	DL/T 797—2012《风力发电场检修规程》	①	适用于并网运行的陆上风力发电场
25	DL/T 666—2012《风力发电场运行规程》	①	适用于并网型陆上风电场

注：发布单位①国家能源局；②中华人民共和国住房和城乡建设部；③中华人民共和国农业部；④中国质量认证中心；⑤中国工程建设标准化协会；⑥全国风力机械标准化技术委员会；⑦国家发展和改革委员会。

5.2.5 相关政策法规

建筑新能源相关政策法规见表 5-19。

表 5-19　　建筑新能源相关政策法规

序号	文件名称	发布单位	发布时间	主要内容	补贴政策
1	《中华人民共和国节约能源法》	全国人民代表大会	1997年11月1日通过，2007年10月28日第三十次会议修订	鼓励在新建建筑和既有建筑节能改造中安装和使用太阳能等可再生能源利用系统。 鼓励、支持在农村大力发展沼气，推广生物质能、太阳能和风能等可再生能源利用技术	
2	《中华人民共和国可再生能源法》	第十届全国人民代表大会常务委员会第十四次会议	2010年4月新修订	确立了可再生能源总量目标制度、可再生能源并网发电审批和全额收购制度、可再生能源上网电价与费用分摊制度、可再生能源专项资金和税收、信贷鼓励措施	
3	《可再生能源中长期发展规划》	国家发改委	2007年	提高可再生能源在能源消费中的比重，推行有机废弃物的能源化利用，推进可再生能源技术的产业化发展	
4	《可再生能源“十三五”发展规划（征求意见稿）》	国家能源局	2016年2月	提出到2020年非化石能源占能源消费总量比例达到15%，2030年达到20%，“十三五”期间新增投资约2.3万亿元。布局适当规模的抽水蓄能电站，建立风水、风光水、风光火等联合运行基地，积极探索储能商业应用，规范相关标准和检测体系	

续表

序号	文件名称	发布单位	发布时间	主要内容	补贴政策
5	《分布式光伏发电项目管理暂行办法》	国家能源局	2013年11月18日	对全国太阳能发电项目实行总量平衡和年度指导规模管理，对项目备案、建设条件、电网接入和运行、计量与结算等进行规定	
6	《国家电网公司关于印发分布式光伏发电并网面相关意见和规定的通知》(国家电网财〔2014〕1515号)	国家电网公司	2012年10月26日	分布式光伏项目免收系统备用容量费；380V接入的分布式光伏不用签调度协议；电网企业在并网申请受理、接入系统方案制订、合同和协议签署、并网验收和并网调试全过程服务中不收取任何费用	余电上网实行全电量补贴政策，补贴标准为0.42/(kW·h)(含税)，由电网企业按照当地燃煤机组标杆上网电价收购
7	《能源行业加强大气污染防治工作方案》(发改能源〔2014〕506号)	国家发改委、国家能源局、环境保护部	2014年3月	积极促进生物质发电调整转型，重点推动生物质热电联产，到2017年实现生物质发电装机1100万kW	
8	《关于完善垃圾焚烧发电价格政策的通知》(发改价格〔2012〕801号)	国家发改委	2012年3月	加强对垃圾焚烧发电上网电价执行和电价附加补贴结算的监管，做好垃圾处理量、上网电量及电价补贴的统计核查工作，确保上网电价政策执行到位	垃圾焚烧发电上网电价高出当地脱硫燃煤机组标杆上网电价的部分实行两级分摊。当地省级电网负担0.1元/(kW·h)
9	《关于加强和规范生物质发电项目管理有关要求的通知》	国家发改委	2015年	鼓励具备条件的新建和已建生物质发电项目实行热电联产或热电联产改造；加强规划指导，合理布局项目；规范项目管理	
10	《关于完善农林生物质发电价格政策的通知》(发改价格〔2010〕1579号)	国家发改委	2010年7月	确定了全国统一的农林生物质发电标杆上网电价标准，0.75元/(kW·h)	农林生物质发电上网电价在当地脱硫燃煤机组标杆上网电价以内的部分，由当地省级电网企业负担

续表

序号	文件名称	发布单位	发布时间	主要内容	补贴政策
11	《可再生能源电价附加收入调配暂行办法》	国家发改委	2007年1月	接网费补贴。电网公司全额接受生物质发电企业上网电量。税收优惠 2015年底前投产的光伏电站，省级补贴继续执行省政府前期确定的标准，即在国家标杆电价基础上，2010年投产的每千瓦时补贴0.30元（含税，下同）；2011年投产的补贴0.22元；2012—2015年投产的补贴0.2元。 建成并网的分布式光伏发电项目（不含纳入分布式光伏发电规模指标的光伏电站），在国家电价补贴基础上每千瓦时补贴0.05元	接网费用标准按线路长度制定，50km以内为1分/(kW·h)，50 ~ 100km为2分/(kW·h)，100km及以上为3分/(kW·h)。生物质发电企业享受企业所得税减免，自项目取得第一笔生产经营收入所属纳税年度起，第一年至第三年免征企业所得税，第四年至第六年减半征收企业所得税；以《资源综合利用企业所得税优惠目录》规定的资源作为主要原材料，生产国家非限制和禁止并符合国家和行业相关标准的产品取得的收入，减按90%计入收入总额
12	山东省省级补贴	山东省物价局	2016年8月	风力发电项目，在国家标杆电价基础上每千瓦时补贴0.02元 生物质发电项目方面，首台、首批具有示范作用的可再生能源发电项目并网发电，按照有利于促进新能源开发利用原则给予电价政策支持	
13	《甘肃省“十三五”战略性新兴产业发展规划》	甘肃省人民政府办公厅	2016年	积极推进酒泉向特大型风电基地迈进，建成白银、武威民勤、庆阳环县、定西通渭等百万千瓦级风电基地，推动平凉、天水等地分散式风场开发建设，在金昌武威地区布局建设千万千瓦级风光互补发电基地。到2020年，风电装机达到2500万kW	

续表

序号	文件名称	发布单位	发布时间	主要内容	补贴政策
14	《山西省“十三五”战略性新兴产业发展规划》	山西省人民政府	2016年	推进风电、光伏产业规模化、集群化：大力推进智能电网建设的发展：因地制宜开发生物质能、地热能，力争到2020年，风电、光伏、煤层气发电装机总容量分别达到1800万kW、1200万kW和700万kW 重点布局建设以朔州、大同、忻州为中心的晋北千万千瓦风电基地	
15	《昆明市“十三五”能源发展规划》	昆明市人民政府	2016年	依托水、风、光等资源禀赋，带动能源科技创新、装备制造、新能源推广应用和互联网+智慧能源协调发展。通过风能、光伏发电、垃圾焚烧发电等，到2020年新能源发电装机达320万kW	

5.3 建筑新能源的应用措施

5.3.1 太阳能光伏发电

1. 太阳能光伏电站

集中式光伏电站建站基本原则是充分利用荒漠地区丰富和相对稳定的太阳能资源构建大型光伏电站，接入高压输电系统供给远距离负荷，一般是在地面、山坡、荒地集中建设。

分布式光伏电站建站基本原则是主要基于建筑物表面，就近解决用户的用电问题，通过并网实现供电差额的补偿与外送，一般是在建筑物屋顶建设，自发自用余电上网，也可以全额上网。

对于光伏发电工程，无论是集中式电站还是分布式电站，首先应该依据国家、地区光伏产业发展规划、项目所在地气象参数、建设条件、接入电力系统条件等进行分析评估，在此基础上进行总体设计和发电量计算，并进行财务评价、节能降耗分析、社会风险分析等。

（1）项目所在地气象参数。收集光伏电站附近长期测站观测资料，包括多年平均气温、极端最高气温、极端最低气温、昼最高气温、昼最低气温、多年月平均气温；多年平均降水量和蒸发量；多年最大冻土深度和积雪厚度；多年平均风速、多年极大风速及其发生时间、主导风向；多年历年各月太阳辐射数据资料，以及与项目现场测站同期至少一个完整年的太阳辐射资料（含直接辐射、散射辐射、总辐射资料）；灾害天气资料如沙尘、雷电、暴雨、冰雹等。

（2）项目所在地建设条件。集中式光伏电站：需要收集项目边界外延 10km 范围内比例尺不小于 1：50 000 的地形图、场地范围内比例尺不小于 1：2000 的地形图；项目所在地工程地质勘查资料；项目所在地自然地理、对外交通条件、周边粉尘等污染源分布情况；还需要了解项目所在地社会经济状况和发展规划、太阳能发电发展规划、电力系统概况和发展规划、土地利用规划、土地性质等以及项目所在地主要建筑材料价格及有关造价文件和规定、项目可享受的优惠政策等。

分布式光伏电站：除了解上述项目所在地相关发展规划、造价和政策外，还应收集建筑物结构及屋顶布置图、周边建筑物布置图等，充分了解建筑物屋顶可用面积、荷载、太阳光遮挡等情况。

（3）项目资源评估。在太阳能光伏系统利用之前应进行太阳能辐射、建筑物或场地、电网等方面的资源评估，总体资源评估是规划设计太阳能光伏系统的重要依据，主要包括太阳能辐射资源、场地或建筑物资源、电网资源的评估等，见表 5-20。

表 5-20　　资源评估主要内容表

评估资源名称	具体内容
太阳能辐射资源	太阳能辐射资源是测算发电量的基本数据，可以此来判断项目在经济上的可行性。可从当地气象站取得最近 10 年水平面各月平均总辐射和散射辐射数据
场地或建筑物资源	场地或建筑物可安装太阳能光伏系统的资源是确定太阳能光伏系统装机容量的重要依据之一，应根据场地或建筑功能要求确定安装位置、安装形式及确定太阳能光伏组件类型
电网资源	电网资源主要指场地或建筑物的配电系统接受光伏系统的能力，以及电网线路连接的可行性、合理性

（4）技术方案。

1）选择主要技术参数。

①确定光伏组件的最佳方位角与最佳倾斜角。一般方位角宜选择正南方向，以使光伏组件的发电量最大，一般倾斜角取当地纬度值。

②确定太阳能光伏组件参数，包括电池板种类、最大输出功率、最大输出电压、最大输出电流、开路电压、短路电流、电流电压温度系数、长度、宽度、厚度、重量、应选择光电转换率高的光伏电池，光伏组件输出功率误差应在 ±5% 内。

③确定逆变器技术参数，根据太阳能光伏系统装机容量确定逆变器的额定容量、输入输出电压、输入输出容量、功率因数、效率。

④确定蓄电池参数，当系统需要设置蓄电池时，应计算保证蓄电池所贮存的电量能够满足工作所需。

2）光伏组件设计。

①计算光伏组件串并联的个数，确定系统基本方案。

②计算光伏阵列的间距，确定光伏阵列的安装方案。

3）并网接入设计。

①确定并网接入点的合理位置。

②确定光伏发电系统配电方案，包括防雷汇流箱的配置方案及基本参数、直流配电柜的配置方案及基本参数、逆变器的配置方案及基本参数、防逆流监测开关的配置方案及基本参数。

③确定光伏系统的并网方式：无逆流并网、有逆流并网；市电与光伏发电系统独立运行互为备用的离网方式；带储能并网的微电网方式；集中并网或分散式就地并网。

4）数据监测系统设计。

①确定系统配置方案，包括主机型号和参数，数据采集器的型号和参数，显示装置的型号和参数，系统的通信接口要求。

②确定系统监测显示参数。

③确定计量仪表的准确度、接线方法及位置。

5）防雷接地设计。

计算并确定防雷接地方案，对于屋顶分布式电站需要确定其与建筑物防雷接地系统的关系。

6）节能分析。

①分析计算光伏系统每年的发电量。

②根据发电量估算出系统在生命周期（按25年考虑）内总体发电量及减排估算（替代标准煤量，减排CO_2、SO_2、NO_x）。

（5）安装要点。光伏发电系统组件的安装对其发电效率和使用寿命有着一定的影响，安装要点见表5-21。

表5-21　　光伏系统安装主要内容表

名称	内容
组件参数测试	太阳能光伏发电系统太阳能组件进行安装时首先需要对照每一组件的参数对其进行测量检查，确保其参数符合使用要求，测量出太阳能组件的开路压和短路电流
太阳能组件的组合	对于工作参数相近的太阳能组件需要安装在同一方阵中以提高独立型太阳能光伏发电系统的方阵的发电效率
太阳能组件的保护	在太阳能面板等的安装过程中应当避免磕碰，避免太阳能面板等遭到损坏
太阳能组件与支架的安装及连接	（1）对于太阳能面板与固定支架配合不紧密的需要使用铁片等对其进行垫平，提高两者之间连接的紧密度 （2）太阳能组件在安装到机架上时的位置应当尽可能的平直，机架上的太阳能组件与机架之间的空隙应大于8mm以上，以提高太阳能组件的散热能力
太阳能组件接线盒的保护	对于太阳能面板的接线盒等需要防雨、防霜等的保护，避免淋雨等造成损坏

2. 太阳能光伏建筑一体化

光伏建筑一体化，在20世纪90年代提出开始，就受到了世界各国的密切关注和广泛研究。

太阳能光伏建筑一体化设计原则：整体性、美观性、技术性和安全性。

（1）整体性原则。太阳能光伏建筑一体化并不等同于太阳能光伏发电系统与建筑本身简单的合成。所谓太阳能光伏建筑一体化是根据节能、环保、安全、美观和经济实用的总体要求，将太阳能光伏发电系统作为建筑的一种体系耦合到建筑全生命周期中，同步设计、施工及验收，综合考虑其与建筑外围护结构、能源系统的边际成本和收益量，让建筑全生命周期的经济效益和社会效益达到最优，使其成为建筑有机组成部分的一种理念的总称。

（2）美观性原则。光伏建筑一体化系统除了要保持建筑的整体性与统一性以外，还要特别突出视觉和艺术的统一：建筑设计也要考虑光伏系统和建筑造型相结合的问题，从建筑的整体设计理念出发，充分发挥光伏材料的视觉特色和形式美，将光伏材料的形式和特色与建筑有机的结合，最终使两在美观性上达到和谐统一。

（3）技术性原则。光伏建筑一体化系统除了考虑整体性与美观性外，还要从技术性方面考虑。即光伏系统固有的技术原则：尽量避开或远离遮阴物、满足建筑物功能要求的前提下，确定最优的太阳能电池组件朝向及倾角、合理设计尽量减少电缆长度等。

（4）安全性原则。即系统的安全，在设计光伏建筑的时候，应考虑太阳能电池组件在屋面安装时对屋顶荷载的影响，保证光伏系统与建筑安全可靠，而当选用光伏建筑一体化组件时，除了具备发电功能外，还需考虑光伏组件的结构功能，如防水、保温、坚固等功能，保证光伏建筑一体化系统安全可靠。

一般情况下，可以采取多种方式来结合光伏器具与建筑，将平板光伏器具安装于建筑屋顶，形成屋面光伏阵列；集成光伏器件与建筑玻璃屋顶或墙面，将普通的玻璃幕墙发展为光伏发电的玻璃幕墙；光伏器具与遮阳有机结合，实现完美的光伏遮阳系统。

太阳能光伏建筑一体化设计表见表5-22。

表5-22　　太阳能光伏建筑一体化设计表

事项	光伏器具与建筑物的结合
光伏器具与屋顶相结合	太阳能电池组件可起到遮挡屋面阳光辐射的作用，对于与屋面一体化的大面积太阳能电池组件，由于综合使用材料不但节约了成本，而且单位面积上的太阳能转换设施的价格也可以大大降低，有效地利用了屋面的复合功能
光伏器具与外墙相结合	太阳能光伏玻璃幕墙将光电技术融入玻璃，把建筑物表面的太阳光转化为能被人们利用的电能，复合材料不占用建筑面积，且优美的外观具有特殊的装饰效果，赋予建筑物以鲜明的特色
光伏器具与遮阳相结合	将太阳能电池组件与遮阳装置构成多功能建筑构件，既可以有效地利用空间，又可以提供能源，实现了完美统一的光伏遮阳系统，使最佳遮阳角度和最佳集热角度一致，在满足最佳遮阳功能的同时也满足最佳集热功能

将光伏器具与建筑物结合在一起，不仅可以减少占地面积，还可以使建筑物充分发挥光伏技术的作用，将光能作为建筑的主要使用能源，从而达到节能减排的目的。

5.3.2 太阳能热发电

对于太阳能热发电工程，应根据项目所在气象参数、建设条件、接入电网条件等进行分析评估，在此基础上进行总体设计和发电量计算，并进行财务评价、节能降耗分析、社会风险分析等。

1. 项目所在地气象参数

了解项目所在地经度、纬度、太阳能资源，包括年平均日照天数、日照时数，平均峰值日照时数、年最长连续阴雨天数，并向当地气象部门了解全年太阳辐射总量[MJ/（m^2·年）]、日照百分率等参数。太阳能塔式电站汇聚的太阳光主要由太阳辐射的直射部分组成，所以进行塔式太阳能电站的设计，只有总辐射数据是不够的，必须还要有直射和散射辐射数据。

2. 项目所在地建设条件

了解项目建设地现状条件，包括土地性质、铁路及公路等大件运输条件、水源条件、并网条件、区域水文地质条件、区域地质构造等，见表5-23。

表5-23　太阳能热发电站选址一般性条件

<table>
<tr><th>选址因素</th><th colspan="3">一般条件</th></tr>
<tr><td>太阳能法向直接辐射（DNI）</td><td colspan="3">DNI ≥ 1800kW·h/（m^2·年）</td></tr>
<tr><td rowspan="5">地形</td><td>项目</td><td>槽式</td><td>塔式</td></tr>
<tr><td>坡度</td><td>≤ 3%</td><td>≤ 7%</td></tr>
<tr><td>纬度</td><td>≤ 42°</td><td></td></tr>
<tr><td>地质</td><td colspan="2">土壤承载力≥ 2kg/cm^2</td></tr>
<tr><td>土地面积</td><td colspan="2">2 ~ 3hm^2/MW</td></tr>
<tr><td>水资源</td><td colspan="3">距离水源应≤ 10km</td></tr>
<tr><td>气候条件</td><td>风速</td><td>年运行风速 0 ~ 14m/s</td><td>最大允许风速 31m/s</td></tr>
<tr><td>电网覆盖</td><td colspan="3">距离电网连接点≤ 15km</td></tr>
<tr><td>交通条件</td><td colspan="3">靠近交通路网</td></tr>
<tr><td>地区社会经济发展</td><td colspan="3">当地居民和社区要接受本项目，尽量避免强制性移民搬迁，负荷环境保护条例等</td></tr>
</table>

3. 研究与应用发展

中国太阳能热发电起步较晚，国内多家研究机构一直在从事太阳能热发电单元技术和基础试验研究，积累了一定的理论与实验研究经验。近几年我国在太阳能热发电聚光集热技术、高温接收器技术等方面取得了突破性进展，已经示范了近50座槽式太阳能集热系统、3个线性菲涅尔集热系统、多台套碟式聚光器和碟式-斯特林机发电系统。2012年7月，中国科学院电工研究所完成了1.5MW塔式示范电站建设。2013年10月，浙江中控太阳能公司在青海德令哈完成了10MW塔式电站建设。

不同类型的太阳能热发电技术对比见表5-24。

表 5-24 不同类型的太阳能热发电技术对比

项目	槽式系统	塔式系统	碟式系统
规模 /MW	30 ~ 320	100 ~ 250	1 ~ 25
运行温度 /℃	390	565	750
年容量因子（%）	23 ~ 50	20 ~ 77	25
峰值发电效率（%）	20	23	＞25
年净发电效率（%）	11 ~ 16	7 ~ 20	12 ~ 25
互补系统设计	可以	可以	可以
建设成本 /（元 /W）	19 ~ 32	25 ~ 56	93 ~ 130
发电成本 /［元 /（kW · h）］	1.3 ~ 1.9	1.4 ~ 1.9	0.8 ~ 1.1
技术开发风险	低	中	高
技术现状	商业化	商业化	示范
应用	并网发电，中高温段加热	并网发电，高温段加热	小容量分散发电，边远地区独立系统供电
优点	跟踪系统结构简单，使用材料最少，具有储存能力	转换效率高，运行温度可达 1000℃，可利用非平坦地形	很高的转换效率，可集成蓄热到大电站
缺点	运行温度低，太阳能转电能效率低	跟踪系统复杂，中心塔建造成本高	与并网匹配潜力低，混合电站技术还需研究

我国太阳能光热发电影响因素主要体现在三个方面：

（1）核心设备上与国外相比差距很大，导致转化效率低，若使用国外产品，则成本更高。

（2）投资成本过高，导致进展缓慢。

（3）政策方面，由于热发电成本过高，需要国家给予政策补贴。

5.3.3 风力发电

经过多年的研究开发和工程实践，我国在风力资源调查评估，风电场规划建设、并网技术、运行管理等方面积累不少经验，但从总体上看，我国风电技术与国外相比还有较大的差距，提高对发展风电的重要性认识、制定促进风电发展的政策和措施、加大科研投入、提高我国风电设备制造的技术水平、加强风能资源调查评估、提高运行管理水平、降低投资和风电电价等都是我国发展风电产业必须解决的重点问题。

1. 风电场宏观选择要求

（1）符合国家产业政策和地区发展规划。

（2）风能资源丰富，年平均风速一般应大于 5m/s，风功率密度应大于 150W/m^2，尽可能有稳定的盛行风向，以利于机组布置。风速日变化和季节变化较小，以减小风电对电网的影响。宜选择在垂直风剪切较小的场地安装风电机组，以减少机组故障。

（3）满足并网要求。风电场靠近电网，减少线损和送出成本，根据电网容量、结构，合理确定风电场的建设规模，以便与电网容量匹配。

（4）场址避免洪水、潮水、地震和其他地质灾害、气象灾害的破坏性影响，具备交通和施工安装条件，满足环境保护要求。

（5）满足投资回报要求。

2. 风电场微观选择要求

（1）确认风电场可用土地的界限，结合地形、地表粗糙度和障碍物。

（2）风电机组尽量集中布置，尽量减少风电场占地面积。

（3）机组集中布置，减少电缆、场内道路长度，降低工程造价，降低场内线损。

（4）机组布置尽量减小风电机组之间的影响。

3. 并网发电机型比选

目前常见有水平轴、3叶片、上风向、管式塔的风机形式，我国市场上销售的风电机组，单台容量一般在600～2500kW，可分为定桨距、变桨距、变速恒频和变桨变速四种形式。

（1）满足场址的气候条件，除根据风电场风资源的状况选择相应的安全等级外，还应根据气候范围确定选择标准型还是低温型机组，沿海地区还应注意防腐和绝缘性能等特殊要求。

（2）充分考虑风场交通运输条件。

（3）顺应风电机组发展趋势，结合风电机组的特征参数、结构特点、控制方式、成熟性、先进性、售后服务等进行综合的技术经济比较。

4. 风电场年上网电量的计算分析

确定了风电场拟安装的机型、轮毂高度、风电机组的位置后，即可计算风电机组标准状态下的理论发电量。

现在风电机组标准状态下的理论发电量一般采用专用软件WAsP进行计算，对计算结果进行修正和适当折减后，得到风电机组年上网电量。汇总风电机组年上网电量，可得到风电场的年上网电量。计算前需进行的准备工作如下：

（1）数字化地形图。数字化地图比例宜选择为1:50 000或1:25 000。地图边界的确定应为距任一机位至少5km，若机位附近有大的水面，则至少应为10km。选择的范围太小，影响计算精度。另外，在进行各高程数据选择时，等高间距应小于20m。

（2）测风站测出的风速、风向、高度等数据需要进行修正处理。

（3）从风电机组制造厂家可以得到选定机型的功率曲线、推力曲线。

（4）场址内障碍物的大小、位置和孔隙率。

5. 风力发电节能技术研究

恒速风力机＋感应发电机系统是当前风力发电技术应用的主流。该系统包括风力机、齿轮箱、感应发电机、软起动装置、电容器组以及变压器等部分，是目前我国应用最广泛的一种系统。在正常运行时，风力机保持恒速运行，转速由发电机的极数和齿轮箱决定。若采用双速发电机，则风力机可在两种不同的速度下运行，以提高功率输出。

5.3.4 生物质发电

生物质能源包括生物柴油、生物乙醇、生物颗粒燃料、生物基化工产品等。生物质能源其优点有：一是属可再生资源，在合理开发的条件下，可保证能源实现永续利用；二是资源丰富，每年经光合作用产生的生物质能量相当于世界主要燃料消费的10倍，开发潜力巨大；三是低污染性。同时，用生物质代替矿物燃料是减少CO_2排放的理想方式，由于它在生长时吸收的二氧化碳相当于其燃烧时排放的二氧化碳量，因而对大气的二氧化碳净排放量近似于零。所以，世界科学界都把生物质资源作为重要的替代资源。

生物质发电：狭义的有生物质焚烧和生物质汽化两种，广义的还包括垃圾焚烧发电（通常这是专门的一类）。而经常说的生物质发电，是秸秆焚烧发电。秸秆包括棉花、大豆、玉米、小麦、水稻、高粱、甘蔗等农作物秸秆及树枝、木材加工下脚料等。

秸秆发电厂虽然容量不大，但设计比太阳能光伏发电、风力发电甚至比一般的燃煤电厂的系统都要复杂，设计原则和内容太丰富，侧重点不同，表述也会不同。

1. 发电厂场址选择

（1）发电厂应建在秸秆产地附近，所在区域应有丰富的秸秆资源、可靠的秸秆产量及待续的可获得量。发电厂所需燃料宜在半径50km范围内获得。项目建设单位应调查研究厂址附近多年秸秆产量，对秸秆产量进行分析，保证在农业歉年可获得的秸秆量，能够满足电厂的年秸秆消耗量。

（2）发电厂的厂址选择应根据地区土地利用规划、城镇总体规划及区域秸秆分布、现有生产量、可供应量，并结合厂址的自然环境条件、建设条件和社会条件等因素，经技术经济综合评价后确定。

（3）厂址位置的确定、发电厂的总体规划、厂区及收贮站规划（包括秸秆仓库、露天堆场、半露天堆场的布置）、主厂房布置、燃料输送设备及系统、秸秆锅炉设备及系统、除灰渣系统、汽轮机设备等应符合秸秆发电厂设计规范（GB 50762—2012）的相关规定。

2. 设计原则

热负荷的确定、电力负荷的确定、主蒸汽及供热蒸汽系统设计、给水系统及给水泵设计、除氧器及给水箱的设计、凝结水系数及凝结水泵的设计、低压加热器疏水泵设计、疏水扩容器、疏水箱、疏水泵与低位水箱、低位水泵设计、工业水系统设计、热网加热器及其系统设计、减温减压装置设计、蒸汽热力网凝结水回收设备的设计等应符合《小型火力发电厂设计规范》（GB 50049—2011）的有关规定。

生活污水、含油污水等废水的处理应符合《火力发电厂废水治理设计技术规程》（DL/T 5046）的有关规定。

发电厂高压配电装置的设计应符合《高压架空线路和发电厂、变电所环境污区分级及外绝缘选择标准》（GB/T 16434），《电力设施抗震设计规范》（GB 50260），《3～110kV 高压配电装置设计规范》（GB 50060），《火力发电厂与变电站设计防火规范》（GB 50229）和《高压配电装置设计技术规程》（DL/T 5352）的有关规定。

5.4 建筑新能源的典型案例

5.4.1 太阳能光伏发电

5.4.1.1 集中式光伏电站

1. 项目概况

该项目建设在新疆某县，为地面电站，装机容量 20MW，建设总工期 140 天。项目场区深处内陆荒漠戈壁滩，地势平坦、交通便利。

2. 光伏电站系统构成

主要由支架基础、支架、光伏板、汇流箱、直流配电柜（可集成）、光伏逆变器、箱变、高低压配电装置、高压动态无功补偿装置、继电保护装置、调度数据网及监控系统等构成，系统构成示意图如图 5-1 所示。

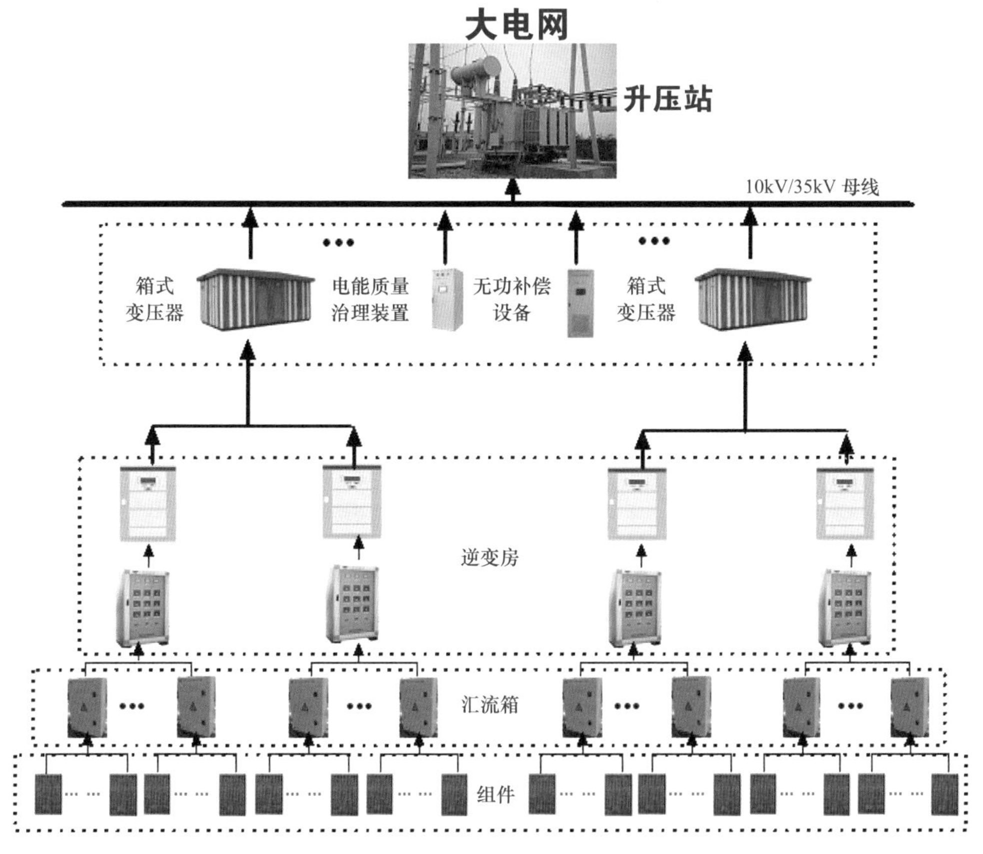

图 5-1　光伏电站系统构成

3. 光伏电站主要设备配置（表 5-25）

表 5-25　　20MW 并网光伏发电项目基本配置

序号	名称	单位	数量	备注
1	支架	MW	20	
2	光伏板	MW	20	260W
3	汇流箱	台	280	
4	光伏逆变器	台	40	单台 500kW
5	35kV 箱式变压器	套	20	1000kVA
6	35kV 高压配电柜	面	8	集电线路、PT、站用变、SVG 及出线
7	10kV 高压配电柜	面	3	进线、出线及 PT
8	400V 配电柜	面	4	
9	315kVA 35/0.4kV 变压器	台	1	
10	315kVA 10/0.4kV 变压器	台	1	
11	线路保护装置	套	5	含出线光差保护
12	变压器保护装置	套	3	站用变、SVG 连接变及 10kV 变压器
13	母线保护装置	套	1	
14	低频低周解列装置	套	1	
15	公用测控装置	套	3	
16	故障录波装置	套	1	
17	远动装置	套	2	主、备
18	光伏区及站内通信装置	套	2	
19	稳控装置	套	1	
20	调度数据网	套	2	省、地调
21	光传输设备 SDH	套	1	
22	PCM	套	1	
23	交直流系统	套	1	
24	通信电源	套	1	
25	五防及监控系统	套	1	
26	功率预测及 AGC 功率控制系统	套	1	
27	计量系统	套	2	主、副

4. 光伏电站效益分析

（1）经济效益分析。该项目装机容量 20MW，组件安装的最佳倾角为 36°，综合考虑组件的转化效率以及其他电气设备和电缆的损耗，模拟出系统全寿命期的发电量，见表 5-26。

表 5-26　　25 年各年实际发电量统计表

各年全年发电量统计 /（kW · h）					
第 1 年	28 410 330	第 2 年	28 154 630	第 3 年	27 898 940
第 4 年	27 643 250	第 5 年	27 387 550	第 6 年	27 160 270
第 7 年	26 904 580	第 8 年	26 677 300	第 9 年	26 421 600
第 10 年	26 194 320	第 11 年	25 967 040	第 12 年	25 711 350
第 13 年	25 484 060	第 14 年	25 256 780	第 15 年	25 029 500
第 16 年	24 802 210	第 17 年	24 574 930	第 18 年	24 376 060
第 19 年	24 148 780	第 20 年	23 921 490	第 21 年	23 722 620
第 22 年	23 495 340	第 23 年	23 296 470	第 24 年	23 069 180
第 25 年	22 870 310	合计：638 578 890			

该光伏电站属于二类资源区，执行 0.95 元 /（kW · h）的标杆上网电价，期限原则上为 20 年，后 5 年按新疆燃煤企业电价 0.25 元 /（kW · h）计算，则光伏电站 25 年全生命周期总收益见表 5-27。

表 5-27　　全生命周期收益表

年份	发电量 /（kW · h）	收益 / 元	累计收益 / 元
第 1 年	28 410 330	26 989 813.5	26 989 813.5
第 2 年	28 154 630	26 746 898.5	53 736 712
第 3 年	27 898 940	26 503 993	80 240 705
第 4 年	27 643 250	26 261 087.5	106 501 792.5
第 5 年	27 387 550	26 018 172.5	132 519 965
第 6 年	27 160 270	25 802 256.5	158 322 221.5
第 7 年	26 904 580	25 559 351	183 881 572.5
第 8 年	26 677 300	25 343 435	209 225 007.5
第 9 年	26 421 600	25 100 520	234 325 527.5
第 10 年	26 194 320	24 884 604	259 210 131.5
第 11 年	25 967 040	24 668 688	283 878 819.5
第 12 年	25 711 350	24 425 782.5	308 304 602
第 13 年	25 484 060	24 209 857	332 514 459
第 14 年	25 256 780	23 993 941	356 508 400

续表

年份	发电量 /（kW·h）	收益 / 元	累计收益 / 元
第 15 年	25 029 500	23 778 025	380 286 425
第 16 年	24 802 210	23 562 099.5	403 848 524.5
第 17 年	24 574 930	23 346 183.5	427 194 708
第 18 年	24 376 060	23 157 257	450 351 965
第 19 年	24 148 780	22 941 341	473 293 306
第 20 年	23 921 490	22 725 415.5	496 018 721.5
第 21 年	23 722 620	5 930 655	501 949 376.5
第 22 年	23 495 340	5 873 835	507 823 211.5
第 23 年	23 296 470	5 824 117.5	513 647 329
第 24 年	23 069 180	5 767 295	519 414 624
第 25 年	22 870 310	5 717 577.5	525 132 201.5

（2）社会效益分析。太阳能光伏发电能够实现近乎为零的碳排放量，此工程的节能减排效应如下：

全生命周期内累计发电量：638 578 890kW·h

节约标准煤：255 431.556t

减排 CO_2：636 663.1533t

减排 SO_2：19 157.3667t

减排氮氧化物：9578.68335t

减排粉尘：173 693.4581t

5.4.1.2 分布式光伏电站

1. 项目概况

该项目建设在某工业区，利用工业园内 15 家企业的厂房屋顶建设太阳能光伏系统，装机容量为 10MW，总投资 1.0 亿元人民币，建设总工期约为 6 个月。光伏发电性质为自发自用，即采用用户侧低压就近并入所在建筑物低压配电系统。

2. 工业用电负荷特性

该项目的用电类型为工业用电，用电负荷变化较大，季节性负荷变化一般是季度初用电负荷较低，季度末用电符合较高；月负荷变化一般是月上旬用电负荷较低，月中旬用电负荷较高；对于生产任务饱满的企业，月下旬用电负荷高于中旬，对生产任务不足的企业，月中旬用电负荷大于月末的用电负荷；工业日用电负荷变化起伏很最大，一般一天内会出现早高峰、午高峰和晚高峰三个高峰，中午和午夜后会出现两个低谷。

3. 主要设备配置

根据项目场址的太阳能资源状况和建筑物屋顶的建设条件，10MW 光伏发电系统配置，清单见表 5-28。

表 5-28　　10MW 屋顶光伏发电系统基本配置表

序号	名称	规格型号	单位	数量	备注
1	太阳电池组件	STP245-24/Vd	块	41 000	
2	太阳能支架	热镀锌 C 型钢	项	1	
3	直流汇流箱	含防雷	台	120	
4	并网逆变器	500kW	台	20	
5	远程监控装置		套	20	
6	监控管理中心		项	1	
7	数据采集器		项	1	
8	辐射与温度测量		项	1	
9	直流配电柜		台	20	
10	光伏配电柜		台	20	
11	光伏专用线缆	2PfG 4mm^2	项	1	
12	并网线缆	YJV	项	1	
13	桥架		项	1	
14	系统辅材		项	1	

4. 年发电量估算

综合考虑各种因素，估算光伏系统的年发电量（表 5-29），在此，光伏系统使用寿命按照 25 年考虑，且应考虑太阳能电池衰减。

表 5-29　　10MW 屋顶光伏发电系统年发电量估算表

资源评估				
太阳追踪方式			固定窗	
斜度			19.0	
方位角			0.0	
月	每日太阳辐射（水平）（°）/（m^2·日）	每日太阳辐射（倾斜）（°）/（m^2·日）	上网电价 RMB/（MW·h）	实际电量 MW·h
一月	3.01	3.55	1.2	787.0
二月	3.09	3.39	1.2	680.2
三月	3.41	3.54	1.2	799.3
四月	3.94	3.92	1.2	893.7
五月	4.28	4.12	1.2	960.5
六月	4.70	4.44	1.2	959.5

续表

资源评估				
太阳追踪方式			固定窗	
斜度			19.0	
方位角			0.0	
月	每日太阳辐射（水平）	每日太阳辐射（倾斜）	上网电价	实际电量
	（°）/（m^2·日）	（°）/（m^2·日）	RMB/（MW·h）	MW·h
七月	5.61	5.30	1.2	1188.5
八月	5.15	5.05	1.2	1185.3
九月	4.50	4.64	1.2	1022.5
十月	4.11	4.54	1.2	1012.7
十一月	3.41	4.01	1.2	869.5
十二月	3.11	3.79	1.2	892.7
年平均数	4.03	4.20	1.2	11251.2

整个区域铺设245W高效多晶硅组件，按照屋顶位置安装，预计装机容量为10MW，每年发电量可达1125.12万kW·h。

5. 接入电网方式

太阳能系统采取多个子方阵20台逆变输出并网的电气结构形式，本着追求高效率、低损耗的原则进行设计和设备选型，力争将损耗降到最低程度，如图5-2所示。

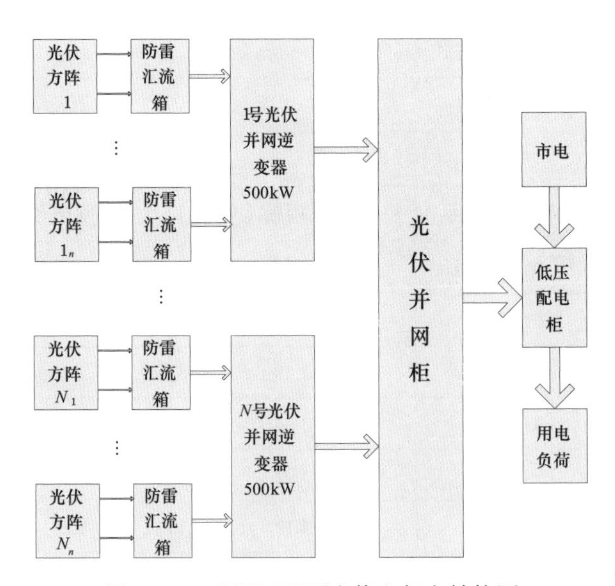

图5-2　工业园区屋顶光伏电气主结构图

方案由屋顶光伏组件方阵在屋顶进行直流汇流，之后通过线槽或桥架连接至各方阵对应的并网逆变器，并网逆变器的交流输出沿线槽或桥架暗敷至低压开关柜，再并入低压配电网。阵列的直流输出至并网逆变器之间的直流电气线路应尽可能短，以避免过多的损耗。

6. 投资分析

（1）建设投资估算及构成。本项目预计建设投资10 052.3万人民币，投资构成见表5-30。

表5-30　10MW屋顶光伏发电系统投资估算表

序号	工程或费用名称	估算投资/万元	占总投资比例（%）
1	工程费用	11 066.42	91.82%
2	工程建设其他费用	241.05	2%
3	预备费用	451.96	3.75%
4	专项费用	292.87	2.43%
合计	建设总资金合计	12 052.3	100%

（2）流动资金估算。分析同类企业目前流动资金占用情况，本投资采用分项详细估算法计算本项目所需的流动资金，经估算正常年需流动资金20万元。

（3）总投资估算。

项目总投资＝静态投资9651万元＋动态投资20万元＋建设期利息329万元（贷款期限10年，年利率6.58%）=10 000万元

7. 财务评价（表5-31、表5-32）

表5-31　10MW屋顶光伏发电系统现金流量分量分析（万元）

年限	0	1	2		25	汇总
1 现金流入	450.05	1350.14	1350.14	…	1529.64	34 383.05
1.1 营业收入	450.05	1350.14	1350.14		900.09	33 753.50
1.2 补贴收入	23.71	71.155	71.155		47.44	0.00
1.3 回收固资	0	0	0		609.55	609.55
1.4 回收流动资金	0	0	0		20	20.00
2. 现金流出	10 003.73	449.84	449.84		80.45	16 307.61
2.1 初始固定资产投资	9651.00	0	0		0	9651.00
2.2 营运资本	20	0	0		0	20.00
2.3 建设期利息	329.00	0				329.00

续表

年限	0	1	2		25	汇总
2.4 营运付现成本	27.44	82.33	82.33		54.89	2058.31
2.5 资金成本	0	438.67	438.67			4094.22
2.6 折旧抵税	23.71	71.155	71.155		47.44	1778.87
2.7 所得税					73	1933.95
3. 现金净流量	–9553.69	900.30	900.30	…	1449.19	18 075.43
累计现金净流量 1	–9553.69	–8653.39	–7753.10		18 075.43	18 075.43
4. 折旧	158.12	474.37	474.37		316.25	11 859.17
5. 税后净利润	2788.19	425.93	425.93		503.40	18 086.72

表 5-32　10MW 屋顶光伏发电系统主要经济指标

序号	指标	数值
1	年发电量 /（kW · h）	1125.12
2	单位电价 / 元	1.2
3	年现金净流量 / 万元	723.02
4	预计总现金流入 / 万元	34 383.05
5	预计总现金流出 / 万元	16 307.61
6	预计净现金流量 / 万元	18 075.43
7	投资收益率	10.19%
8	回收期 / 年	8.3

5.4.2　太阳能热发电

1. 项目概况

该项目位于某地工业园区，槽式太阳能热发电，带储热装置，规模为 50MW，总投资为 20 亿元，建设期为 2 年。

该项目建设所在地海拔 1100m，占地约 2925 亩（1 亩 =666.7m^2），地形开阔，年直接辐射为 1919kW · h/m^2，多年平均总辐射为 1610.1kW · h/m^2，年日照时数为 3200h。

2. 系统组成

槽式太阳能热发电系统可分为聚光集热子系统、换热子系统、发电子系统、蓄热子系统、辅助能源子系统等五个子系统。槽式太阳能热发电系统原理图如图 5-3 所示。太阳能热发电系统组成及技术要求见表 5-33。

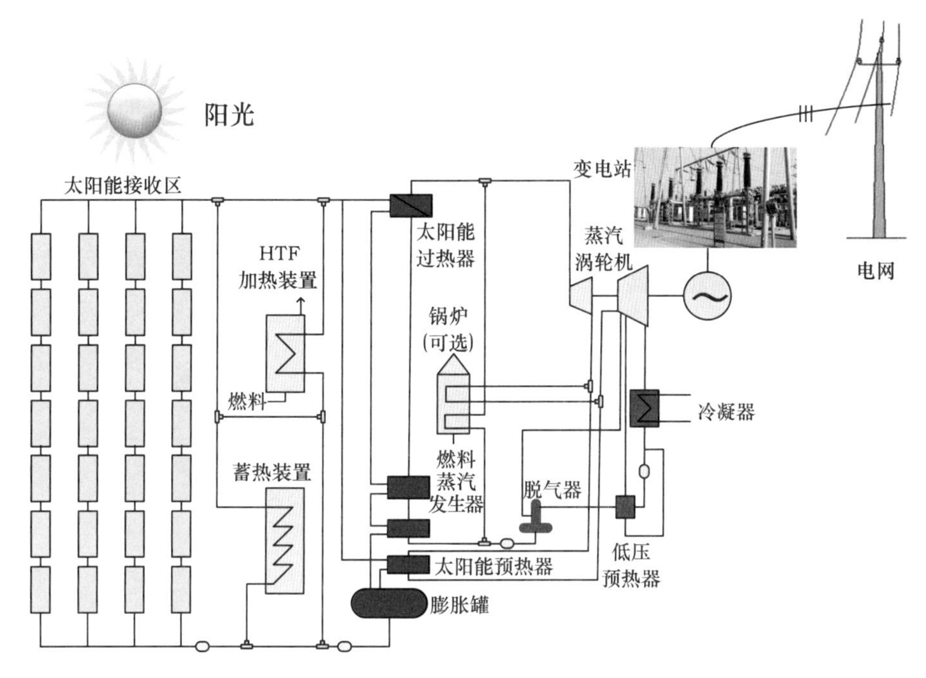

图 5-3　槽式太阳能热发电系统原理图

表 5-33　太阳能热发电系统组成及技术要求表

系统名称	系统功能	技术要求
聚光集热子系统	槽式抛物面反光镜、真空管式接收器和跟踪装置构成。通过对太阳进行由东向西的跟踪，槽式集热器将太阳的直接辐射汇集在吸热管上，吸热管中的热传导液体（称为导热油）被加热到约 400℃	
换热子系统	预热器、蒸汽发生器、过热器、再热器组成。太阳集热区加热的导热油到换热区后依次通过太阳能过热器、太阳能蒸汽发生器、太阳能预热器来加热给水产生高压蒸汽和再热蒸汽。蒸汽的温度选定在 383℃，给水温度为 240℃。换热区设辅助加热系统，以维持导热油的最低运行温度	

续表

系统名称	系统功能	技术要求
发电子系统	基本组成与常规火力发电设备类似，换热区产生的蒸汽被导入发电区，在汽轮机中膨胀做功，并驱动发电机发电。在该过程中，从太阳集热区收集并集中的太阳辐射被转换成电力并送到电网上	汽轮机技术条件 铭牌出力：85MW 机组型式：一次中间再热、直接空冷、凝汽式 主蒸汽压力：9.0MPa（a） 主蒸汽温度：383℃ 主蒸汽流量：376t/h 冷再热蒸汽压力：2.3MPa（a） 冷再热蒸汽温度：234.2℃ 热再热蒸汽压力：2.07MPa（a） 热再热蒸汽温度：383℃ 热再热蒸汽流量：309.3t/h 额定排汽压力：12.5kPa（a） 额定转速：3000r/min
		发电机技术条件 额定功率：85MW 额定功率因数：0.85（滞后） 额定电压：10.5kV、50Hz 额定转速：3000r/min 绝缘等级：F级 冷却方式：空气冷却 励磁方式：静态励磁
蓄热子系统	夜间太阳能热发电系统可以依靠热储能系统储存的热量维持系统正常运行一定时间	
辅助能源子系统	夜间、阴天或其他无太阳光照射的情况下，可以采用辅助能源供热	

3. 热力系统（表5-34）

表5-34　热力系统组成及主要设备表

系统名称	主要设备及系统连接
主蒸汽系统	油水换热系统的两组过热器出口主蒸汽管道汇合成一根主蒸汽管道，再接至汽轮机主汽门
再热蒸汽系统	汽轮机高压缸排汽用一根冷再热蒸汽管道送至油水换热间后分成两路，分别于油水换热系统的两组再热器入口连接 油水换热系统的两组再热器出口高温再热蒸汽管道汇合成一根高温再热蒸汽管道，再接至汽轮机再热主汽门
回热抽汽和加热器疏水系统	回热抽汽系统共五级，分别供2台低压加热器，1台高压除氧器和2台高压加热器。高压加热器疏水系统为逐级自流，1号高加疏水进入2号高加，2号高加进入除氧器。低压加热器疏水系统为逐级自流最终回到排汽装置下部的凝结水箱和低加疏水泵升压后送到凝结水管道两种方式
给水系统	给水泵采用2台100%定速泵，1台运行，1台备用。高压给水管道自给水泵出口1号、2号高压加热器至油水换热系统的两组给水预热器，给水管道设有给水操作台

续表

系统名称	主要设备及系统连接
凝结水系统	为适应机组不同工况，每天机设2台100%容量的凝结水泵，凝结水经排汽装置下部的凝结水箱进入凝结水泵
辅助蒸汽系统	为方便油水换热系统冷态启动，设有2台5t/h天然气启动锅炉，蒸汽参数为1.25MPa、193℃，在汽机房内设有厂用蒸汽联箱，蒸汽分别供给除氧器、均压箱

4. 电气方案

（1）电气一次。在项目电站内建设一座110kV升压站，输出110kV线路至市区220kV变电站，选用LGJ-300型导线，线路长度约0.7km。考虑线路短，故障率较低，采用1回输出线路，可以节约部分投资。

发电机额定电压10.5kV，采用发电机—变压器单元接线接入110kV室外配电装置，110kV出线1回，采用单母线接线。高压厂用备用变压器电源由110kV母线引接。发电机出口装设断路器，发电机出线隔离开关至主变压器采用离相封闭母线连接，高压厂用工作变压器电源由离相封闭母线“T”接，厂用分支回路设可拆连接片。110kV配电装置出线回路不装设断路器，装设一组出线隔离开关。110kV出线采用110kV电缆引至电站界区外再架空线至220kV电站出线方式。

发电机中性点采用不接地方式。110kV为中性点直接接地系统，主变压器、高压厂用备用变压器110kV中性点经隔离开关接地，可接地或不接地运行。

工程设1台容量1000kW快速自启动柴油发电机组，额定电压400/230V。中性点采用与厂用380/220V系统相同接地方式，中性点直接接地。柴油发电机组为太阳能导热油系统及电站提供保安电源。

（2）电气二次。

1）直流和UPS电源。机组设置220V直流电源系统，为直流控制负荷和动力负荷供电。直流系统装设1组220V阀控式密封铅酸蓄电池组，配置1套高频开关电源充电装置。

机组设置交流不停电电源（UPS）装置，为重要的不能中断供电的交流负荷供电。不停电电源（UPS）装置的直流电源由直流电源系统引接。

2）电气设备监控。110kV配电装置、发电机、变压器、厂用电源系统电气设备采用计算机监控系统进行监控，计算机监控系统利用网络通信与电气设备的测控装置进行双向通信，通过LCD人机界面显示设备信息、故障报警和进行控制操作，同时在操作台上设有事故应急手操设备。监控系统留有与其他系统的通信接口。

110kV配电装置电气设备防误操作采用微机防误闭锁装置。

3）继电保护和自动装置。发电机、变压器、厂用电源系统电气设备的保护采用微机型保护装置。发电机采用自动准同期装置（ASS）进行同期操作。

高压厂用电源设置电源自动切换装置。

发电机励磁系统设置自动电压调节装置（AVR）。

高压电动机和低压厂用变压器保护采用微机综合保护测控装置。

低压电动机和馈线回路设置智能马达保护器和多功能测控仪表。

5. 发电量、投资估算。

对于不同配置的发电系统、不同运行条件的发电系统其发电量计算均不相同，以本项目为例，主要展示发电量计算模型的具体计算步骤、过程和结果。

（1）电厂参数。电厂系统配置的主要技术参数见表 5-35。

表 5-35　电厂系统配置的主要技术参数

	项目内容		参数	单位
厂址	经度		107.09°	E
	纬度		40.25°	N
	平均年辐照量		1919	$kW \cdot h/m^2$
	海拔		1100	m
	总面积		1 950 000	m^2
	输电线路		110	kV
动力区	汽轮机类型	直接空冷、凝汽式再热、5 级抽气		
	总容量		85	MW
	自身耗电		6.9	MW
	电站效率		38.0	%
	发电机	电压	10.5 ± 10%	kV
		频率	50	Hz
		标称铭牌功率	85	MW
		功率因数	0.91	
	汽轮机入口	压力	98	bar
		过热蒸汽温度	377	℃
		再热温度	379	℃
		蒸汽流量	93	kg/s
		设计背压	170	bar
	干式冷却	设计空气入口温度	20	℃
		风扇个数	22	
		风扇总功耗	1.8	MW
太阳集热场	集热器设计	SKAL-ET	150	
	集热器长度		148.4	m
	集热器开口宽度		5.77	m
	每个集热器组合反射镜片数		336	
	每路集热器组合个数		4	

续表

	项目内容		参数	单位
太阳集热场	回路数		156	
	集热器组合数		624	
	集热器总面积		510120	m^2
	排间距		17.2	m
	设计集热场进口温度		296	℃
	设计集热场出口温度		393	℃
	自动散焦温度		398	℃
	标称热输出		224	MW
	设计压降		17	bar
导热油系统	HTF	类型	联苯 / 二苯醚混合物	
		30℃时的容积	1885	m^3
	流量		959	kg/s
	HTF 泵	泵个数	3	
		总压头	29.4	bar
		变速范围	30~110	%
		电机 / 每个泵	1.5	MW
		运行温度	293	℃
		入口运行压力	10	bar
		膨胀容器	940	m^3
	HTF 辅助加热器		5	MW

注：1bar=10^5Pa。

（2）发电量。电站每年向电网输送 1.08286 亿 kW·h，该电量全部来自于太阳能，每年可以减少 CO_2 排放 90 000t。

（3）发电成本（表 5-36 ~ 表 5-38）。应用国际能源署（IEA）可再生能源经济分析法，计算归一化发电成本（LEC）。

归一化的寿命周期成本是资源成本（包括投资资金、融资和经营成本）转化为等值的年度支出流的现值。通过这种归一化法，可以对不同寿命周期和不同容量的电站系统，进行发电成本的经济性对比。

表 5-36　　投资成本估表算　　单位：千欧元

序号	项目	费用
1	工程	8123
2	采购与安装	148 462
3	调试	1295

续表

序号	项目	费用
4	EPC 项目管理	7096
5	其他 EPC 成本	18 972
EPC 价格		183 948

注：所有费用按 2008 年 6 月计算。

表 5-37　　运行维护成本估算表　　单位：千欧元 / 年

人工与服务费	705
材料费	1308
易耗品	125
房屋场地租赁	0
日常维护	219
不可预见 / 储备金	55
合计	2412
欧分 /（kW·h）	2.23
合计 /（千欧元 /MW）	28.4
合计 /（欧元 /m^2）	4.7

表 5-38　　归一化发电成本表

内容	单位	参数
电厂容量	MW	85
集热场面积	m^2	510 120
冷却类型		空冷
总发电量	kW·h/ 年	120 278 925
净发电量	kW·h/ 年	108 286 212
自耗电	kW·h/ 年	3 045 870
用气量（低热值）	MBTU/ 年	7709
EPC 价	千欧元	183 948
运行维护成本	千欧元	2412
运行维护附加 15%	千欧元	362
自用电	欧分 /（kW·h）	305
天然气	欧分 /MBTU	12
总运行维护成本	千欧元	3091
发电成本	欧分 /（kW·h）	19.62

注：发电成本在 18 ~ 25 欧分之间。

5.4.3 风力发电

1. 项目概况

该项目位于我国西北地区，场区由一条近似东北—西南走向的山脊及其迎风山头、坡地组成。场区山脊南北长约10.1km，东西宽约2～5km，海拔在2512～2843m之间，土地利用类型主要以林地与耕地为主。

该风电场安装20台单机容量2.5MW的风力发电机组（装机容量50MW），接入已建成的110kV升压站，新增主变100MVA，通过110kV线路接至上级220kV汇流站，长度约28km。

2. 风能资源

场址北部的测风塔测风50m高年平均风速7.9m/s，年平均风功率密度411W/m²；70m高年平均风速8.1m/s，年平均风功率密度430W/m²；风功率密度等级为4级，具有明显的主风能方向WSW（西南西）。

场址东南侧的测风塔测风50m高年平均风速6.9m/s，年平均风功率密度312W/m²；70m高年平均风速6.8m/s，年平均风功率密度302W/m²；风功率密度等级为3级，具有明显的主风能方向SW（南西）。

场区中部的测风塔测风50m高年平均风速5.9m/s，年平均风功率密度183W/m²；70m高年平均风速6.0m/s，年平均风功率密度180W/m²；风功率密度等级为1级，具有明显的主风能方向SW（南西）。

根据建设地气象站1971～2010年的年平均风速资料，绘制当地气象站多年平均风速年际变化直方图，如图5-4所示。

图5-4 建设地气象站风速年际变化直方图（1971～2010年）

由此分析，建设地气象站的年风速变化比较平稳，基本在多年平均值上下小范围浮动。

（1）风速和风能频率分布。通过对测风塔风速和风能频率分布分析，在有效风速段内，70m高度上：塔风速基本集中在3.5～15.4m/s之间，风能集中在7.5～19.4m/s。

风速段内之间，测风塔年有效小时数在7500h左右。

（2）风向频率和风能密度方向分布。通过对测风塔全年风向频率和风能密度方向分布统计，根据测风塔代表年全年风向风速数据系列，绘制测风塔 70m 高度风向、风能玫瑰图，如图 5-5 所示。

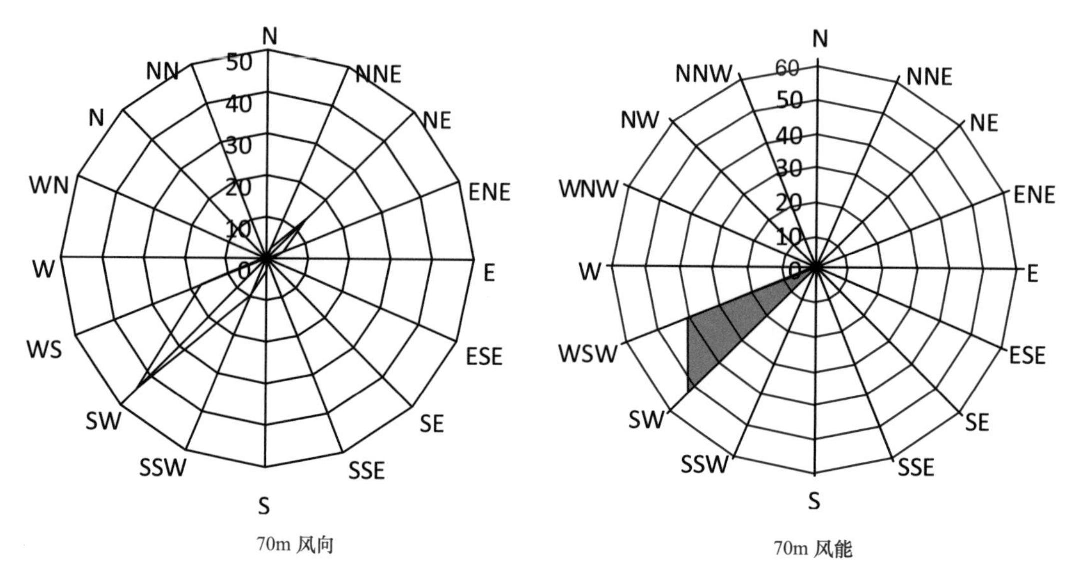

70m 风向　　　　70m 风能

图 5-5　测风塔 70m 测风高度风向和风能玫瑰图

（3）五十年一遇极大风速。根据风电场的实际情况，结合其他风电场的推算方案，得到各个测风塔的 50 年一遇最大、极大风速，结果见表 5-39。

表 5-39　　测风塔 50 年一遇最大风速、极大风速

监测站	高度	70m	50m	30m	10m
建设地	最大风速	40.6	40.8	40.5	39.3
	极大风速	51.4	51.7	52.1	51.9

由上表可知，建设地风电场 50 年一遇 10min 平均最大风速取 40.8m/s，50 年一遇 3s 极大风速取 52.1m/s。经计算，风电场 52.1m/s 风速所产生的风压，相当于低海拔平原地区标准大气压下约 44.4m/s 风速所产生的风压。根据以上风速资料，该风电场宜选择安全等级为 IEC III（50 年一遇极大风速小于或等于 52.5m/s，IEC−61400-1/2005）的风电机组。

3. 工程地质

场区地层主要以玄武岩、砂岩、泥质粉砂岩及第四系残坡积黏性土夹碎石层为主。玄武岩强风化壳较厚，节理裂隙发育，完整性较差，岩石多呈碎石、碎块状，整体承载力较高；第四系残坡积黏性土夹碎石层均匀性较差，结构较松散，承载力及强度较低。

本项目风机基础可采用浅基础。

4. 电气工程

风电场装机容量为 50MW，风电机组经箱式变电站升压至 35kV，通过 35kV 架空集电线路接至 110kV 升压站 35kV 母线，经主变升压至 110kV 后接入当地电力系统。

电气设备按正常持续工作条件选择，三相短路进行校验。在选择主要电气设备时，对设备的额定电流、短路开断电流、最大关合电流峰值、额定峰值耐受电流、额定短时耐受电流和持续时间等参数值的选择需考虑一定的裕度。风电场的电气设备选用高原型产品，风电场电气设备均要求满足在海拔 3000m 运行的要求，接入的 110kV 升压站电气设备均要求满足在海拔 2500m 高程运行的要求。

风机机组区接地装置采用基础接地和人工接地的复合接地体，每台风力发电机组独立敷设复合接地体，风力发电机组与箱式变压器（简称“箱变”）共用复合接地网，接地电阻小于或等于 4Ω。为防止由线路雷电侵入波以及雷电感应过电压和断路器操作时的过电压对电气设备的损坏，在 110kV 输电线路始端、35kV 馈线终端、35kV 的母线、110kV 主变压器高压侧中性点等关键部位装设避雷器。35kV 母线电压互感器柜内加装消谐器，以防止 35kV 母线或输电线路铁磁谐振过电压。

风电场分为三级监控，在各台风力发电机的现场对单机进行监控，在风电场的中央控制室对风电机组及送变电设备集中监控，在云南电网公司调度中心和昆明供电局地调对风电场设备和 110kV 升压站实行远方监控。

（1）发电机组参数选择。发电机组参数见表 5-40。

表 5-40　　发电机组参数表

项目内容		单位	参数
风力发电机组	风电机组型号		WTG1
	单机容量	kW	2500
	叶片数	个	3
	功率调节方式		变桨变速
	风轮直径	m	121
	扫风面积	m^2	11 595
	切入风速	m/s	3
	额定风速	m/s	9.3
	切出风速	m/s	22
	安全风速	m/s	52.5
	轮毂高度	m	90
	风轮转速	r/min	13.5
发电机	形式	—	永磁同步
	额定功率	kW	2650
	功率因数	—	可调
	额定电压	V	690

续表

项目内容	单位	参数
安全等级	—	IECIIIB
塔筒型式	—	钢制锥筒
塔筒重量	t	245.118
基础环重量	t	无

（2）风场年发电量测算。对机组 LWJ-01-20 测算，总理论发电量为 17 285.2 万 kW · h，扣除尾流影响后发电量为 16 997.6 万 kW · h，综合修正后上网电量为 12 239.5 万 kW · h。

（3）电气系统接线（图 5-6）。

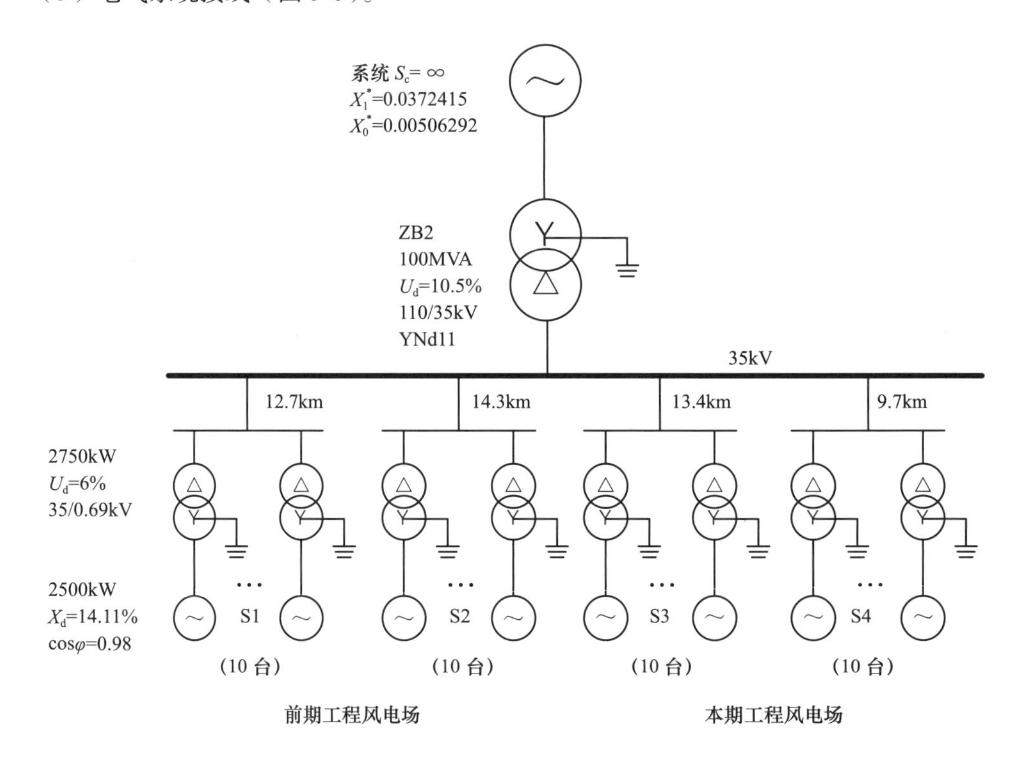

图 5-6　风电场电气系统接线图

（4）主要电气设备（表 5-41）。

表 5-41　　风电场主要电气设备表

序号	设备材料名称	型号及规范	单位	数量	备注
一	风机	2500kW，690V	台	20	
二	箱变部分				

续表

序号	设备材料名称	型号及规范	单位	数量	备注
1	箱式变压器	内装： 35kV 变压器：S11-2750/35GY，2750kVA，Dyn11，U_d=6.5　1 台 35kV 负荷开关：1 只 35kV 限流熔断器：3 只 35kV 带电显示器：1 只 断路器：1 只（0.69kV，63kA） 1kV 变压器：1 台　3kVA 35kV　避雷器：3 只　低压避雷器：3 只　微型断路器：3 只　风机：4 台　电压表：3 只	台	20	
2	1kV 电力电缆	ZC-YJV-0.6/1-1 × 500	m	9800	风机控制柜至箱变，每台 14 根
3	1kV 电缆终端头	电缆截面 1 × 500	个	560	冷缩型
三	35kV 配电装置				
1	35kV 铠装固定式电缆出线开关柜（KGN-40.5）	内装： 断路器：真空断路器，40.5kV，1250A，31.5kA，1 台 隔离开关：GN27-40.5D/1250A，40.5kV，1250A，1 组 GN27-40.5/1250A 40.5kV，1250A，1 组 电流互感器：LZZBJ9-40.5，40.5kV，800/5A，5P30/5P30/5P30，3 组 600/5A，0.5S，1 组 零序电流互感器：LHK-240 接地开关：JN22-40.5，1 组 避雷器：YH5WZ-51/125GY，51kV，附放电计数器：3 只 智能操控显示装置（带测温功能）：AC 220V 1 套 带电显示器：DXN-35，1 套	台	2	
2	35kV 户内冷缩电缆头	3 × 150	个	4	
3	35kV 户外冷缩电缆头	3 × 150	个	4	
4	35kV 电缆	ZC-YJV22-26/35-3 × 150	m	600	
5	35kV 避雷器	YH5WZ-51/125GY，51kV	只	6	
四	风功率预测系统		套	1	
五	国家风电信息上报系统		套	1	

5. 土建工程

本工程装机总容量 50MW，工程等别为Ⅲ等，工程规模为中型。风机轮毂高度为

90m，其安全等级为二级；地基基础设计级别为 2 级，基础抗震设防类别为丙类。

根据场地地质条件和同类机型相关荷载资料，拟定风机基础埋深 3.50m，采用 C35 钢筋混凝土圆形扩展基础，基础直径 21.5m。基础浇筑完成后，基坑采用土石分层回填并夯实到第一台顶部，回填土夯实后容重不低于 $18kN/m^3$。

本工程采用一台风机配备一台箱变的形式，共有箱变基础 20 个。箱变基础为箱式钢筋混凝土结构基础形式，顶部为变压器预埋槽钢，混凝土强度为 C25，基础垫层混凝土为 C15。

风机基础与箱变之间、箱变与出线杆塔的电缆采用直埋形式。直接在原地面进行开挖后埋设电缆，再进行回填。

财务评价及社会效果分析：风电场建成后，年上网电量约 12 239.5 万 kW · h，按上网电价 0.6 元 /（kW · h）（含税）计算，可实现年发电收入 7343.7 万元。财务指标汇总表见表 5-42。

表 5-42　财务指标汇总表

序号	项目名称	单位	数值
1	装机容量	MW	50
2	年上网电量	MW · h	122 395
3	总投资	万元	47 344.89
4	建设期利息	万元	920.88
5	流动资金	万元	150
6	销售收入总额（不含增值税）	万元	125 533.33
7	总成本费用	万元	72 870.06
8	营业税金附加总额	万元	1729.61
9	发电利润总额	万元	59 581.71
10	经营期平均电价（不含增值税）	元 /（kW · h）	0.5128
11	经营期平均电价（含增值税）	元 /（kW · h）	0.6
12	项目投资回收期（所得税前）	年	8.26
13	项目投资回收期（所得税后）	年	8.77
14	项目投资财务内部收益率（所得税前）	%	12.32
15	项目投资财务内部收益率（所得税后）	%	10.86
16	项目投资财务净现值（所得税前）	万元	16 531.77
17	项目投资财务净现值（所得税后）	万元	12 831.1
18	资本金财务内部收益率	%	24.1
19	资本金财务净现值	万元	14 628.59
20	总投资收益率（ROI）	%	7.9
21	投资利税率	%	6.47
22	项目资本金净利润率（ROE）	%	26.36

续表

序号	项目名称	单位	数值
23	资产负债率（最大值）	%	80
24	盈亏平衡点（生产能力利用率）	%	58.5243
25	盈亏平衡点（年产量）	MW · h	71 630.85

5.4.4 生物质发电

1. 项目概况

该项目建设 1 个生物质发电厂，总装机容量为 30MW，生物质资源主要为营林部门每年清林的废弃物、采伐生产区产生废弃树头和枝丫材、滩涂地的灌木及杂草等，采用焚烧减量方式，余热用于发电，其灰渣含钾量较高，直接还田使用。

2. 建设规模

建设规模为 2 × 15MW 纯凝汽式汽轮发电机组配 2 × 75t/h 秸秆直燃循环流化床锅炉。

3. 发电流程

生物质电厂发电流程如图 5-7 所示。

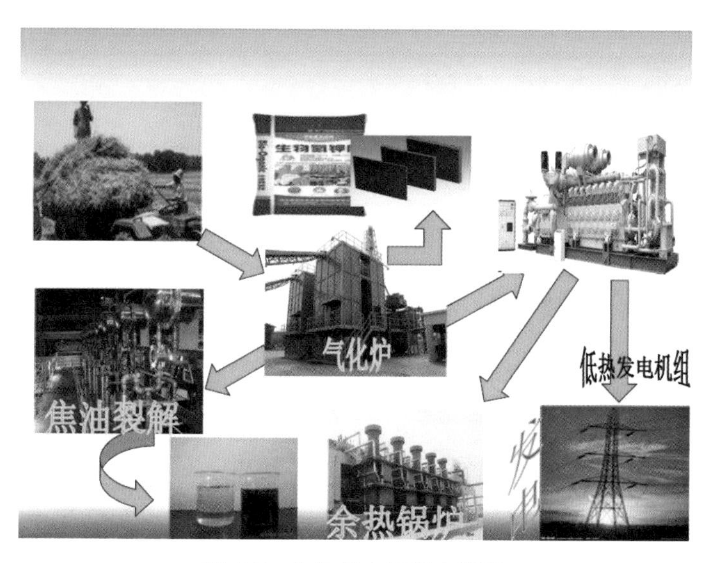

图 5-7 生物质电厂发电流程

4. 主要技术设计原则

（1）生物质电厂按二炉配二机设计，采用树枝直燃循环流化床锅炉，额定蒸发量 75t/h，过热蒸汽压力 5.3MPa，过热蒸汽温度 490℃，给水温度 150℃，效率大于 90%。汽轮机选用次高温次高压 15MW 纯凝汽式汽轮机，配套选用 15MW 汽轮发电机。

（2）电力系统：发电机出线经主变升压至 35kV 接入附近的变电站。

（3）树枝供应：树枝按要求就近晾干、粉碎、打包后用火车 / 汽车运至厂内。

（4）燃油供应：燃用 0 号轻柴油，采用汽车运输。

（5）水源：生产用水采用污水处理厂的中水；电厂生活消防用水采用市政水。

（6）树枝仓库：容量按两台炉燃用 5 天设计。

（7）灰渣：干灰采用气力输送方式，锅炉底渣采用机械输送方式。

（8）机组控制：锅炉和汽机设集中控制室，控制方式为 DCS，控制设备为国产中上等水平。

（9）锅炉采用轻型封闭墙。

（10）采用二次循环供水、自然通风塔冷却系统或机力通风冷却塔系统。

（11）两台炉共用一座烟囱，烟囱高度暂按 80m，根据出口流速确定烟囱出口内径。

（12）主厂房等建筑采用钢筋混凝土结构。

5. 燃料供应

（1）树枝用量分析。该工程以树枝为设计燃料。电厂建设规模为 2×75t/h 树枝直燃循环流化床锅炉配 2×15MW 汽轮发电机组，其燃料消耗量见表 5-43。

表 5-43　燃料消耗量表

	小时用量 /t	日用量 /t	年用量 /（10^4t）
一台锅炉	19.25	385	11.55
二台锅炉	39.5	770	23.1

注：日用量按 20h 计，年用量小时按 6000h 计。

（2）树枝成分分析。对树木枝条成分、发热量、熔点等进行分析。

6. 机组选型

（1）锅炉形式：循环流化床炉、全钢结构、平衡通风、自然循环汽包炉。

（2）汽轮机参数（表 5-44）。

形式：次高温次高压参数、纯凝汽式。

型号：N12-4.90。

转速：3000r/min。

表 5-44　汽轮机主要技术参数表

序号	项目	单位	数值
1	发电功率	MW	12
2	主蒸汽压力	MPa	4.90
3	主蒸汽温度	℃	485

（3）发电机参数（表 5-45）。

形式：水、空冷式。

型号：QF2-12-2。

表 5-45 发电机主要技术参数表

序号	项目名称	单位	数据
1	额定功率	MW	15
2	额定电压	kV	10.5 或 6.3
3	额定电流	A	
4	额定转速	r/min	3000
5	额定频率	Hz	50
6	功率因数		0.8

7. 工程投资估算

2×75t/h+2×15MW 机组静态总投资为 24 000 万元，单位投资为 8000 元 /kW。

8. 财务评价

（1）经济评价期：建设期为 1 年，经营期 20 年。

（2）发电能力：本电厂达到设计能力时，年发电量为 18 000×10^4kW·h，年供电量为 15 840×10^4kW·h。

（3）成本数据。

人工费：全厂设计定员 90 人，人均工资标准 40 000 元 /（人·年）。

固定资产折旧费：按折旧年限 15 年和残值率 5% 计算。

摊销费：无形资产分 10 年摊销，递延资产分 5 年摊销。

修理费：按固定资产原值的 2.5% 计算。

其他辅助材料：按 6 元 /（MW·h）计算。

水费：按 3.5 元 /（MW·h）计算水费。

树枝：250 元 /t（含税价），年利用树枝（以林弃物为主）23.1 万 t。

其他费用：12 元 /（MW·h）。

（4）税、费。

增值税：热销项税按 13% 税率计算，电销项税按 17% 税率计算，秸秆进项税按 13% 税率计算，材料进项税按 17% 税率计算，水进项税按 6% 税率计算。

城市维护建设税和教育附加税：按应缴增值税的 7% 和 4% 计算。

所得税：按 33% 计算。

公积金和公益金分别按照税后利润的 10% 和 5% 计取。

（5）供电价。该工程属环保型可再生能源工程，享受国家有关优惠电价政策：根据发改价格（2010）1579 号文，对农林生物质发电项目实行标杆上网电价政策。统一执行标杆上网电价 0.75 元（含税）/（kW·h）。

其余参数，参考同容量机组数据，包括成本类及损益类数据。

综合技术经济指标见表 5-46。

表 5-46　　综合技术经济指标

经济指标	单位	指标值
项目总投资	万元	24 000
工程单位造价	元 /kW	8000
内部收益率	%	9.79
投资回收期	年	6.70
投资利税率	%	14.02
投资利润率	%	13.73
电价（不含税）	元 /（kW · h）	0.75

5.4.5　微电网

新能源微电网是基于局部配电网建设的，风、光、天然气等各类分布式能源多能互补的智慧型能源综合利用局域网，具备较高新能源电力接入比例，可通过能量存储和优化配置实现本地能源生产与用能负荷基本平衡，可根据需要与公共电网灵活互动且相对独立运行。

微电网是一种新型网络结构，一般由分布式发电（DG）装置、负荷装置、储能装置及控制装置四部分组成，对外是一个整体，通过一个公共连接点（Point of Common Coupling, PCC）与电网相连。

微电网的组成及结构如图 5-8 所示。

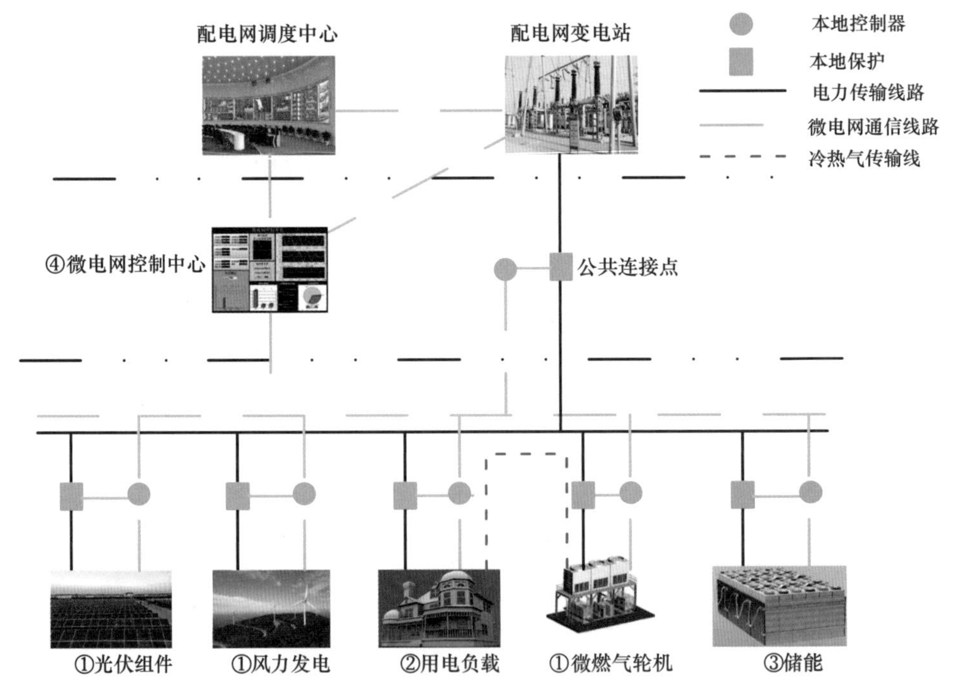

图 5-8　微电网的组成及结构

分布式发电：可以是以新能源为主的多种能源形式，如光伏发电、风力发电、余热发电、燃料电池；也可以是以热电联产或冷热电联产形式存在。

负荷：包括各种一般负荷和重要负荷。

储能装置：可采用各种储能方式，包括物理储能、化学储能、电磁储能等，用于新能源发电的能量存储、负荷的削峰填谷，微电网的“黑启动”。

控制装置：由控制装置构成控制系统，实现分布式发电控制、储能控制、并离网切换控制、微电网实时监控、微电网能量管理等。

目前，我国国内已有众多高校、科研机构和企业建设了一批以风、光为主要新能源发电形式的微电网示范工程，这些微电网示范工程大致可分为三类：边远地区微电网、海岛微电网和城市微电网。

1. 边远地区微电网

我国边远地区人口密度低、生态环境脆弱，扩展传统电网成本高，采用化石燃料发电对环境的损害大。但边远地区风光等可再生能源丰富，因此利用本地可再生分布式能源的独立微电网是解决我国边远地区供电问题的合适方案。目前我国已在西藏、青海、新疆、内蒙古等省份的边远地区建设了一批微电网工程，解决当地的供电困难，部分微电网见表5-47。

表5-47　边远地区微电网示范工程

名称/地点	系统组成	主要特点
西藏阿里地区狮泉河微电网	10MW光伏电站，6.4MW水电站，10MW柴油发电机组，储能系统	光电、水电、火电多能互补；海拔高、气候恶劣
西藏日客则地区吉角村微电网	总装机1.4MW，由水电、光伏发电、风电、电池储能、柴油发电机组构成	风光互补；海拔高、自然条件艰苦
西藏那曲地区丁俄崩贡寺微电网	15kW风电，6kW光伏发电，储能系统	光伏互补；西藏首个村庄微电网
青海玉树州玉树县巴塘乡10MW级水光互补微电网	2MW单轴跟踪光伏发电，12MW水电，15.2MW储能系统	兆瓦级水光互补，全国规模最大的光伏微电网电站之一
青海玉树州杂多县大型光伏储能微电网	3MW光伏发电，3MW/12MW·h双向储能系统	多台储能变流器并联，光储互补协调控制
青海海北州门源县智能光储路灯微电网	集中式光伏发电和锂电池储能	高原农牧地区首个此类系统，改变了目前户外铅酸电池使用寿命在两年的状况
新疆吐鲁番新城新能源微电网示范区	13.4MW光伏容量（包括光伏和光热），储能系统	当前国内规模最大、技术应用最全面的太阳能利用与建筑一体化项目
内蒙古额尔古纳太平林场微电网	200kW光伏发电，20kW风电，80kW柴油机组发电，100kW·h铅酸蓄电池	边远地区林场可再生能源供电解决方案
内蒙古呼伦贝尔陈巴尔虎旗微电网	100kW光伏发电，75kW发电，25kW×2h储能系统	新建的移民村，并网型微电网

2. 海岛微电网

我国拥有超过7000个面积大于500m^{2}的海岛，其中超过450个岛上有居民。这些海岛大多依靠柴油发电在有限的时间内供给电能，目前仍有近百万户沿海或海岛居民生活在缺电的状态中。考虑到向海岛运输柴油的高成本和困难性以及海岛所具有的丰富可再生能源，利用海岛可再生分布式能源、建设海岛微电网是解决我国海岛供电问题的优选方案。从更大的视角看，建设海岛微电网符合我国的海洋大国战略，是我国研究海洋、开发海洋、走向海洋的重要一步。相比其他微电网，海岛微电网面临独特的挑战，包括：①内燃机发电方式受燃料运输困难和成本及环境污染因素限制；②海岛太阳能、风能等可再生能源间歇性、随机性强；③海岛负荷季节性强、峰谷差大；④海岛生态环境脆弱、环境保护要求高；⑤海岛极端天气和自然灾害频繁。为了解决这些问题，我国建设了一批海岛微电网示范工程，在实践中开展理论、技术和应用研究，部分示范工程见表5-48。

表5-48　　海岛微电网示范工程

名称 / 地点	系统组成	主要特点
广东珠海市东澳岛兆瓦级智能微电网	1MW光伏发电，20kW风力发电，2MW・h铅酸蓄电池	与柴油发电机和输配系统组成智能微电网，提升全岛可再生能源比例至70%以上
广东珠海市担杆岛微电网	5kW光伏发电，90kW风力发电，100kW柴油机组发电，10kW波浪发电，442kW・h储能系统	拥有我国首座可再生独立能源电站；能利用波浪能；具有60t/天的海水淡化能力
浙江东福山岛微电网	100kW光伏发电，210kW风力发电，200kW柴油机组发电，1MW・h铅酸蓄电池	我国最东端的有人岛屿；具有50t/天的海水淡化能力
浙江南麂岛微电网	545kW光伏发电，1MW风力发电，1MW柴油机组发电，30kW海洋能发电，1MW・h铅酸蓄电池储能系统	能够利用海洋能；引入了电动汽车充电站、智能电能表、用户交互等先进技术
浙江鹿西岛微电网	300kW光伏发电，1.56MW风力发电，1.2MW柴油机组发电，4MW・h铅酸电池储能系统，500kW×15s超级电容储能	具备微电网并网与离网模式的灵活切换功能
海南三沙市永兴岛微电网	500kW光伏发电，1MW・h磷酸铁锂电池储能系统	我国最南方的微电网

3. 城市微电网及其他微电网

除了边远地区微电网和海岛微电网，我国还有许多城市微电网示范工程，重点示范目标包括集成可再生分布式能源、提供高质量及多样性的供电可靠性服务、冷热电综合利用等。另外还有一些发挥特殊作用的微电网示范工程，例如江苏大丰的海水淡化微电网项目。我国部分城市微电网及其他微电网的基本情况和特点见表5-49。

表 5-49　　城市微电网及其他微电网示范工程

名称 / 地点	系统组成	主要特点
天津生态城二号能源站综合微电网	400kW 光伏发电，1489kW 燃气发电，300kW · h 储能系统，2234kW 地源热泵机组，1636kW 电制冷机组	灵活多变的运行模式；点冷热协调综合利用
天津生态城公屋展示中心微电网	300kW 光伏发电，648kW · h 锂离子电池储能系统，2 × 50kW × 60s 超级电容储能系统	“零能耗”建筑，全年发用电量总体平衡
江苏南京供电公司微电网	50kW 光伏发电，15kW 风力发电，50kW 其实蓄电池储能系统	储能系统可平滑风光处理波动；可实现并网 / 离网模式的无缝切换
浙江南都电源动力公司微电网	55kW 光伏发电，1.92MW · h 其实蓄电池 / 锂电池储能系统，100kW × 60s 超级电容储能系统	电池储能主要用于“削峰填谷”；采用集装箱式，功能模块化，可实现即插即用
河北承德市生态村微电网	50kW 光伏发电，60kW 风力发电，128kW · h 锂电池储能系统，3 × 300kW 燃气轮机	为该地区广大农村户提供电源保障，实现双电源供电，提高用电电压质量，冷热电三联供技术
北京延庆智能微电网	1.8MW 光伏发电，60kW 风力发电，3.7MW · h 储能系统	结合我国配网结构设计，多级微电网结构，分层管理，平滑实现并网 / 离网切换
国网河北省电科院光储热一体化微电网	190kW 光伏发电，250kW · h 磷酸铁锂电池储能系统，100kW 超级电容储能，电动汽车充电桩，地源热泵	接入地源热泵，解决其启动冲击性问题；交直流混合微电网
江苏大丰市发电淡化海水微电网	2.5MW 风力发电，1.2MW 柴油机组发电，1.8MW · h 铅酸蓄电池储能系统，1.8MW 海水淡化负荷	研发并应用了世界首台大规模发电直接提供负载的孤岛运行控制系统

实例：浙江舟山东福山岛

浙江省电力试验研究院设计的浙江东福山岛风光柴海水淡化综合系统，安装 7 台单机容量 30kW 的风力发电机组、100kW 的光伏发电系统及一套 50t/d 海水淡化系统，总装机容量 300kW，并装设有蓄电池组进行调节，是目前国内最大的离网型综合微电网系统。工程采用了交直流混合微电网，综合考虑最大化利用可再生能源减少柴油发电，同时兼顾蓄电池使用特性最大化延长使用寿命的运行策略。

5.5　充电桩、充电站应用推广及设计

5.5.1　发展现状

电动汽车作为一种发展前景广阔的绿色交通工具，当前的普及速度异常迅猛，未来的

市场前景也是异常巨大的。在全球能源危机和环境危机严重的大背景下，我国政府积极推进新能源汽车的应用与发展，充电桩/充电站作为发展电动汽车所必需的重要配套基础设施，具有非常重要的社会效益和经济效益。

我国新能源汽车在2015年进入爆发周期，2015年国内新能源汽车产销分别达到34万辆和33万辆，同比增长3.3倍和3.4倍。由于社会各界对绿色环保的进一步重视，2016年有着更高的增长率。

与新能源汽车的爆发相比，当前充电基础设施建设远远落后。截至2015年底，国内已建成的充电站3600座，公共充电桩4.9万个，车桩比大约为9∶1，按照新能源汽车与充电桩1∶1的标准配比来看，充电基础设施建设缺口巨大。与新能源汽车的补贴和政策推广有序推进不同，充电设备之前用地、电力设施、补贴、运营模式等规划均未明确，因此建设节奏有所落后。随着新能源汽车销量的持续上扬，充电桩/充电站建设缺口将进一步加大，对新能源汽车的推广形成制约，充电桩/充电站加速建设已经迫在眉睫。

5.5.2 国家政策指导

自2015年下半年起，国家明确了对充电设施的规划和建设指南，出台了《关于加快电动汽车充电基础设施建设的指导意见》和《电动汽车充电基础设施发展指南（2015—2020年）》两个纲领性文件，提出了充电桩建设要按照“桩站先行”的原则，适度超前建设，并对达到新能源汽车推广量的省市实行充电设施建设的奖励，促进车和桩的共同发展。

2015年10月，国家发改委、能源局、工信部和住建部四个部门联合印发了《电动汽车充电基础设施发展指南（2015—2020年）》，制定了未来5年充电设施发展的基本规划和重点发展方向，该规划将开启充电设施建设高速成长的大门，充电网络的布局将全面铺开并不断完善。

文件提出到2020年，国内新增集中式充电站1.2万座，分散式充电桩480万个，以满足全国500万辆电动车的充电需求。文件将建设区域分为了加快发展地区、示范推广地区和积极促进地区，提出分区域的建设目标：同时文件分场所对充电桩建设进行了目标规划。文件对于充电站的分场所规划为，公交、出租及环卫物流的充电站为8800座，城市公共充电站2400座，城际快充站800座，分场所的充电桩规划为50万个分散式公共充电桩，430万个用户专用充电桩。

国家能源局发布的《2016年能源工作指导意见》中提到，2016年计划建设充电站2000多座，分散式公共充电桩10万个，私人专用充电桩86万个，各类充电设施总投资300亿元。到2020年国内充电站数量达1.2万个，充电桩达450万个。从能源工作指导意见的规划来看，预计未来5年的充电设施建设规模分布将较为平均，每年新增2000座充电站和100万个分散式充电桩左右，未来5年充电设施的总投资将在千亿以上。相较于2015年的建设规模，2016年的充电设施建设规模将出现大幅跳升。

5.5.3 众多标准出台引领技术进步

国内的充电网络之前面临的问题包括充电接口不统一等，各家企业在充电桩建设中各自跑马圈地，采用的充电设施接口标准不同，充电设备的兼容性存在一定的问题，不同车厂的充电桩只能适配自己的汽车，一定程度上限制了充电桩的发展，对于充电运营商而言也会降低设备的利用率。

2015年12月，质检总局、国家标准委联合国家能源局、工信部、科技部等部门在北京发布新修订的电动汽车充电接口及通信协议5项国家标准，新标准于2016年1月1日起实施。五项标准分别为《电动汽车传导充电系统 第1部分：一般要求》《电动汽车传导充电用连接装置 第1部分：通用要求》《电动汽车传导充电用连接装置 第2部分：交流充电接口》《电动汽车传导充电用连接装置 第3部分：直流充电接口》《电动汽车非车载传导式充电机与电池管理系统之间的通信协议》。新标准对充电接口和通信协议进行了全面系统的规范，在安全性和兼容性方面进行了有效提升。具体体现在以下方面：

（1）在安全性方面，新标准增加了充电接口温度监控、电子锁、绝缘监测和泄放电路等功能，细化了直流充电车端接口安全防护措施，明确禁止不安全的充电模式应用，能够有效避免发生人员触电、设备燃烧等事故，保证充电时对电动汽车以及使用者的安全。

（2）在兼容性方面，交直流充电接口型式及结构与原有标准兼容，新标准修改了部分触头和机械锁尺寸，但新旧插头插座能够相互配合，直流充电接口增加的电子锁止装置，不影响新旧产品间的电气连接，用户仅需更新通信协议版本，即可实现新供电设备和电动汽车能够保障基本的充电功能。

新标准的实施解决了各家企业各自为战，车和桩不能良好匹配的情况，为充电设施在全国范围内大规模推广构建扎实的基础，降低因不兼容而造成的社会资源浪费，能够有效提升充电设备的利用率。同时充电设施新标准对安全性和兼容性提出更高的要求，这也是对充电设备制造企业提出更高的要求，行业集中度将有所提升，拥有较强技术实力的企业能够迎来更广阔的发展空间。对于充电运营企业来说，充电标准的统一扫清了新能源汽车与充电接口不匹配的问题，减少了充电资源的闲忙不均情况，也有利于运营市场的打开。

5.5.4 国家投资将大幅增长

国网充电网络建设的全面铺开意味着国网充电设备招标的规模将快速增长。国网在2015年进行了三批充电设备的招标，下半年最后一次招标规模显著扩大，与国家推进充电基础设施建设的进程一致，2015年国网充电桩总招标金额在15亿元左右，预计2016年国网充电桩招标金额将达到50亿元左右，同比增长将达到200%以上。

从2015年国网充电桩的中标情况来看，共有16家企业入围了国网的招标，其中国网旗下的企业依然占据主导地位，但同时国网系以外的民营企业同样收获一定的市场份额，且每家企业整体的中标情况相对平均。

国网招标中，中标企业整体情况较为稳定，其中几家国网系的企业占据将近一半的市场份额，在另一半的市场中国网系统外的各家企业进行分配，上市公司中包括中恒电气，浙江万马等获得相对较多的市场份额。国网充电设备招标预计在2016年将出现大幅增长，对于能够在国网充电设备招标中占据一定份额的企业将形成较大的利好。

与网外市场相比，国网充电设备的招标价格优势明显，目前网外市场直流充电桩的价格略低于1元/W，而从2015年国网招标的情况来看，国网直流充电桩的价格基本稳定在1.5~1.8元/W，因此对于进入国网招标的充电设备厂商而言，盈利能力与网外市场相比有较大程度的提升，我们认为与网外市场激烈的竞争相比，国网充电桩的招标价格将相对保持稳定，不会出现大幅下降，2016年国网招标放量，中标企业业绩将有较大提升空间。

2016年电源项目第二次招标中，充电设备招标6600多套，直流充电设备占据了主导地位，我们认为国网主要将加快高速公路城际充电及城市快充站的布局，因此2016年全年招标中，直流充电设备将继续保持较高份额。

预计国网系企业将继续保持稳定的中标占比，但随着招标总量的放大，国网系以外的企业中标量也有所提升。对于整体经营规模较小的企业而言，如能在国网2016年的充电设备招标中保持稳定的份额，将会带来较大的业绩弹性，快速提升盈利水平。

5.5.5 建设模式细分促进市场多方发展

在国家政策的指导下，根据各地市场的需求不同，当前充电桩、充电站的建设分为三种模式：

（1）供电公司直接投资。对列入了国网计划的充电桩/充电站，一般采取供电公司直接投资建设的模式，由政府规划解决用地条件，通过基础设施建设补贴来实现，所有的投资及建设都由政府（供电公司）承担。

（2）用户直接报装、接表。对有建设条件（固定停车位）的零散个人用户，一般可采用用户直接报装、供电局单独挂表，供电公司负责表前的所有投资和建设，用户负责表后的投资和安装，当然，供电桩本身也是由用户购买。通过多地调研了解到，供电公司对用户直接报装均要求，用户具备住房和车位的产权证，对租赁的住房和车位，供电局一般不提供此项服务。

（3）社会投资建设。社会资金投资建设这是当前充电桩/充电站快速推广的主要模式，社会投资即包括房地产开发商在项目开发上，根据规划配套要求，必须建设的充电桩/充电站，也包括专门投资充电桩/充电站的社会资本，以盈利方式投入的充电桩/充电站建设。

社会投资的充电桩/充电站盈利，不是以收电费和服务费为手段，因为充电功能本身并不具备经济权重，单纯靠充电桩来收取充电服务费的投资回报率很低，目前国内的电动车充电所交电费由两部分组成：即电费（电价有高、低、平峰三种不同时间设置不同价格）+充电服务费[0.9~1.5元/（kW·h），具体由充电桩运营企业设置]。

以广州塔充电站为例，一般来说一辆小型电动车充满电的总费用在35~60元。广州塔充电桩详细电费收费如下：

高峰时段：14：00~17：00，19：00~22：00，基本电价1.2元/（kW·h）。

平段时段：08：00~14：00，17：00~19：00，22：00~24：00，基本电价0.7元/(kW·h)。

低谷时段：0：00 ~ 08：00，基本电价 0.38 元 /（kW · h）。

根据行业测算，一个普通充电桩成本为 1 万 ~ 3 万元，一个快速充电桩成本为 10 万 ~ 20 万元。而一个包含有 10 台充电机的充电站，在不计算土地使用费的情况下，仅基础设施、配电设施、运营三方面的综合成本就在 500 万元左右。如果纯粹按收取充电服务费来收成本，暂时是不具体经济上的可行性的。

目前充电桩 / 充电站除了国家政策补贴外，其自身主要的盈利方式包括：

（1）充电桩平面广告媒体。在充电桩上安装液晶屏或广告灯箱，顺便在这些地方宣传新能源和充电桩使用方法、注意事项、安全须知、停车指示、服务推送等内容。在闹市区一天的广告费就足够交一周的电费了。

（2）充电管理系统和手机 APP。通过给新能源车辆的车主发放办理充电卡来对相关费用进行统一结算，并通过预付费获得现金流量。手机 APP 可以获得一批优质客户信息，通过统计充电时间清洁出行距离等方式增加客户依赖度，可以推送广告内容和相关服务。

（3）车位经营。社会投资介入到充电桩 / 供电站的建设，就有可能直接介入到新能源立体车库建设中去，使用最简单的升降车库就能使车位数量瞬间翻 *N* 倍，通过停车费预售（或现金流）即可解决充电桩 / 充电站全生命周期的费用。

（4）安保维护。充电桩上设置摄像头、移动感应器等设备扩展服务深度，增加安全保障。在安保维护上，也具备收费的空间。

（5）网络 WiFi。现在的充电桩 / 充电站都已具备联网的条件，那么提供公共 WiFi 服务也成为可能，欢迎界面还可做广告以增加收入。若车主不放心，可以用车辆连上网随时传送周边图像，了解车辆状态。汽车厂商也可以给汽车加上点远程遥控功能，为送快递提供收货及保管。

（6）开展其他设备充电、用电服务。比如手机电、充电宝、笔记本等设备，可以把设备放在充电桩 / 充电站的柜子里无需人长期值守。既然有了柜子，那么还可以开展物品临时寄存服务，使用手机 APP 输入密码开锁或控制充电线通断。

（7）滑板车踏板车等便携交通工具租赁。汽车的车主也许距离目的地还有一段距离，也许他们所在的工作单位没有充电桩，也许他们要去的目的地特别拥挤，只好把车停在这里，那么充电桩 / 充电站就给他们解决最后几千米！电动滑板车、自行车、平衡车等多种选择，以提供盈利模式。

5.5.6 规划及设计的技术要点

1. 电动汽车充电设施的配比

电动汽车充电设施的配比问题是充电桩设计的重要指标，关系到技术、经济两方面问题。充电设施的规划需符合城市规划和电动汽车充电设施发展规划的要求，统一规划，并与配电网规划相结合。电动汽车充电设施的配比主要包括充电设施配置比例和交直流充电桩配置比例两个方面。

（1）充电基础设施配置比例。充电基础设施在各类建筑物停车场的配置数量按当地规定执行，若当地没有规定的可参考表 5-50。

表 5-50　　电动汽车充电设施配比

<table>
<tr><th>建筑类型</th><th>配置充电设施配比</th><th>预留充电设施配比</th><th>依据</th></tr>
<tr><td>新建建筑物的配建停车场</td><td>≥ 10%</td><td>≥ 10%</td><td rowspan="4">综合国务院文件和深圳地标、国网公司等标准</td></tr>
<tr><td>改建、扩建建筑物的配建停车场</td><td>≥ 5%</td><td>≥ 10%</td></tr>
<tr><td>政府办公楼停车场</td><td>≥ 20%</td><td>≥ 10%</td></tr>
<tr><td>医院、学校等公共事业单位停车场</td><td>≥ 10%</td><td>≥ 10%</td></tr>
<tr><td>新建住宅配建停车场</td><td colspan="2">100% 建设充电设施或预留建设安装条件</td><td rowspan="2">国办发〔2015〕73 号</td></tr>
<tr><td>大型公共建筑配建停车场</td><td colspan="2">不低于 10% 的车位建设充电设施或预留建设安装条件</td></tr>
</table>

（2）交、直流充电桩配置比例。交、直流充电桩配置比例配比涉及投资，如当地没有规定，交流充电桩与非车载充电机（直流充电桩）的配比可参考表 5-51。

表 5-51　　电动汽车充电设施交直流配比

<table>
<tr><th>建筑类型</th><th>交流桩与直流桩比例</th><th>备注</th></tr>
<tr><td>别墅</td><td>每户只配置或预留配置交流充电桩条件</td><td>包括独栋别墅、联排别墅</td></tr>
<tr><td>别墅小区</td><td>公共停车位交直流充电设备比例 1 ∶ 1</td><td>满足住户或访客快充要求</td></tr>
<tr><td>普通住宅小区</td><td>8 ∶ 1 ~ 4 ∶ 1</td><td>参考日本配置比例</td></tr>
<tr><td>政府办公楼</td><td>10 ∶ 1 ~ 4 ∶ 1</td><td>公安巡逻用的电动汽车充电站宜取上限值</td></tr>
<tr><td>其他办公楼</td><td>8 ∶ 1 ~ 4 ∶ 1</td><td>非车载充电机主要满足访客需求</td></tr>
<tr><td>大型商业及商业综合体</td><td>6 ∶ 1 ~ 4 ∶ 1</td><td>非车载充电机主要满足顾客需求</td></tr>
<tr><td>高等级酒店</td><td>8 ∶ 1 ~ 4 ∶ 1</td><td>非车载充电机主要满足访客、就餐顾客、会议嘉宾等需求</td></tr>
<tr><td>医院</td><td>6 ∶ 1 ~ 4 ∶ 1</td><td>非车载充电机主要满足看病患者家属需求</td></tr>
<tr><td>学校</td><td>10 ∶ 1 ~ 4 ∶ 1</td><td>满足教职员工充电需求，大中小学有差别，大学还需考虑学生充电要求</td></tr>
<tr><td>体育场馆</td><td>10 ∶ 1 ~ 6 ∶ 1</td><td>非车载充电机主要满足观众的需求</td></tr>
<tr><td>航站楼</td><td>8 ∶ 1 ~ 4 ∶ 1</td><td>非车载充电机主要满足旅客的需求</td></tr>
<tr><td>火车站、候船楼、长途汽车站等</td><td>12 ∶ 1 ~ 8 ∶ 1</td><td>非车载充电机主要满足旅客的需求</td></tr>
<tr><td>美术馆、展览馆、会展中心等</td><td>8 ∶ 1 ~ 4 ∶ 1</td><td>非车载充电机主要满足观众的需求</td></tr>
<tr><td>其他大型公共建筑配建停车场</td><td>不低于 8 ∶ 1</td><td rowspan="2">非车载充电机主要满足访客快充的需求</td></tr>
<tr><td>园区公共停车位</td><td>不低于 8 ∶ 1</td></tr>
</table>

2. 负荷计算及变压器装机容量选择

（1）负荷计算原则。

1）方案设计阶段可根据电动汽车停车位进行负荷估算，初步设计及施工图设计阶段，宜采用需要系数法进行负荷计算。

2）现有停车位配建充电设施应考虑变压器容量及用电高峰时变压器负载率。

（2）充电设施专用变压器容量计算（近远期电动车充电停车位配建比例为20%，45%；慢快充配建比例按10∶1）

$$S\sum=K_tK_xC_n（K_nP_n+K_mP_m）/（\eta\cos\varphi）$$

式中　$S\sum$——变压器总安装容量（kV·A）；

η——变压器负载率，取0.65～0.75；

$\cos\varphi$——补偿后功率因数，取0.95；

P_n——交流充电桩（慢充）安装功率，取7kW；

P_m——直流充电桩（快充）安装功率，取30kW（或60kW）作为基数（一般有30kW、45kW、60kW、75kW、90kW、105kW、120kW）；

K_n——慢充停车位配置数量比例系数（即：实际慢充停车位数量/小区规划停车位数量），近期系数取0.20，远期系数取0.45，其比例系数基于慢快充比例10∶1；

K_m——快充停车位配置数量比例系数（即：实际快充停车位数量/小区规划停车位数量），近期系数取0.02，远期系数取0.045；

K_x——充电桩需要系数，充电桩数量（慢充+快充），5～10个，取0.75～0.85；10～50个，取0.55～0.65；50个以上，取0.4～0.45；直流桩K_x值可取0.14～0.68，充电比较繁忙的公共场所建议取上限值；

K_t——充电桩同时使用系数，充电桩数量（慢充+快充），5～50个，取0.85～0.90；50个以上，取0.6～0.7；

C_n——小区规划停车位数量。

目前，充电设备在国内大范围应用还比较少，没有先例可查，同时系数K_t和需要系数K_x很难选取。K_t和K_x的选取主要与下面因素有关：

1）电动车的使用情况：目前电动汽车总体数量不多，充电设备本身的利用率不高；各建筑具体情况各不相同。

2）即使同时充电，各电动车之间的电池状态、性能等各不相同。

3）另外，小区交流充电桩（慢充）和直流充电桩（快充）一般使用时间在不同时段。

设计人员应结合各地电动汽车的发展情况和工程实际，合理选取。

第6章 绿色建筑电气节能环保技术

自20世纪60年代美国建筑师保罗·索勒瑞首次提出“绿色建筑”概念以来，经历近60年的发展，各国先后研究制定了相应的绿色建筑评价体系，如英国BREEAM、美国LEED、德国DGNB、中国GBL、澳大利亚Green Star、日本CASBEE、新加坡Green Mark等。目前世界范围内，各类绿色建筑认证项目超过60万个，认证建筑面积超过10亿m^2。

6.1 绿色建筑节能环保技术的现状

6.1.1 绿色建筑的内涵

绿色建筑概念的描述见表6-1和图6-1。

表6-1　　绿色建筑概念描述

序号	来源	具体概念	关注点及关键词
1	美国绿色建筑委员会（USGBC）	绿色建筑是实现建筑环境更高性能水平的建筑。此类建筑环境营造更有活力的社区、更健康的室内与室外空间、更亲密的接触自然。绿色建筑力求在主流的规划、设计、建造与运营实践中实现永久性转变，从而实现影响较低、可持续性更好、可再生的建筑环境	促进社区、室内与室外空间、与大自然的联系

续表

序号	来源	具体概念	关注点及关键词
2	美国环境保护署（US EPA）	绿色建筑是指在整个建筑的生命期，从选址、设计、建设、运营、维护、改造到解构的全过程，使用对环境负责和资源节约的建筑。这种做法扩展并补充了传统建筑设计对经济性、实用性、耐用性和舒适性的关注。绿色建筑也被称为可持续或高性能建筑	保护环境、资源节约、经济性、实用性、耐用性和舒适性
3	中国《绿色建筑评价标准》GB/T 50378	绿色建筑是指在建筑的全寿命期内，最大限度地节约资源（节能、节地、节水、节材）、保护环境和减少污染，为人们提供健康、适用和高效的使用空间，与自然和谐共生的建筑	健康、适用、高效的使用空间、与自然和谐共生
4	维基百科	绿色建筑指建筑在全生命期内，实现提高建筑物所使用资源（能量、水及材料）的效率，同时减低建筑对人体健康与环境的影响，从而实现更好的选址、设计、建设、操作、维修及拆除	提高资源利用率、降低对人体和环境的影响

由此可见，各个组织对绿色建筑的定义基本一致，主要涉及一些共有的关键概念，例如“可持续发展、节约能源、环境影响低”等（图6-1）。其目标是“健康舒适的人居环境、最少的自然资源消耗和最小的外界环境影响”。绿色建筑强调“以人为本”，关注人与自然、与环境的关系，保证人与自然、与建筑的协调和平衡。

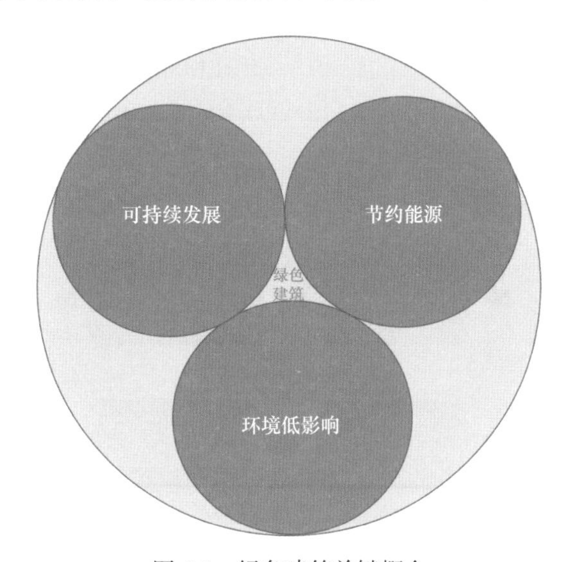

图6-1　绿色建筑关键概念

“健康、适用和高效的使用空间”要求建筑空间设计为人们提供舒适的生活和工作环境，减少建筑建材本身产生对人体有害的因素，例如放射性元素、甲醛等，建筑格局、视野、层次满足不同的功能空间，各功能空间同时达到最高效率的使用，也是实施建筑活动的基本要求之一。

“与自然和谐共生”要求人、建筑和自然的可持续性协调发展，不仅仅是人利用自然资源发展建筑的关系，更是共同发展、合理平衡的关系，不仅仅是采用绿色植物点缀建筑空间的关系，更是人实现建筑过程中与当地的自然风景、人文气候等各方面互相融入、相得益彰的关系，兼顾经济效益、社会效益和环境效益，创造共赢的良好局面。

6.1.2 绿色建筑的发展现状

经过近 60 年的发展，绿色建筑呈现了两大显著特征：

（1）世界各地均因地制宜的研究开发了各自的绿色建筑评估体系，自英国建筑研究院开发出世界上第一个绿色建筑评估体系 BREEAM 之后，美国、德国、日本、中国、新加坡等国家相继制定了 LEED、DGNB、CASBEE、GBL 和 Green Mark 等绿色建筑评价体系（标准）。

（2）随着绿色建筑理念的深入人心，绿色建筑认证项目在全世界范围内皆突飞猛进式的增长，当前通过 BREEAM 认证的项目将近 55 万个，通过 LEED 认证的项目超过 5 万个，通过中国绿色建筑星级认证的项目超过 4000 个。

6.1.2.1 国际绿色建筑的发展现状

21 世纪以来，西方发达国家开始建立绿色建筑评价体系与评估系统。其主旨在于通过具体评估，技术定量客观地描述绿色建筑中“节能率、节水率、减少温室气体排放、材料的生态环境性能以及建筑经济性能”等指标来指导建筑设计，为决策者和规划者提供参考标准和依据。自从英国的绿色建筑评价标准——BREEM 问世之后，世界上许多国家陆续出台了自己的绿色建筑标准，例如美国的 LEED、日本的 CASBEE、德国的 DGNB、新加坡的 Green Mark 等。其中，影响最广泛的当属美国的 LEED。

世界绿色建筑发展时间轴如图 6-2 所示。

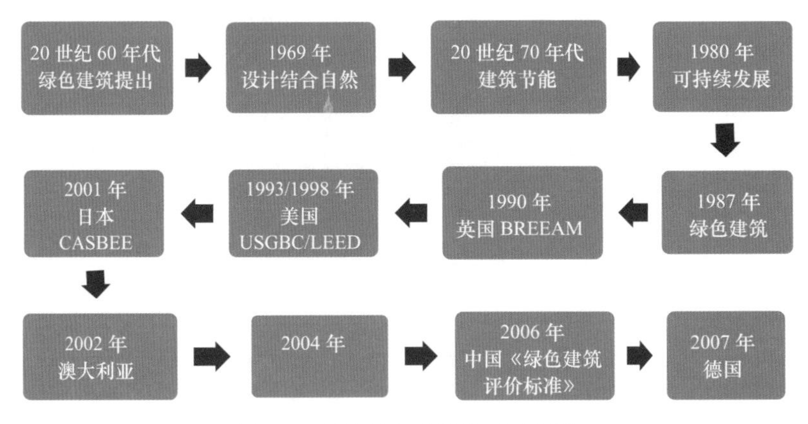

图 6-2 世界绿色建筑发展时间轴

早在 20 世纪 60 年代，美国建筑师保罗·索勒瑞就提出了生态建筑的新理念，建议建筑设计与当地自然相结合协调。1969年，美国建筑师伊安·麦克哈格著《设计结合自然》一书，该书提供了具体结合自然的各种行之有效的建筑设计方法，生态建筑学正式诞生，然而由于当时的世界经济繁荣，最大限度的消费成为人人追求“完美健康”生活的手段社会陷入盲目的资源利用浪潮，生态建筑的声音几乎被淹没。

直到20世纪70年代世界石油危机爆发，传统能源严重短缺，世界各国能源竞争局势紧张，人们开始反思传统资源利用方式的不当，采用各种方式节约能源，对建筑能源消耗的关注度逐步上升，生态建筑的理念开始深入人心，但大部分人对生态建筑的理解还比较模糊，仅仅在建筑空间增加绿色植物、减少建筑设备运行时间等一般意义上的节约能源措施加以重视，尚未形成具体的明确的节能意识。

1980年，世界自然保护组织首次提出“可持续发展”的口号，即人、建筑、自然协调发展，既满足人类基本适当的需求，又不破坏资源环境的平衡，提高能源利用效率，以期人类的文明进步和资源的永续利用。同时，节能建筑体系逐步完善，人们关注点从简单的减少资源利用转向考虑建筑的节能生态平衡，从土地利用、室内环境、声光照明、材料循环等方面综合考虑，尽可能在最高效率地使用建筑的同时保持各节能方式的最优化。

1987年，联合国环境署发表《我们共同的未来》报告，确立了可持续发展的思想，同时，世界各国开始考虑采取适宜的法律法规落实建筑节能相关措施，包括建筑节能示范性标准、节能建筑的资金奖励等。1990年，世界首个绿色建筑标准（BREEAM）在英国发布，随之，美国在1993年成立绿色建筑委员会（USGBC）；2001年，日本开展绿色建筑评估系统（CASBEE）的研发工作；2002年，澳大利亚绿色建筑委员会（GBCA）成立；2004年，新加坡建设局开发了绿色建筑评估标准系统（BGMS）；同年，中国设立“全国绿色建筑创新奖”并于2006年正式颁布《绿色建筑评价标准》，至此，世界绿色建筑的发展掀开了新的篇章[2]。

目前，以美国、英国、澳大利亚为代表的西方发达国家和以日本、新加坡、中国为代表的亚洲国家的绿色建筑发展日趋成熟，各国均有较为完善的绿色建筑评估体系和相应的国家导向政策。近年来，由美国绿色建筑委员会（USGBC）于1998年制定并根据建筑环境和经济特性持续完善的绿色建筑标准体系LEED发展极其迅速，实践性较高，对国际绿色建筑评估具有极大的影响力，甚至已经成为世界各国建立绿色建筑评估标准的范本，加拿大、印度等国家纷纷借鉴采用并支持本国建筑申请LEED认证。

同样，英国、澳大利亚、新加坡、中国也制定了跟各国国情相合的绿色建筑标准，制定配套的法律政策，同时持续完善绿色建筑评估标准，推进绿色建筑产业化，市场化。世界主要国家绿色建筑评估体系见表6-2。

表6-2　　世界主要国家和地区绿色建筑评估体系表

国家和地区	评估标准	国家和地区	评估标准
美国	LEED	加拿大	BEPAC
英国	BREEAM	澳大利亚	NABERS
德国	DGNB	挪威	Ecoprofile

续表

国家和地区	评估标准	国家和地区	评估标准
中国	GBL	荷兰	Eco-Quantum
国际组织“绿色建筑挑战”	GBTool	瑞典	Eco-effect
日本	CASBEE	丹麦	BEAT
法国	Escape	芬兰	Promis E
意大利	Protocollo	中国香港地区	HK-BEAM

结合世界各著名绿色建筑评价体系开发组织的官网数据可以看出，进入 21 世纪后，随着各国政府和相关组织机构的大力推广，绿色建筑的规模迅速扩大。目前，每年注册和认证 BREEAM 的项目达到 75 000 个以上，注册和认证 LEED 的项目超过 10 000 个。

1. LEED 认证体系发展现状

由于 LEED 标准体系的不断完善发展和 USGBC 的大力推广宣传，吸引了世界各地绿色建筑从业者的广泛关注。目前，LEED 的使用国家已超过 145 个，是当前世界上应用最为广泛的绿色建筑评价体系。根据 USGBC 官网的统计数据，截至 2016 年 8 月中旬，全球注册或获得 LEED 认证的项目共 96 617 个[2]，其中认证级 16 013 个、银级 16 110 个、金级 14 888 个、铂金级 6042 个、注册认证中 43 564 个；LEED 认证面积方面，目前已达到 46.84 亿 ft^2（约 4.35 亿 m^2）。

在中国，根据 USGBC 官网数据，截至 2016 年 7 月 30 日，共计有 3154 个 LEED 认证项目，其中有 1115 个获得最终认证，2039 个仍处于认证中。据统计，公开项目信息的 2477 个 LEED 项目和最终获得认证的 985 个项目中，排名前 10 的城市集中在北上广深等一线以及部分二线经济发达的城市，占比约 70%。

2. 英国 BREEAM 评价体系发展现状

从 1990 年首次颁布绿色办公建筑认证系统（BREEAM Office），到随后相继推出的住宅、商店、工业建筑、法院、教育建筑、医疗建筑、综合体、监狱以及绿色城区评估系统，BREEAM 的发展过程代表了很多标准与规范适应市场与时代变化的发展历程，BREEAM 的建立与发展直接影响了日后许多的绿色建筑评价方法。目前，BREEAM 已经在 50 多个国家进行开发推广，并形成了国际版（Global）、英国版（UK）、美国版（USA）、荷兰版（NL）、西班牙版（ES）、挪威版（NOR）、瑞典版（SE）、德国版（DE）等比较有影响力的多国体系。

BREEAM 是历史上最悠久、应用最广泛、同时也是世界上第一个绿色建筑评估方法。它的特点有：是第三方认证体系、自愿性、独立可信、全面和以客户为中心（包括评估师）。根据 BREEAM 官方网站数据，截至 2016 年 8 月中旬，使用 BREEAM 标准体系进行评估认证的国家已达到 77 个，注册评估项目接近 225 万个，其中将近 55 万个建筑项目已经通过评估认证。同时还有 4000 个独立的评估师网络。截至 2016 年 5 月 31 日，中国共计有 33 个 BREEAM 认证项目，其中有 5 个获得最终认证，28 个仍处于认证中。按照地域来看，上海的 BREEAM 认证项目最多，达到 15 个；北京和深圳其次，4 个；天津 2 个，其他杭州、南京、武汉等各 1 个。

3. 德国 DGNB 评价体系发展现状

2006 年起，德国政府着手组织相关的机构和专家，对第一代的 BREEAM、LEED 等绿色建筑评估体系进行研究，经过大量的分析调查和研究工作，德国在 2008 年正式推出了包含经济质量、生态质量、功能及社会、过程质量、技术质量、基地质量 6 方面内容的第二代可持续建筑评估体系——DGNB。目前，DGNB 评估体系包含了办公建筑、商业建筑、工业建筑、居住建筑、教育建筑、酒店建筑、城市开发等类别。

DGNB 属于第二代绿色建筑评估体系，该体系克服了第一代绿色建筑标准主要强调生态等技术因素的局限性，强调从可持续性的三个基本维度（生态、经济和社会）出发，在强调减少对于环境和资源压力的同时，发展适合用户服务导向的指标体系。DGNB 评估体系建立在德国建筑工业体系高水平高质量基础之上，以建筑性能评价为核心，保证建筑质量，通过建筑全寿命期建造成本、运营成本、回收成本的综合分析展示如何通过提高可持续性获得更大的经济回报。根据 DGNB 官方网站数据，截至 2016 年 8 月中旬，使用 DGNB 标准体系进行评估认证的国家已达到 21 个，注册、认证项目超过 1210 个，其中认证项目超过 490 个，预认证项目超过 400 个，注册项目超过 320 个。截止到 2016 年 8 月 18 日，中国共计有 5 个 DGNB 注册、认证项目，其中有 1 个获得最终认证，3 个获得预认证，1 个注册项目。按照地域来看，2 个项目位于上海、2 个位于青岛、1 个位于浙江湖州长兴县。

6.1.2.2 中国绿色建筑的发展现状

随着近 20 年来的社会发展、技术进步以及中国城镇化的快速推进，我国绿色建筑发展保持了大幅增长态势（图 6-3）。截至 2015 年底，全国共评出绿色建筑评价标识项目 3979 项，总建筑面积达到 4.6 亿 m^2，其中，设计标识项目 3775 项，占总数的 94.9%，建筑面积约为 4.33 亿 m^2；运行标识项目 204 项，占总数的 5.1%，建筑面积约为 0.27 亿 m^2。

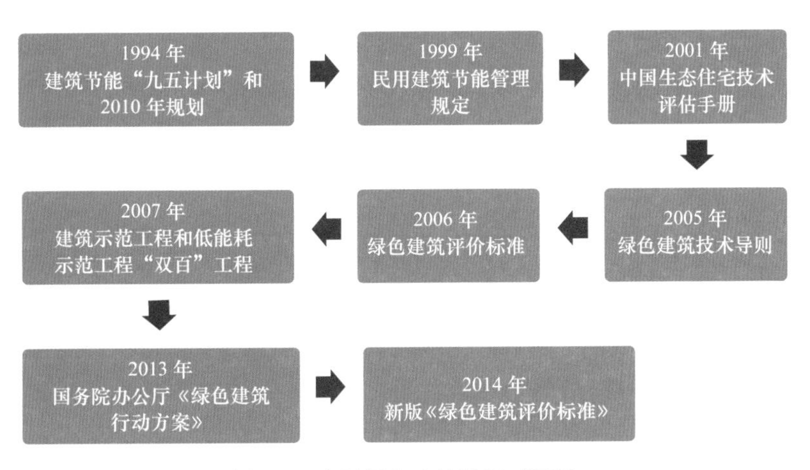

图 6-3 中国绿色建筑发展时间轴

1994年，我国根据国内建筑能耗情况制定《建筑节能“九五计划”和2010年规划》，1999年，《民用建筑节能管理规定》发布，同时出台夏热冬冷地区和夏热冬暖地区建筑节能规划，随着世界绿色建筑浪潮的推进，结合国际可持续发展大环境和实际国情在2001年编写了《中国生态住宅技术评估手册》，对国内的居住建筑发挥了重要的指导作用，建筑节能深入建筑业各个方面。2005年，建设部、科技部联合发布《绿色建筑技术导则》，建议因地制宜发展绿色建筑，兼顾人、建筑、自然的和谐共生发展绿色建筑。2006年6月1日，我国首部绿色建筑节能标准《绿色建筑评价标准》正式实施，各省根据《绿色建筑评价标准》并结合本省的实际情况启动制定本省绿色建筑节能标准工作，各地绿色建筑咨询行业悄然兴起，2007年，“100项绿色建筑示范工程与100项低能耗建筑示范工程”工作启动，《绿色建筑评价标识管理办法》、《绿色建筑评价技术细则》陆续发布，至此，我国绿色建筑评价工作正式开始[5]。

目前，绿色建筑已经上升到国家战略高度，2013年初国务院办公厅转发的由国家发改委和住建部制定的《绿色建筑行动方案》中，明确提出了“十二五”期间，完成新建绿色建筑10亿m^2，到2015年末，20%的城镇新建建筑达到绿色建筑标准要求的目标。随后全国各省市均制定了相应的《绿色建筑行动方案》，将绿色建筑列为各省各地区的重点发展对象，截至2015年12月，我国绿色建筑评价标识项目累计总数已有4071项，其中2015年新增1533项，创历年同期新高（表6-3）。

表6-3　　全国绿色建筑评价标识项目统计表

全国	2008年	2009年	2010年	2011年	2012年	2013年	2014年	2015年
★★★	4	10	24	78	94	104	204	235
★★	2	6	44	87	154	332	429	607
★	4	4	14	76	141	268	459	691
总数	10	20	82	241	389	704	1092	1533

从表6-3可以看出，我国绿色建筑评价标识项目数量在迅速增加，高星级的项目增加最为显著，随着绿色建筑技术的发展和绿色建筑法律法规的政策出台，未来绿色建筑的发展越来越受到关注，尤其在传统建筑行业，建筑设计中加入绿色建筑设计理念将成为建筑设计主要方向，随之发展的绿色建筑材料等市场也将得到进一步的开拓，绿色建筑产业化将会成为未来建筑市场的发展方向和趋势。

我国的绿色建筑评价标准分为设计评价阶段和运行评价阶段，设计评价在建筑工程施工图设计文件审查通过后进行，运行评价在建筑通过竣工验收并投入使用一年后进行，其中获得设计标识的绿色建筑3859项，占比94.8%，获得运行评价标识的绿色建筑212项，占比5.2%：可以看出，目前我国绿色建筑设计评价标识占绝大部分，运营标识发展较为缓慢，占比较小，未来，随着各省各地的绿色节能激励政策的出台，绿色节能计划的推进，不仅原已获绿色建筑设计标识的绿色建筑会在经过绿色建筑评价标准规定的周期之后向运营标识阶段过渡，更多绿色建筑在设计阶段会同时考虑设计标识和运营标识。

我国绿色建筑评价标识按建筑绿色节能措施的情况评估分为三个星级：一星级、二星级和三星级，星级等级越高，评估得分要求越多，建筑节能效果越好。国内绿色建筑一星级项目总计 1657 项，占比 40.7%，二星级项目总计 1661 项，占比 40.8%，三星级项目总计 753 项，占比 18.5%。其中，二星级以上的高星级项目占比将近 60%，三星级项目数量占比较小，但是二星级项目的数量已经超过一星级项目的数量，以此为趋势，高星级的项目数量将会越来越多，比例将会得到进一步的提高。

我国绿色建筑评价标识项目按建筑类型可分为公共建筑、居住建筑和工业建筑，获得绿色建筑评价标识的公共建筑项目总计 2095 项，占比 51.5%，获得绿色建筑评价标识的居住建筑项目总计 1938 项，占比 47.6%，获得绿色建筑评价标识的工业建筑项目总计 38 项，占比 0.9%。

随着人类生产活动的增加，未来工业建筑数量也将继续增加，而如何引导传统工业建筑向绿色建筑方向发展，是当前的重要课题。在不同类型的建筑节能方面，结合公共建筑和居住建筑节能评估的经验，我国正在探索各类建筑平衡发展之路。我国地域辽阔，各省各地所有资源差距很大，绿色建筑的发展形势各异，经济较发达、资源较多的大中型城市绿色建筑项目远高于经济发展较为落后、资源相对少的小城市，不同省市获得绿色建筑评价标识数量差距较大，江苏、广东、上海、山东和陕西省分列前五，全国数量排名前十地区如图 6-4 所示。

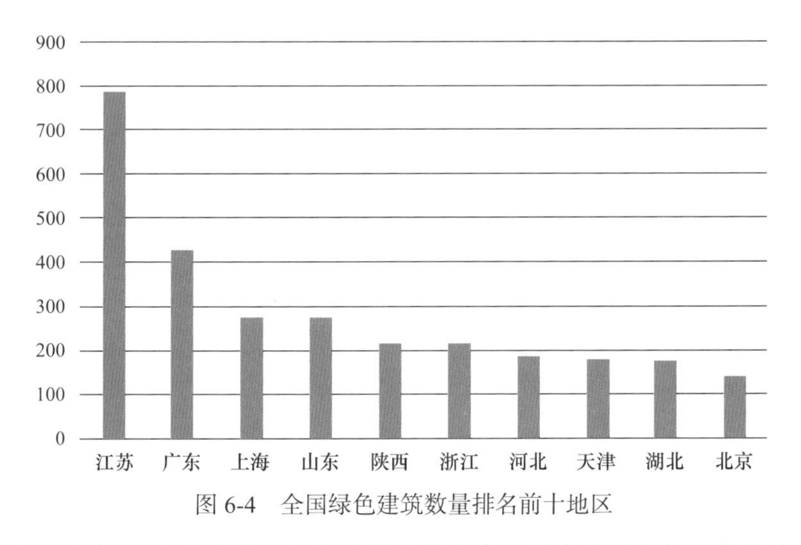

图 6-4　全国绿色建筑数量排名前十地区

目前，全国共有 31 个省编制了绿色建筑实施方案，并出台了专门的指导意见和配套措施。为了推动我国建筑产业现代化发展，进一步加强建筑产业现代化设计标准化工作，住房和城乡建设部于 2015 年 5 月发布了《关于印发建筑产业现代化国家建筑标准设计体系的通知》，为绿色建筑产业化发展提供了有力的技术支撑。各省各地政府响应中央，纷纷出台相应的政策，积极推广“预制住宅、装配式建筑”理念，加强对绿色建筑节能技术和绿色建筑节能材料的研发。

6.1.3 绿色建筑的发展趋势

经过最近 20 年的快速发展，绿色建筑呈现以下发展趋势和显著特征：①数量持续快速增长；②大众认知度越来越高；③与互联网和大数据的结合越来越紧密；④向绿色城区和绿色生态城市的规模化发展；⑤由设计走向运营，绿色建筑发展更趋务实。

6.1.3.1 数量持续快速增长

无论中国的绿色建筑评价标识（GBL）项目还是美国的 LEED、英国的 BREEAM、德国的 DGNB 项目在近几年都出现快速的增长，随着推进力度的加强，今后相当长一段时间内仍然会保持强劲增长的态势。LEED 和 BREEAM 评估体系由于其国际化路线和广泛的知名度，发展非常迅速，注册 / 认证项目数量非常巨大。特别是英国的 BREEAM 注册 / 认证项目数量自 2009 年以来，每年均超过 60 000 个；LEED 认证的项目数量自 2008 年 1067 个发展至 2015 年的 9986 个，增长了近十倍；随着其国际化特别是在中国市场的强力推进，初步预测在 2016 年获得 LEED 认证的项目数量将突破 12 000 个。

由于中国建筑行业的快速发展，获得中国绿色建筑评价标识 GBL 的项目数量发展非常迅猛，从 2008 年的 10 个发展为 2015 年的 1533 个，增长了近 144 倍；保守估计 2016 年将突破 1600 个。德国的 DGNB 认证由于发展相对较晚，欧洲建筑市场也相对较小，因此，获得认证的项目数量也相对较少，随着 DGNB 评价标准体系在德国以外国家地区的大力推广，预计 2016 年可实现 180 个以上的注册 / 认证项目。

6.1.3.2 认知度越来越高

绿色建筑的发展经历了由少数学者到技术从业人员，再到各相关社会组织和企业、大众广泛参与的过程。如美国绿色建筑大会（USGBC），每年与会人数都不断增加。中国的绿色建筑大会自 2005 年开始举办以来，至 2016 年 3 月已连续举办了十二届，每年吸引了世界各地近 50 000 人参会。同时，由于房地产开发企业、设计单位、施工企业以及绿色建筑从业者对绿色建筑的认识越来越深，让普通大众越来越多地了解到绿色建筑理念和绿色建筑给人们带来的好处，使得人们对绿色建筑有了更多的认同。随着信息技术的快速发展，各类绿色建筑网站及手机 APP 软件逐步走向人民大众，让大家更多地了解绿色建筑知识，也进而激发了人们对更高品质住所的需求和日常生活中的低碳节能行为。

6.1.3.3 互联网 +、绿色建筑

近些年来，互联网、大数据、云计算等技术快速发展，对绿色建筑的发展起到了一定启发和推动作用，行业内各大软件公司也推出了一些建筑信息模型（BIM）软件，以解决当前绿色建筑设计过程中有关可视化、建筑性能优化和各专业协同等方面的需求。随着建筑信息模型（BIM）软件平台的不断发展，以及各类设备、部件、材料等数据库的完善，绿色建筑的设计、施工、运营互联网化，让信息平台结合项目需求、周边资源条件，选择合适的绿色设备、绿色建材，建造性能最优的建筑，同时，利用各种监控、联动技术实现绿色

建筑的节地、节能、节水、节材和室内外环境品质。

6.1.3.4 逐步走向规模化发展

经过十来年的发展，绿色建筑逐步由单个建筑或建筑群走向绿色生态城区、绿色生态城市的全面发展。绿色建筑的实现不仅关注建筑自身，同时还有赖于建筑周边的交通、公共配套以及自然环境，因此，绿色建筑的发展应从大的区域或城市的范围进行总体规划，在最优的环境下孕育出真正合适的一个个绿色建筑。2012 年 11 月，贵阳中天·未来方舟生态新区、中新天津生态城、深圳市光明新区、唐山市唐山湾生态城、无锡市太湖新城、长沙市梅溪湖新城、重庆市悦来绿色生态城区和昆明市呈贡新区八个城市新区被评为“绿色生态城区”。2013 年 3 月，住房与城乡建设部发布《“十二五”绿色建筑和绿色生态城区发展规划》，提出在“十二五”末期，要求实施 100 个绿色生态城区示范建设。自此，全国各地如火如荼地开启了绿色生态城区建设工作。同时，随着绿色建筑工作的不断深入，绿色建筑推广政策也逐渐由“面上鼓励”走向“高星级鼓励、低星级强制实施”。自 2014 年起，北京、深圳、上海、湖北、江苏、江西等省市在政府投资国家机关办公楼和公益性建筑、保障性住房、2 万 m^2 以上的大型公共建筑中强制推行绿色建筑一星，并在规划设计、施工图审查、施工监理、竣工验收、备案等环节严格实行闭环控制。绿色建筑标准的强制实施将快速扩大绿色建筑的规模，加速推进绿色建筑的发展。

6.1.3.5 由设计走向运营

绿色建筑作为一个新的理念，在发展之初主要目标是快速推广，让人们了解、认知绿色建筑的概念，并在设计、建造过程中一步步落实。绿色建筑的健康发展，必须走务实之路：实实在在的节约效果（节能、节水、节材等）、品质提升（满足合理需求）、环境友好、成本控制。这就需要绿色建筑的相关工作由“通过认证、拿到标识”的目标导向，向更加关注“项目建设与运行效果”的结果导向转变；从只注重结果评价，向注重结果与过程并重转变。因此，需要在项目策划、规划设计、建造调适、运行管理等各个方面均做出新的探索和扎实推进。

我们看到，绿色建筑发展的近 10 年，运行标识的项目数量仅占标识项目总数的 5%~7%。但同时，获得绿色建筑运行标识的项目也在逐步增加，2013 年之后，获得运行标识的项目数量稳定保持在 50 个以上。特别是万达等自营物业的开发企业，自 2012 年起已开始全面推行绿色建筑运行标识认证。随着绿色建筑概念的普及、相关绿色建筑技术措施的集成应用，使节能、节水、减碳以及改善室内外环境品质的效益逐步显现后，绿色建筑必将逐步由设计标识主导走向运行标识主导，进而真正推动我国建筑行业的绿色、低碳及可持续性的发展。

6.2 绿色建筑节能环保技术的标准

当前绿色建筑节能环保技术标准主要包含国际上的 LEED、BREEAM、DGNB、CASBEE、Green Mark 等标准以及国内的《绿色建筑评价标准》等。其中影响大、应用广的标准 / 文件见表 6-4。

表 6-4 国内外知名绿色建筑评价标准 / 文件统计表

	序号	标准 / 文件名称	标准编号	发布单位	等级	评价部门	特点
国际	1	美国绿色能源与环境设计先锋奖（LEED）	V4.0（2013 年发布）	美国绿色建筑协会（USGBC）	认证级、银级、金级、铂金级	GBCI（绿色建筑认证协会）	市场推广好，全球知名度高
	2	英国建筑研究院环境评估方法（BREEM）	—	英国建筑研究院	及格、好、很好、优秀、杰出	—	第一个绿色建筑评估体系
	3	德国可持续建筑认证体系（DGNB）	—	德国可持续建筑委员会	铜级、银级、金级	—	第二代绿色建筑评估体系，注重全生命期评估
国内	1	《绿色建筑评价标准》	GB/T 50378—2014	中华人民共和国住房和城乡建设部、国家质量监督检验检疫总局	一星、二星、三星	住房和城乡建设部科技发展促进中心、中国城市科学研究会、各省建筑节能办公室或科技处	中国绿色建筑评价的基础性标准，应用范围广泛
	2	《民用建筑绿色设计规范》	JGJ/T 229—2010	中华人民共和国住房和城乡建设部	—	—	针对民用建筑的绿色设计，与各专业设计结合紧密
	3	《绿色建筑行动方案》	国办（2013）1 号文件	国务院办公厅	—	—	国家层面推动绿色建筑的纲领性文件

6.2.1 国际绿色建筑节能环保技术标准

随着 1990 年世界第一个绿色建筑评估体系 BREEAM 在英国被提出和绿色建筑发展，各国纷纷制定了自己的绿色建筑评估体系以应对日益增长的绿色建筑需求和保证各国内的可持续发展要求。

各个国家根据对绿色建筑的理解、研究以及自身发展的需求，提出了各自的绿色建筑评价体系。目前国际上有代表性的绿色建筑评价体系包括美国的能源与环境设计先锋奖（LEED 评价体系）、英国的建筑研究院环境评价法（BREEAM 评价体系）、德国的德国可持续建筑认证体系（DGNB 评价体系）。

6.2.1.1 美国 LEED 评价标准

LEED（Leadership in Energy and Environmental Design）是美国绿色建筑委员会（USGBC）开发的一个评价绿色建筑的工具，主要用于鉴定、实施和衡量绿色建筑和社区开发设计、施工、运营和维护工作。图 6-5 所示为 LEED 标志，该组织为绿色建筑提出了以下指导性的建议和设计准则。

（1）提高能源利用效率和使用可再生你能源。

（2）直接和间接的环境影响。

（3）能源的节约和循环。

（4）室内环境质量。

（5）社区问题。

以此观念和由此衍生的绿色建筑研究为基础，USGBC 从 1995 年开始了 LEED 体系的研究以满足美国建筑市场对节能与生态环境建筑评定的要求，并于 1998 年提出 LEED1.0，开始绿色建筑评估和认证工作。随着绿色建筑评估和认证实践工作的进行和经验的积累，对 USGBC 对 LEED 评估体系的修订完善工作也在不断展开。经过历年 LEED 版本的修订，目前最新的版本为 2013 年发布的 LEED V4.0。USGBC 关于 LEED 的体系提供的相关服务包括培训、专业人员认定、提供资源支持和进行建筑性能的第三方认证等内容。

图 6-5 LEED 标志

LEED 评级系统旨在优化利用自然资源、促进资源再生和恢复，最大限度地发挥现代建造工业给人类和环境带来的各种积极因素，尽量减少消极影响，为居住者提供优质舒适的生活环境。LEED 强调一体化整合设计，推崇建筑技术集成，提供最先进的战略决策，推进绿色建筑专业知识系统化，并且不断更新专业实践。自 1998 年的建筑商业化应用以来，已经经过多次更新，发展至目前正在应用的 LEED 第四版（即 LEED V4.0），其中包含建筑设计与施工（LEED BD＋C）、室内设计与施工（LEED ID＋C）、建筑运行与维护（LEED O＋M）、社区开发（LEED ND）、住宅（LEED HOMES）五大类别，涵盖了住宅、零售、商业中心、学校、医疗、数据中心、酒店、仓储和配送中心等多种类型的建筑以及区域规划设计等21个子项，见表6-5。

表6-5　　LEED评估体系分类表

类别	子项
建筑设计与施工 LEED BD＋C	新建建筑（LEED BD＋C：New Construction）
	核心筒与外围护结构（LEED BD＋C：Core and Shell）
	学校（LEED BD＋C：Schools）
	零售建筑（LEED BD＋C：Retail）
	医疗保健建筑（LEED BD＋C：Healthcare）
	数据中心（LEED BD＋C：Data Centers）
	酒店建筑（LEED BD＋C：Hospitality）
	仓储与物流中心（LEED BD＋C：Warehouses and Distribution Centers）
室内设计与施工 LEED ID＋C	商业室内（LEED ID＋C：Commercial Interior）
	零售室内（LEED ID＋C：Retail）
	酒店室内（LEED ID＋C：Hospitality）
建筑运行与维护 LEED O＋M	既有建筑（LEED O＋M：Existing Buildings）
	数据中心（LEED O＋M：Data Centers）
	仓储与物流中心（LEED O＋M：Warehouses and Distribution Centers）
	酒店（LEED O＋M：Hospitality）
	学校（LEED O＋M：Schools）
	零售建筑（LEED O＋M：Retail）
社区开发 LEED ND	规划（LEED ND：Pan）
	建设项目（LEED ND：Built Project）
住宅 LEED HOMES	别墅及低层住宅（LEED HD＋C：Homes and Multifamily Lowrise）
	中层住宅（LEED HD＋C：Multifamily Midrise）

LEEDV4.0版本是LEED评级系统的最新版本，于2013年11月颁布，从2015年6月起，项目团队必须选择LEED V4.0版进行评估。

1. LEED的最低条件要求

LEED评价系统都是以建筑类型为基础，且在认证过程中必须满足三个最基本的条件要求，应用LEED评估体系进行认证的建筑、空间和社区都要满足这三个要求：

（1）必须是现有土地上的永久场地。任何移动的建筑不适合取得LEED认证，如船上建筑、拖车住房。

（2）必须使用合理的LEED边界。LEED评估体系的设计是用来评估建筑、空间或社区及所有相关的环境影响。定义一个合理的LEED边界是准确评估项目的前提。

（3）必须符合项目最小面积要求。LEED BD+C、O+M评估体系的建筑面积必须大于或等于1000ft^2（约93m^2）；LEED ID+C评估体系的建筑面积必须大于或等于250ft^2（约22m^2）；LEED ND评估体系至少应包含2个可居住的建筑，并且不能大于1500英亩（约607万m^2）；LEED HOME评估体系必须是现行规范定义的居住单元（具备居住、睡眠、吃饭、烹饪和卫生管理等功能）。

2. LEED评分体系

LEED评分体系包括强制性的先决条件（必须满足）和得分要点（可根据项目实际情况选择达标等级和判别得分），建筑必须达到所有先决条件并且达到一定的分数才能获得LEED认证。LEED评估体系包含“选址与交通、可持续场址、用水效率、能源与大气、资源与材料、室内环境质量、创新、地域优先”八大评估和得分类别，其中“可持续场地、用水效率、能源与大气、材料与资源、室内环境质量”均有先决条件要求。

LEED认证评估体系有100分基础分，6分创新分和4分地域优先分，一共110分；按照得分的区间分为认证级、银级、金级、铂金级四个级别，其中认证级得分区间为40～49分、银级认证得分区间为50～59分、金级认证得分区间为60～79分、铂金级认证得分区间为≥80分，如图6-6所示。

图6-6 LEED认证等级及得分

LEED评估体系始终通过为各得分点和类别制定的不同分值进行隐式加权，随着市场条件、用户要求、科学认知和公共政策的变化，这些评估体系的权重将随之持续变化。LEED目标体系参照“环境影响”，制定了气候变化、人类健康、水资源、生物多样性、自然资源、绿色经济、社区7大方面环境影响因素并得到LEED指导委员会审批通过。这7大类的权重系数根据其规模、范围、严重程度以及人工环境对环境影响的相对贡献值来确定，相应的权重分布如图6-7所示。

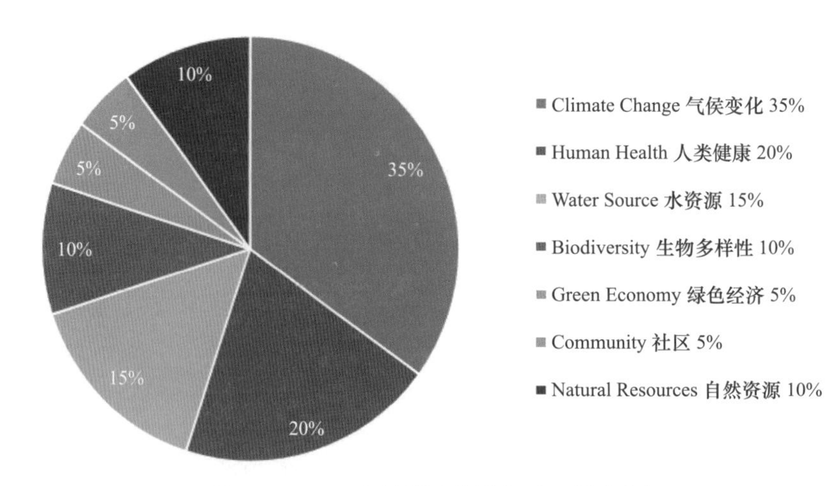

图 6-7 LEED 环境影响分类权重系数分布图

3. LEED 评价体系的主要内容

现有版本的 LEED 评估体系按照“选址与交通、可持续场址、水资源利用、建筑节能与大气、材料与资源、室内环境质量、创新、地域优先”八个方面对建筑进行综合考察评估（表 6-6）。其中涉及电气专业的条文主要分布在能源与大气、室内环境质量两部分。

表 6-6 LEED 相关条文

类别	内容点
选址与交通	选址与交通得分点包括 LEED 社区开发选址、敏感型土地保护、高优先场址、周边密度和多样化土地应用、优良公共交通可达、自行车设施停车面积减量、绿色环保机动车
可持续场址	可持续场址得分点包括施工环境污染防治、场址环境评估、场址评估、场址开发、保护和恢复栖息地、开放空间、雨水管理、降低热岛效应、降低光污染、场址总图、租户设计与建造导则、身心舒缓场所、户外空间直接可达和设施共享
用水效率	用水效率得分点包括室外用水减量、室内用水减量、建筑整体用水计量、冷却塔用水和用水计量
能源与大气	能源与大气得分点包括基本调试和校验、最低能源表现、建筑整体能源计量、基础冷媒管理、增强调试、能源效率优化、高阶能源计量、需求响应、可再生能源生产、增强冷媒管理
资源与材料	资源和材料得分点包括可回收物存储和收集、营建和拆建废弃物管理计划、PBT 来源减量——汞、降低建筑生命期中的影响、建筑产品的分析公示和优化（产品环境要素声明、原材料的来源和采购、材料部分）、PBT 来源减量——汞、PBT 来源减量——铅、镉和铜、家具和医疗设备、灵活性设计和营建和拆建废弃物管理
室内环境质量	室内环境质量得分点包括最低室内空气质量表现、环境烟控、最低声环境表现、增强室内空气质量策略、低逸散材料、施工期室内空气质量管理计划、室内空气质量评估、热舒适、室内照明、自然采光、声环境表现和优良视野
创新	创新得分点包括模范表现分、创新表现分和专家（LEED AP）得分
地域优先	地域优先得分主要鼓励项目团队因地制宜地考虑适合当地的技术策略

虽然不同建筑类型的评估要点和核心概念类似，但是 LEED 体系仍将所评判的建筑类

型分为不同的子类体系进行评判，以明确各类建筑在建设过程中的特点。这些子类体系包括：①最广泛应用的建筑设计建造评估体系；②商业建筑室内评估体系；③建筑核心筒及围护结构评估体系；④医疗保健评估体系；⑤零售商业建筑评估体系；⑥学校建筑评估体系；⑦既有建筑使用和维修评估体系；⑧社区发展评估体系；⑨住宅评估体系等。

LEED 标准大多基于建筑性能，通过对建筑各方面的评分来评价建筑整体综合性能的表现，而并不强求达到此表现的技术手段。通过得分制的评判手段，让条文之间可以互补，评估者可以根据项目本身条件选用合适的得分项。但是 LEED 作为美国制定的标准，其条文设定大多基于美国国情。比如，对于不同环境下条文设定可能会造成对其他国家环境影响的估计不足。另外，各类指标的设定往往基于英制单位，给其他国家使用标准的评估者带来不便。因此，LEED 不断地改版中也在针对这些缺点进行修正。[8]

4. LEED 认证流程

LEED 完全采取自愿申请的方式，或者通过地方政策进行强制性认证。作为非官方组织 USGBC 所持有的认证体系，LEED 评估体系的认证需要收取一定佣金且认证过程需要由第三方完成认证。在项目发展初期，综合项目团队需要确定项目目标、认证的级别，以及获得认证所需的得分点。常见认证步骤如图 6-8 所示。

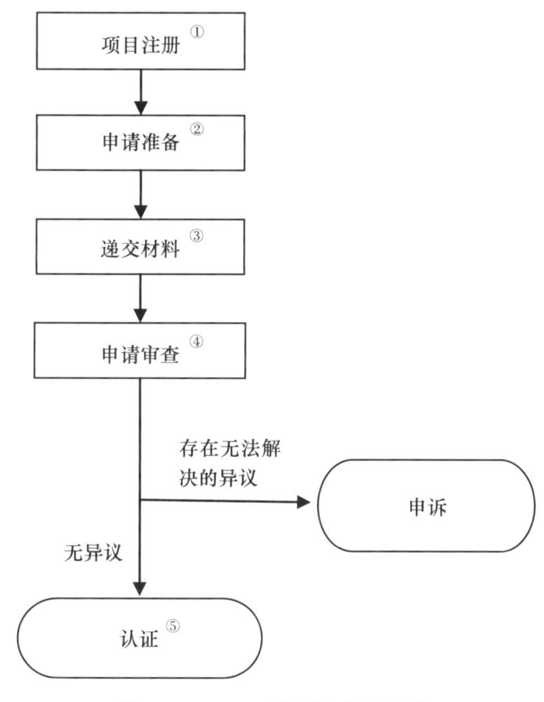

图 6-8　LEED 认证流程及步骤

图 6-8 注：

①项目注册：LEED 项目流程从注册开始，项目团队向绿色建筑认证协会（GBCI）提交注册表和费用。注册后，团队将收到有关认证流程指南的信息、工具和通信资料。项目负责人将在 LEED 在线上填写所有的项目活动，包括注册和得分点合规文档。

②申请准备：项目团队选择要争取获得的得分点，填写完成所需文档（包括所需信息和计算），之后将材料上

传至 LEED 在线。

③递交材料：当项目团队做好审查申请的准备时，项目负责人将提交有关费用和文档。对于建筑设计与施工（LEED BD+C）和室内设计与施工（ID+C）项目，团队可以在建筑项目完成后提交文档，也可在项目完成前申请审查与设计有关的先决条件和得分点，然后在项目完成后申请与施工有关的得分点。

④申请审查：无论是合并还是分开提交设计和施工评审，各得分点均需经过初审。认证审查人员会要求提供进一步的信息或澄清说明，然后提交最终文档。终审后，可以就某些得分点的不利终审决定进行申诉，但需缴纳额外申诉费用。

⑤认证：认证是 LEED 认证流程的最后一步，最终审查完成时，项目团队可以接受最终裁定或进行申诉。LEED 认证的项目将收到正式的认可证书、奖牌，以及市场宣传的建议。项目可列在 USGBC 已注册和已认证项目的在线 LEED 项目目录中。

6.2.1.2 英国 BREEAM 评价标准

BREEAM（Building Research Establishment Environmental Assessment Method）是英国建筑研究院开发的一个绿色建筑评估体系，始创于 1990 年，是世界上第一个也是全球最广泛使用的绿色建筑评估方法之一。BREEAM 的建立和发展影响了世界很多的绿色建筑事业，促进了绿色建筑评价体系的建立，推动了绿色建筑行业的发展。从 1990 年首次颁布绿色办公建筑认证系统（BREEAM Office），到随后相继推出的住宅、商店、工业建筑、法院、教育建筑、医疗建筑、综合体、监狱以及绿色城区评估系统，BREEAM 的发展过程代表了很多标准与规范适应市场与时代变化的发展历程，BREEAM 的建立与发展直接影响了日后许多的绿色建筑评价方法。很多国家和地区的评估法受到了 BREEAM 的启发而成，其中一些评估体系甚至直接以 BREEAM 作为范本，例如加拿大的 BREEAM 和香港的 BEAM。

BREEAM 涵盖了从建筑能耗、水资源、建筑材料到区域交通、生态环境等全方位的内容，其发展经历了摸索与完善的过程，针对建筑产业和市场的要求不断修改与更新，由早期较为简单的绿色建筑评估办法逐渐发展为一套完善的绿色建筑评估体系。BREEAM 鼓励建筑相关参与者在设计阶段就考虑低碳和低影响的设计理念，将绿色设计技术融入整个建筑生命周期中。

BREEAM 的评价体系包括“管理、健康、能源、交通、节水、材料、废弃物、土地利用和生态保护”等评价类别。BREEAM 评价体系的条文类别及框架见图 6-9 和表 6-7。

BREEAM 条文类别

管理 Management (Man)	健康宜居 Health and Wellbeing (Hea)	节能 Energy (Ene)
交通 Transport (Tra)	节水 Water (Wat)	节材 Materials (Mat)
废弃物 Waste (Wst)	节地和生态 Land use and ecology (LE)	污染 Pollution (Pol)

图 6-9　BREEAM 条文类别

表 6-7　　BREEAM 评价体系框架

类别	内容点
管理	项目概要与设计、生命周期成本和使用寿命规划、负责建设行为、调试和移交、善后
健康宜居	视觉舒适性、室内空气质量、实验室安全防范、热舒适性、声学性能、无障碍、灾害、私人空间、水质
能源	减少能源使用和碳排放、能源监测、外部照明、低碳设计、高效节能冷量存储、高效节能交通系统、高效节能实验室系统、高效节能设备、干燥空间
交通	无障碍公共交通、临近设施、交通替代模式、最大停车能力、出行计划
节水	耗水量、水质监测、漏水检测、高效节水设备
材料	生命周期影响、环境美化和边界保护、材料采购、绝缘、耐用性和弹性设计、材料效率
废弃物	建筑垃圾管理、再生骨料、垃圾处理、地板和天花板饰面、气候变化适应、功能适应性
土地利用和生态	选址、场地的生态价值和生态保护特征、尽量减少对现有场地的生态影响、增强场地的生态、对生物多样性的长期影响
污染	制冷剂的影响、氮氧化物排放、地表水径流、减少夜间光污染、减少噪声污染
创新项（附加）	创新措施

BREEAM 认证评估体系每大类总分 100 分，并有相应的权重系数，总权重系数为 1；创新项总分 10 分，权重系数为 1。按照得分的高低分为杰出（Outstanding）、优秀（Excellent）、很好（Very Good）、好（Good）、及格（Pass）五个等级，相应各等级的得分要求见表 6-8。

表 6-8　　BREEAM 各等级得分要求

BREEAM 等级	得分要求
杰出（Outstanding）	≥ 85
优秀（Excellent）	≥ 70
很好（Very Good）	≥ 55
好（Good）	≥ 45
及格（Pass）	≥ 30

BREEAM 中根据不同的评价类型和级别设立了不同的单项最低得分。以新建建筑最低标准为例，最低得分要求较高的“减少能源使用和碳排放、能源监测、外部照明、低碳设计”等均与电气专业相关。表 6-9 给出了 BREEAM 新建建筑各评分等级的最低要求。

表 6-9　　BREEAM 新建建筑的最低标准

BREEAM 评价指标	BREEAM 评级 / 最低的分数				
	合格	良好	优良	优秀	杰出
管理 1：可持续性采购	1	1	1	1	2
管理 2：考虑周到的施工人员	—	—	—	1	2

续表

BREEAM 评价指标	BREEAM 评级 / 最低的分数				
	合格	良好	优良	优秀	杰出
管理 4：使用权者参与项	—	—	—	1	1
健康 1：视觉舒适度	1	1	1	1	1
健康 4：水质	1	1	1	1	1
节能 1：CO_2 减排	—	—	—	6	10
节能 2：能源的可持续使用 - 分项计量	—	—	1	1	1
节能 4：低碳 / 零碳技术	—	—	—	1	1
节水 1：水量消耗	—	1	1	1	1
节水 2：水表计量	—	1	1	1	1
节材 3：可靠的材料源	3	3	3	3	3
废弃物 1：施工废弃物管理	—	—	—	—	1

BREEAM 的评估过程由持有通过英国建筑研究院（BRE）培训及考核后颁发评估证书的专业人员及机构来执行。评估员及评估机构将根据各建筑的分类，选择对应版本的 BREEAM，各在项评估环节综合考察从项目的选址、备料、设计、施工、运行、维护、改造、报废拆除及再利用等整个建筑寿命周期中各环节的环境性能，依照是否达到各评估条款进行打分，最后将评估报告提交 BRE 审核，经过约 15 天的审核后会颁发相应绿色等级证书。

6.2.1.3 德国 DGNB 评价标准

DGNB（Deutsche Gesellschaft für Nachhaltiges Bauen e.V.）是德国可持续建筑委员会和德国政府于 2008 年共同开发编制的一个可持续建筑评估体系，具有国家标准性质，被认为是继 LEED 和 BREEAM 之后的第二代绿色建筑评价体系。针对第一代绿色建筑体系过度针对技术应用，指标不易于性能综合考虑等问题，DGNB 进行了改进，覆盖了绿色生态、建筑经济、建筑功能与社会文化等建筑全产业链，整个体系有严格全面的评价方法和庞大数据库、计算机软件支持，是一套最新、最先进、最为完整的绿色建筑评估方法之一。

DGNB 体系注重建筑物和社区的环保性、节能性、经济性和舒适性。标准将环境保护群体进行定义分类，包括自然环境和资源、经济价值、健康和社会文化，针对这些保护对象进行不同的措施。标准尤其关注了全生命周期内的绿色节能表现，涵盖了从方案设计到建筑拆除从头至尾的总体绿色目标。因此，DGNB 在评价过程中引入了“预认证”概念，在设计过程中尽早引入绿色建筑设计理念，而在设计阶段完成后进行预认证。正式认证需要等到建筑正式运营三年后进行评价。

目前，DGNB 的评分标准内容包括“环境质量（ENV）、经济质量（ECO）、过程质量（PRO）、社会文化及功能质量（SOC）、技术质量（TEC）和区位质量（SITE）”六个部分。因为 DGNB 独有的结构，电气专业相关要求在多个条目中均有体现 [11]。DGNB 评价体系的条文类别、评分权重及体系框架如图6-10、图6-11和表6-10所示。

图6-10 DGNB评分标准类别

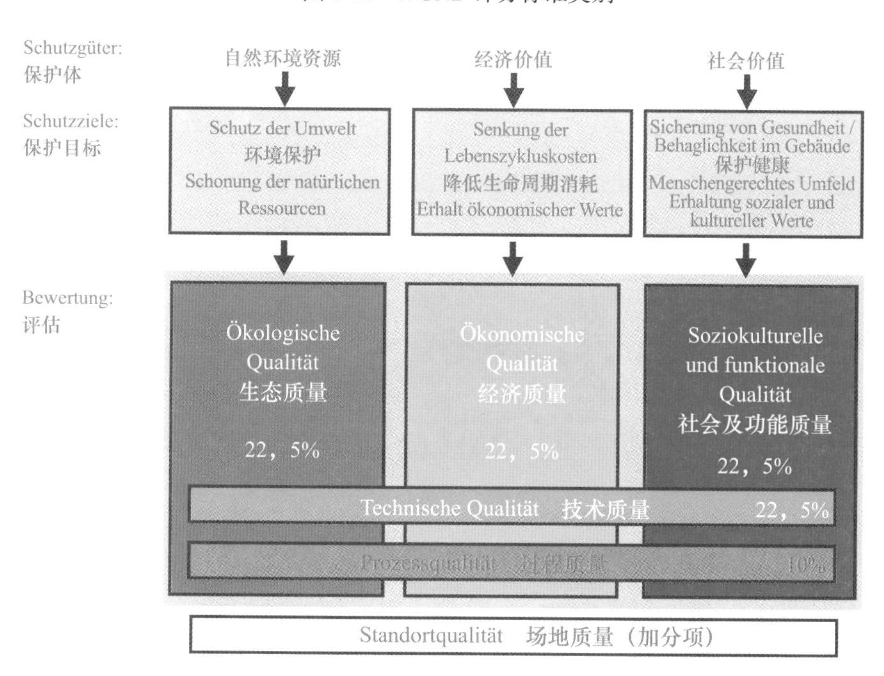

图6-11 DGNB体系技术构成及评分权重

表6-10 **DGNB评价体系框架**

类别	内容点
生态质量	全球变暖趋势、臭氧消耗潜能值、光化学臭氧生成能力、酸化趋势、富营养化趋势、本地环境威胁、可持续的资源使用、微环境、不可再生一次能源的需求、一次能源总量以及可再生能源利用、饮用水需求以及污水排放、建筑空间使用
经济质量	生命周期内与建筑相关的费用、第三方使用的便利性

续表

类别	内容点
社会文化和建筑功能质量	冬天的热舒适度、夏天的热舒适度、室内卫生、声学舒适度、视觉舒适度、用户控制的便利性、室外环境质量、安全及意外风险、无障碍设施、空间效率、转换能力、公共访问、自行车用户舒适度、艺术创造和城市规划质量、建筑内艺术
技术质量	火灾预防、噪声预防、能源以及防潮技术质量、清洁及维护的友好度、回建度、循环及拆卸友好度
过程质量	工程准备质量、综合规划、方法的优化和复杂性、在可持续发展方便的招标、优化利用与管理、施工现场 / 施工工艺、出口企业的质量 / 资格预审、建筑施工的质量保证、系统调试
场地质量	微环境的风险、微场地环境状况、场地外观及状况、交通网络、配套设施、临近的媒介和开发

根据得分的不同，建筑能够得到 DGNB 铜级、银级、金级认证。各等级得分要求见表 6-11，经过 DGNB 评估后得出建筑的最终评分如图 6-12 所示。

表 6-11　DGNB 各等级得分要求

DGNB 等级	得分要求
金级	≥ 80
银级	≥ 65
铜级	≥ 50

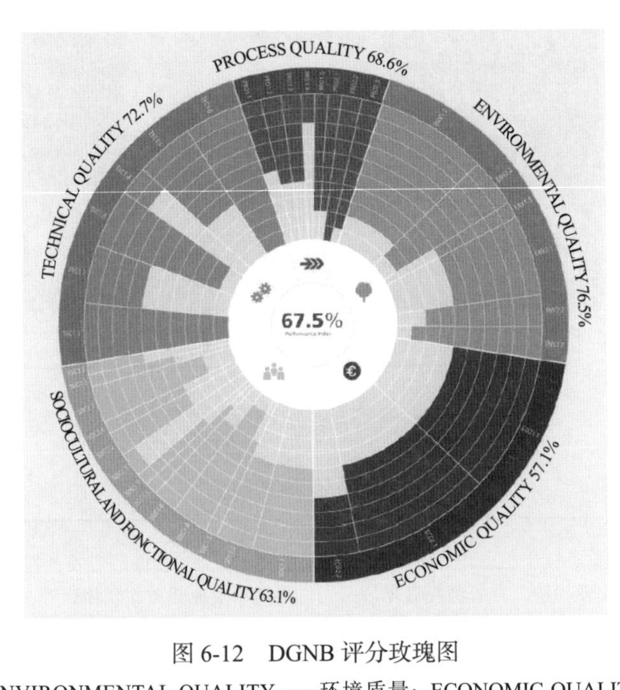

图 6-12　DGNB 评分玫瑰图

（ENVIRONMENTAL QUALITY——环境质量；ECONOMIC QUALITY——经济质量；PROCESS QUALITY——过程质量；SOCIOCULTURAL AND FUNCTIONAL QUALITY——社会文化及功能质量；TECHNICAL QUALITY——技术质量）

DGNB属于第二代绿色建筑评估体系，它克服了第一代绿色建筑标准侧重生态等技术因素的局限性，强调从可持续性的三个基本维度（生态、经济和社会）出发，在强调减少对于环境和资源压力的同时，发展适合用户服务导向的指标体系。DGNB评估体系建立在德国建筑工业体系高水平高质量基础之上，以建筑性能评价为核心，保证建筑质量，通过建筑全寿命期建造成本、运营成本、回收成本的综合分析展示如何通过提高可持续性获得更大的经济回报。

6.2.2 中国绿色建筑节能环保技术标准

2006年我国在总结了绿色建筑方面的实践经验和研究成果的基础上，颁布了第一部绿色建筑综合评价标准《绿色建筑评价标准》（GB/T 50378—2014），现修订版为GB/T 50378—2014。其他还有按照行业、建筑类别细化的对应的评价标准和设计规范，如《民用建筑绿色设计规范》《绿色工业建筑评价标准》《绿色医院建筑评价标准》《既有建筑绿色改造评价标准》《建筑工程绿色施工评价标准》等。目前我国主要绿色建筑评价标准比较见表6-12。

表6-12　国内绿色建筑评价标准比较

序号	标准名称及编号	包括内容	评价方法	主要特点
1	《绿色建筑评价标准》（GB/T 50378—2014）	总则、术语、基本规定、节地与室外环境、节能与能源利用、节水与水资源利用、节材与材料资源利用、室内环境质量、施工管理、运营管理、提高与创新。绿色建筑评价内容包括节地与室外环境、节能与能源利用、节水与水资源利用、节材与材料资源利用、室内环境质量、施工管理、运营管理、提高与创新	（1）每类指标都有相应的控制项 （2）每类指标最低得分40分 （3）每类指标有对应的条文细则对当前建筑评估得分，每类指标有相应的得分权重，总得分为相应类别指标的评分项得分经加权计算后与加分项的附加得分之和 （4）绿色建筑评估结果按总得分确定星级，评估结果须有具体相应的文件材料作为支撑	设计评价阶段评价内容：节地与室外环境、节能与能源利用、节水与水资源利用、节材与材料资源利用、室内环境质量。 运行评价评价内容：节地与室外环境、节能与能源利用、节水与水资源利用、节材与材料资源利用、室内环境质量、施工管理、运行管理
2	《民用建筑绿色设计规范》（JGJ/T 229—2010）	总则、术语、基本规定、绿色设计策划、场地与室外环境、建筑设计与室内环境、建筑材料、给水排水、暖通空调、建筑电气	—	民用建筑的绿色设计指导规范，可在建筑设计阶段，按此规范将绿色建筑评价标准涉及的绿色建筑技术考虑进去，与各专业设计标准相结合，以利于后期绿色建筑评估得分

续表

<table>
<tr><th>序号</th><th>标准名称及编号</th><th>包括内容</th><th>评价方法</th><th>主要特点</th></tr>
<tr><td>3</td><td>《绿色工业建筑评价标准》（GB/T 50878—2013）</td><td>总则、术语、基本规定、节地与可持续发展场地、节能与能源利用、节水与水资源利用、节材与材料资源利用、室外环境与污染物控制、室内环境与职业健康、运行管理、技术进步与创新</td><td rowspan="3">评分条文得分按照权重计算总分，与《绿色建筑评价标准》（GB/T 50378—2014）类似</td><td rowspan="3">以《绿色建筑评价标准》（GB/T 50378—2014）为指导，针对不同使用功能的建筑类型编写的评估标准，不同的绿色建筑评价标准主要技术内容稍有不同</td></tr>
<tr><td>4</td><td>《绿色医院建筑评价标准》（GB/T 51153—2015）</td><td>总则、术语、基本规定、规划、建筑、设备及系统、环境与环境保护、运行管理</td></tr>
<tr><td>5</td><td>《既有建筑绿色改造评价标准》（GB/T 51141—2015）</td><td>总则、术语、基本规定、规划与建筑、结构与材料、暖通空调、给水排水、电气与自控、施工管理、运营管理、提高与创新</td></tr>
<tr><td>6</td><td>《建筑工程绿色施工评价标准》（GB/T 50640—2010）</td><td>地基与基础工程、结构工程、装饰装修与机电安装工程，根据环境保护、节材与材料资源利用、节水与水资源利用、节能与能源利用和节地与土地资源保护</td><td>评分条文得分按照权重计算总分，与《绿色建筑评价标准》（GB/T 50378—2014）类似</td><td>以建筑工程施工过程为对象进行评价</td></tr>
</table>

我国主要绿色建筑评价标准皆以“节能、节地、节水、节材和保护环境”为目标，制定原则和可持续发展的大方向一致，在内容和评价点上稍有不同。另外，由于各省的资源和环境不同，各省绿色建筑评估在遵循《绿色建筑评价标准》（GB/T 50378—2014）要求的基础上，因地制宜，相继出台了更贴近本省建筑实际情况的省《绿色建筑评价标准》，目前，已经有25个省绿色建筑评价标准正式发布实施，评价条文内容与《绿色建筑评价标准》（GB/T 50378—2014）相似，一般在不同类型建筑的各类指标权重和某些节能得分细节上做部分调整，以便更好地适合当地绿色建筑的快速发展。

我国绿色建筑评价标准经过了大量的绿色建筑试评，各项指标得分较均衡，体现了中国绿色建筑评价体系“多目标、多层次”的特点及以“四节一环保”为核心内容的绿色建筑发展理念。对不同类型的建筑出台不同的建筑评价标准，设计阶段有绿色设计规范，施工阶段有施工过程绿色评价标准，最后运维有绿色运行维护规范，总之在各个阶段都有一个规范标准。以绿色校园、绿色生态城区评价标准为例，绿色建筑评价标准范围不仅是初期的单体建筑评价，由单体建筑向区域延伸，在区域范围内考虑绿色建筑亦为大势所趋。与发达国家相比，我国的绿色建筑发展虽然起步较晚，但通过努力借鉴其他国家绿色建筑评价标准在制定和实施方面的经验，结合我国特有的气候特征、建筑特点，逐步完善和拓展评价标准体系，进而形成了一个能够涵盖全国的全方位的绿色建筑标准体系。

6.2.2.1 《绿色建筑评价标准》（GB/T 50378—2014）

2014年4月住房和城乡建设部发布公告，新版《绿色建筑评价标准》（GB/T 50378—2014）于2015年1月1日起实施，原《绿色建筑评价标准》（GB/T 50378—2006）同时废止。该标准适用于各类民用建筑的评价，根据总得分分别达到50分、60分、80分，分为一星级、二星级、三星级3个等级。

1. 《绿色建筑评价标准》（GB/T 50378—2014）的基本规定

（1）《绿色建筑评价标准》（GB/T 50378—2014）适用于各类民用建筑的评价。

（2）绿色建筑的评价以单栋建筑或建筑群为评价对象。评价单栋建筑时，涉及系统性、整体性的指标时，应基于该栋建筑所属工程项目的总体进行评价。

（3）绿色建筑评价分为设计评价和运行评价。设计评价应在建筑工程施工图设计文件审查通过后进行，运行评价应在建筑通过竣工验收并投入使用一年后进行。

（4）申请评价方应进行建筑全寿命期技术和经济分析，合理确定建筑规模，选用适当的建筑技术、设备和材料，对规划、设计、施工、运行阶段进行全过程控制，并提交相应分析、测试报告和相关文件。

（5）评价机构应按《绿色建筑评价标准》（GB/T 50378—2014）的要求，对申请评价方提交的报告、文件进行审查，出具评价报告，确定等级。对申请运行评价的建筑，应进行现场考察。

2. 《绿色建筑评价标准》（GB/T 50378—2014）评分体系

绿色建筑评价指标体系由“节地与室外环境、节能与能源利用、节水与水资源利用、节材与材料资源利用、室内环境质量、施工管理、运营管理、提高与创新”这8类指标组成（表6-13）。其中前7类评价指标包含：控制项和评分项，评分项总分均为100分，并分配有相应的权重系数，权重系数之和为1；提高与创新类评价指标为加分项，总分为16分，其权重系数为1，但加分项最高得分不超过10分。设计评价时，不对施工管理和运营管理2类指标进行评价，但可预评相关条文。控制项的评定结果为满足或不满足；评分项和加分项的评定结果为分值。

表6-13　中国绿色建筑评价标识评估体系表

<table>
<tr><td>1</td><td>节地与室外环境</td><td rowspan="7">控制项</td><td rowspan="7">评分项</td></tr>
<tr><td>2</td><td>节能与能源利用</td></tr>
<tr><td>3</td><td>节水与水资源利用</td></tr>
<tr><td>4</td><td>节材与材料资源利用</td></tr>
<tr><td>5</td><td>室内环境质量</td></tr>
<tr><td>6</td><td>施工管理</td></tr>
<tr><td>7</td><td>运营管理</td></tr>
<tr><td>8</td><td>提高和创新</td><td colspan="2">加分项</td></tr>
</table>

绿色建筑评价按各权重计算的总得分确定等级，一星级、二星级、三星级 3 个等级的绿色建筑均应满足标准所有控制项的要求，且前 7 类指标的评分项得分均不应小于 40 分，总得分分别应达到 50 分、60 分、80 分。各类评价指标的权重分布如图 6-13 和图 6-14 所示。

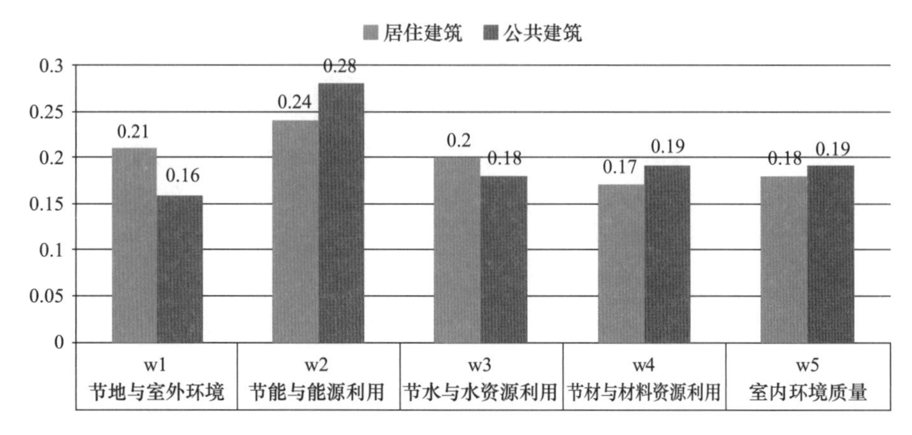

图 6-13 设计阶段分项指标权重分布图

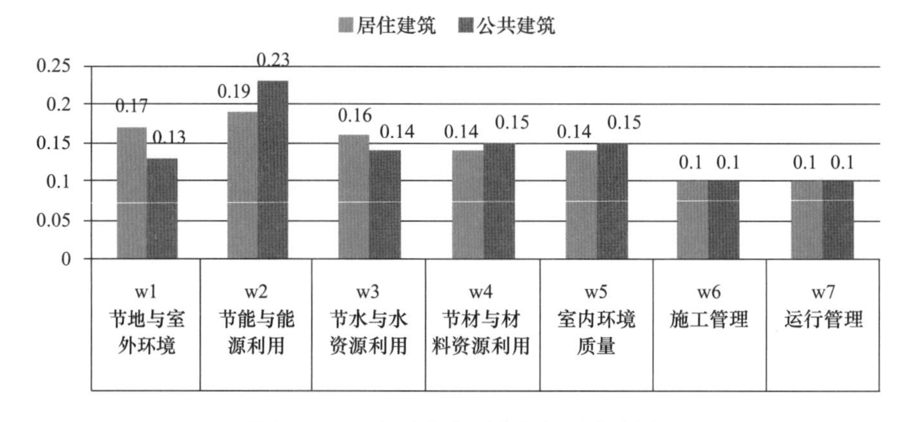

图 6-14 运行阶段分项指标权重分布图

3. 绿色建筑评价标识申报流程

绿色建筑评价标识的申报通常需要经历选定评价机构、提出申报意向和申请、提交申报材料、形式审查、专业评审、通过评审后公示、获得标识、住建部备案等流程。具体申报流程如图 6-15 所示。

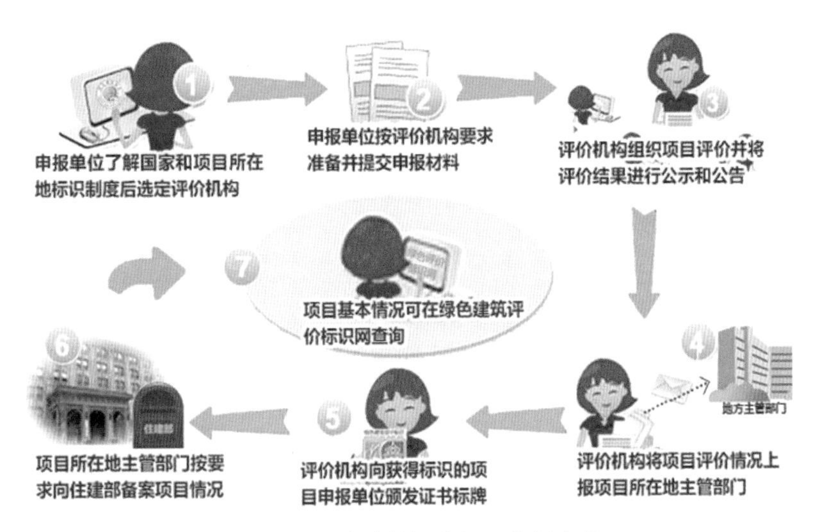

图 6-15　绿色建筑评价标识申报流程

6.2.2.2　《民用绿色建筑设计规范》（JGJ/T 229—2010）

2010 年 11 月 17 日，中华人民共和国住房和城乡建设部发布了第一部专门针对绿色建筑设计的行业规范《民用绿色建筑设计规范》（JGJ/T 229—2010），该标准为行业推荐性标准，于 2011 年 10 月 1 日开始正式实施。此标准为民用建筑的绿色设计指导规范，在建筑设计阶段，按照此规范将绿色建筑技术考虑进去，与相关专业设计标准相结合，以利于绿色建筑的建设推进及后期绿色建筑施工及运营管理。

1.《民用绿色建筑设计规范》（JGJ/T 229—2010）的特点

《民用绿色建筑设计规范》（JGJ/T 229—2010）作为第一部针对绿色建筑设计的规范，体现了绿色建筑的基本要求，存在以下显著特点：

（1）综合性强。该规范包含了场地资源利用与生态环境保护、场地规划与室外环境、建筑设计与室内环境、建筑材料、给排水设计、暖通设计、电气设计等建筑全方位的设计要求。

（2）强调前期策划和技术集成。该规范首先提出绿色设计策划要求，从明确绿色建筑的前期调研、项目定位、建设目标及对应的技术策略到增量成本和效益全方位进行设计策划，并编制绿色设计策划书。同时，节地与室外环境、建筑、结构、暖通、给排水、电气等各专业的技术策略应集成、综合考虑，避免技术堆砌。

（3）遵循因地制宜的原则。该规范强调场地、市场、社会全方位的调研，确保最终选择的技术策略符合当地的生态、气候、经济、文化等各方面的要求。

2.《民用绿色建筑设计规范》（JGJ/T 229—2010）的主要内容

《民用绿色建筑设计规范》（JGJ/T 229—2010）包含“基本规定、绿色设计策划、场地与室外环境、建筑设计与室内环境、建筑材料、给水排水、暖通空调、建筑电气”8 个章节的主要内容。其体系框架见表 6-14。

表 6-14　《民用绿色建筑设计规范》评价体系框架

类别	内容点
基本规定	鼓励民用建筑在设计理念、方法、技术应用等方面的绿色设计创新
绿色设计策划	明确绿色建筑的项目定位、建设目标及对应的技术策略、增量成本与效益、编制绿色设计策划书
场地与室外环境	场地要求、场地资源利用与生态环境保护、场地规划与室外环境
建筑设计与室内环境	空间合理利用、日照和天然采光、自然通风、维护结构、室内声环境、室内空气质量、工业化建筑产品应用、延长建筑寿命
建筑材料	节材、选材
给水排水	非传统水源利用、供水系统、节水措施
暖通空调	暖通空调冷热源、暖通空调水系统、空调通风系统、暖通空调自动控制系统
建筑电气	供配电系统、照明、电气设备节能、计量与智能化

6.2.2.3 《绿色建筑行动方案》

2013 年 1 月 1 日，国务院办公厅以国办发〔2013〕1 号文转发国家发展改革委员会、住房城乡建设部制定的《绿色建筑行动方案》。该《行动方案》包含：开展绿色建筑行动的重要意义；指导思想、主要目标和基本原则；重点任务；保障措施 4 个部分。分述如下：

1. 开展绿色建筑行动的重要意义

开展绿色建筑行动，以绿色、循环、低碳理念指导城乡建设，严格执行建筑节能强制性标准，扎实推进既有建筑节能改造，集约节约利用资源，提高建筑的安全性、舒适性和健康性，对转变城乡建设模式，破解能源资源瓶颈约束，改善群众生产生活条件，培育节能环保、新能源等战略性新兴产业，具有十分重要的意义和作用。

2. 指导思想、主要目标和基本原则

（1）指导思想。把生态文明融入城乡建设的全过程，紧紧抓住城镇化和新农村建设的重要战略机遇期，树立全寿命期理念，切实转变城乡建设模式，提高资源利用效率，加快推进建设资源节约型和环境友好型社会。

（2）主要目标。城镇新建建筑严格落实强制性节能标准，“十二五”期间，完成新建绿色建筑 10 亿 m^2；到 2015 年末，20% 的城镇新建建筑达到绿色建筑标准要求。

（3）基本原则。全面推进，突出重点；因地制宜，分类指导；政府引导，市场推动；立足当前，着眼长远。

3. 重点任务

（1）切实抓好新建建筑节能工作。大力促进城镇绿色建筑发展。政府投资的国家机关、学校、医院、博物馆、科技馆、体育馆等建筑，直辖市、计划单列市及省会城市的保障性住房，以及单体建筑面积超过 2 万 m^2 的机场、车站、宾馆、饭店、商场、写字楼等大型公共建筑，自 2014 年起全面执行绿色建筑标准。积极引导商业房地产开发项目执行绿色建筑标准，鼓励房地产开发企业建设绿色住宅小区。切实推进绿色工业建筑建设。严格落实建筑节能强制性标准。住房城乡建设部门要严把规划设计关口，加强建筑设计方案规划审查和施工图审查，城镇建筑设计阶段要100%达到节能标准要求。

（2）大力推进既有建筑节能改造。加快实施“节能暖房”工程。以围护结构、供热计量、管网热平衡改造为重点，大力推进北方采暖地区既有居住建筑供热计量及节能改造，“十二五”期间完成改造4亿m^2以上，鼓励有条件的地区超额完成任务。积极推动公共建筑节能改造。开展大型公共建筑和公共机构办公建筑空调、采暖、通风、照明、热水等用能系统的节能改造，提高用能效率和管理水平。“十二五”期间，完成公共建筑改造6000万m^2，公共机构办公建筑改造6000万m^2。开展夏热冬冷和夏热冬暖地区居住建筑节能改造试点。“十二五”期间，完成改造5000万m^2以上。创新既有建筑节能改造工作机制。做好既有建筑节能改造的调查和统计工作，制定具体改造规划。

（3）开展城镇供热系统改造。实施北方采暖地区城镇供热系统节能改造，提高热源效率和管网保温性能，优化系统调节能力，改善管网热平衡。撤并低能效、高污染的供热燃煤小锅炉，因地制宜地推广热电联产、高效锅炉、工业废热利用等供热技术。

（4）推进可再生能源建筑规模化应用。积极推动太阳能、浅层地能、生物质能等可再生能源在建筑中的应用。开展可再生能源建筑应用地区示范，推动可再生能源建筑应用集中连片推广，到2015年末，新增可再生能源建筑应用面积25亿m^2，示范地区建筑可再生能源消费量占建筑能耗总量的比例达到10%以上。

（5）加强公共建筑节能管理。加强公共建筑能耗统计、能源审计和能耗公示工作，推行能耗分项计量和实时监控，推进公共建筑节能、节水监管平台建设。研究开展公共建筑节能量交易试点。

（6）加快绿色建筑相关技术研发推广。科技部门要研究设立绿色建筑科技发展专项，加快绿色建筑共性和关键技术研发，重点攻克既有建筑节能改造、可再生能源建筑应用、节水与水资源综合利用、绿色建材、废弃物资源化、环境质量控制、提高建筑物耐久性等方面的技术，加强绿色建筑技术标准规范研究，开展绿色建筑技术的集成示范。

（7）大力发展绿色建材。因地制宜、就地取材，结合当地气候特点和资源禀赋，大力发展安全耐久、节能环保、施工便利的绿色建材。质检、住房城乡建设、工业和信息化部门要加强建材生产、流通和使用环节的质量监管和稽查，杜绝性能不达标的建材进入市场。积极支持绿色建材产业发展，组织开展绿色建材产业化示范。

（8）推动建筑工业化。住房城乡建设等部门要加快建立促进建筑工业化的设计、施工、部品生产等环节的标准体系，推动结构件、部品、部件的标准化，丰富标准件的种类，提高通用性和可置换性。

（9）严格建筑拆除管理程序。加强城市规划管理，维护规划的严肃性和稳定性。住房城乡建设部门要研究完善建筑拆除的相关管理制度，探索实行建筑报废拆除审核制度。对违规拆除行为，要依法依规追究有关单位和人员的责任。

（10）推进建筑废弃物资源化利用。落实建筑废弃物处理责任制，按照“谁产生、谁负责”的原则进行建筑废弃物的收集、运输和处理。

4. 保障措施

（1）强化目标责任。要将绿色建筑行动的目标任务科学分解到省级人民政府，将绿色建筑行动目标完成情况和措施落实情况纳入省级人民政府节能目标责任评价考核体系。

（2）加大政策激励。研究完善财政支持政策，继续支持绿色建筑及绿色生态城区建设、既有建筑节能改造、供热系统节能改造、可再生能源建筑应用等，研究制定支持绿色建材发展、建筑垃圾资源化利用、建筑工业化、基础能力建设等工作的政策措施。对达到国家绿色建筑评价标准二星级及以上的建筑给予财政资金奖励。

（3）完善标准体系。住房和城乡建设等部门要完善建筑节能标准，科学合理地提高标准要求。健全绿色建筑评价标准体系，加快制（修）订适合不同气候区、不同类型建筑的节能建筑和绿色建筑评价标准。

（4）深化城镇供热体制改革。住房和城乡建设、发展改革、财政、质检等部门要大力推行按热量计量收费，督导各地区出台完善供热计量价格和收费办法。

（5）严格建设全过程监督管理。在城镇新区建设、旧城更新、棚户区改造等规划中，地方各级人民政府要建立并严格落实绿色建设指标体系要求，住房和城乡建设部要加强规划审查，国土资源部要加强土地出让监管。对应执行绿色建筑标准的项目，住房和城乡建设部要在设计方案审查、施工图设计审查中增加绿色建筑相关内容，未通过审查的不得颁发建设工程规划许可证、施工许可证；施工时要加强监管，确保按图施工。

（6）强化能力建设。住房和城乡建设部要会同有关部门建立健全建筑能耗统计体系，提高统计的准确性和及时性。

（7）加强监督检查。将绿色建筑行动执行情况纳入国务院节能减排检查和建设领域检查内容，开展绿色建筑行动专项督查，严肃查处违规建设高耗能建筑、违反工程建设标准、建筑材料不达标、不按规定公示性能指标、违反供热计量价格和收费办法等行为。

（8）开展宣传教育。采用多种形式积极宣传绿色建筑法律法规、政策措施、典型案例、先进经验，加强舆论监督，营造开展绿色建筑行动的良好氛围。

6.3 绿色建筑节能环保技术的措施

6.3.1 绿色建筑节能环保设计原则

绿色建筑设计应结合各个国家（地区）的气候、环境、资源、经济及文化诸方面的特点，因地制宜，在建筑的全生命周期内给出最优的设计规划策略，以真正地实现建筑与自然的和谐共生。

下面对世界上主流的绿色建筑评价标准的设计原则做简单介绍。

1. LEED 设计原则

LEED 评价标准体系由美国绿色建筑委员会（USGBC）开发，其确定了六条指导原则来引导团队决定和建筑设计。

（1）推广三重底线。即经济繁荣、环境管理和社会责任，对应评估人（社会资本）、地球（自然资本）和利润（经济资本）三种资源的潜在影响和最佳实践。

（2）建立引导。领导和引导建筑设计由现代建筑建造逐渐向绿色建筑转型。

（3）建立和恢复人与自然之间的和谐。确立人和自然相互影响，需和谐相处的理念，以人为本，以自然为基础进行建筑设计。

（4）技术和科学数据的运用。通过技术和科学数据的运用来维持组织的完整性，进而引导做出正确的决策。

（5）包容性原则。通过民主程序以及给予任何人发表意见的机会来保证组织的包容性。

（6）开放性原则。拥有开放的标准体系，展示组织的透明度。

2. BREEAM 设计原则

BREEAM 强调整体设计，从设计方案开始考虑绿色建筑技术，且涵盖范围广泛，具有多方面的可持续设计指标，其大部分指标可以量化，易于计算。其设计原则包括：

（1）BREEAM 的设计理念为“精简、清洁、绿”，第一步是减少需求，降低取暖和空调的负荷，第二步是提高材料、水和能源的使用效率，第三步是使用绿色能源。

（2）BREEAM 通过一系列可行、全面、平衡的量化措施，确定环境质量，以保证环境质量达到要求，环境效益获得认可，体现满足环境目标的社会效益和经济效益。

（3）BREEAM 是一个国际化且当地化的评估体系，通过在每个国家和地区，采用不同的权重系数，可以满足不同国家和地区的绿色建筑评估。考虑到当地的自然环境、气候环境和人口密度等因素，BREEAM 会计算出各个地区的权重系数值。

（4）BREEAM 认可当地的法律法规，使其能更好地当地化。

（5）采用第三方认证，确保标识的独立性、信誉度和一致性。

3. DGNB 设计原则

DGNB 提出时间较晚，在此之前工业发达先进的德国已经具有了较为完备的建筑节能体系。因此 DGNB 更加关注建筑物和社区的环保性、节能性、经济性和舒适性，其设计理念为“低碳、高舒适、低成本”。

（1）DGNB 不仅是绿色建筑标准，而且涵盖了绿色生态、建筑经济、建筑功能和社会文化等各个方便因素。

（2）DGNB 不是以有无节能措施为标准，而是以建筑性能评价为核心，保证建筑质量，为业主和设计师达到目标提供更广泛的途径和发挥空间。

（3）DGNB 展示采用各种技术体系应用的相关利弊关系，以提供技术措施的统合应用，并对此进行应用性能评价。

（4）DGNB 提供了建筑全寿命周期的成本计算及评估方法，能够有效地评估控制建筑成本和投资风险。引导业主通过建筑可持续性获得更大的经济回报，使建筑具有未来价值。

4. 中国绿色建筑设计原则

中国绿色建筑设计原则包含“因地制宜、全寿命周期分析评价、被动式技术优先、均衡与集成、精专化”等五个方面，具体如下：

（1）因地制宜。“绿色”概念源于可持续发展思想，本身就强调实事求是和因地制宜。绿色建筑应注重地域性，考虑各类技术的适用性，特别是技术的本土适宜性。例如，严寒地区，室内外平均温差大，外墙保温是保证冬季室内热舒适性的关键；但对于夏热冬暖或夏热冬冷地区，室内外平均温差小，遮阳进而减少太阳辐射负荷才是降低空调能耗的关键。

（2）全寿命期分析评价。绿色建筑不仅强调在规划设计阶段充分考虑并利用环境因素，施工过程中确保对环境的影响最小，还关注运营阶段能为人们提供健康、舒适、低耗、无害的活动空间，拆除后又对环境危害降到最低。绿色建筑就是，通过合理的资源节约和高效利用的方式来建造低环境负荷下安全、健康、高效、舒适的环境空间，实现人、环境与建筑的和谐共生。

（3）被动式技术优先。根据现阶段我国的国情以及建设“两型社会”的原则，我们应鼓励以被动式建筑技术作为首选，建造以低成本、低能耗为代表的绿色建筑。应明确从绿色建筑策划、规划设计以及建筑设计阶段开始，根据建设场地的自然条件（如地理、气候与水文等），优先选用以自然通风、自然采光、被动式太阳能利用以及遮阳等被动式技术的绿色建筑方案体系。

（4）均衡与集成。根据绿色建筑的建设目标与绿色建筑方案体系，从技术有机集成的角度出发，合理选择适宜的技术，实现建筑与技术的一体化设计。应依照建筑的全生命周期与“四节一环保”的要求，注重技术的均衡性，避免短板，并采用性能化、精细化与集成化的设计方法，对设计方案进行定量验证、优化调整与造价分析，保证在全寿命周期费用经济合理的前提下，有效控制建设工程造价，实现低成本、高效率的绿色建筑设计目标。

（5）精专化。绿色建筑涉及专业众多，技术体系复杂，比传统设计更加强调专业分工和协同工作，更注重设计过程的精细化、专业化。实质就是要求建筑设计从粗放设计走向精细化设计，从局部设计走向整体设计。精细化的设计，可通过详细的计算机模拟对比分析，多专业综合考虑，在对各种技术方案进行技术经济性的统筹对比和优化基础上，达到控制成本、合理实现“四节一环保”指标的目标。

6.3.2 绿色建筑评价标准对电气节能环保设计的要求

电气能耗作为绿色建筑评价标准体系中的主要组成部分，当前绿色建筑评价标准（LEED、BREEAM、DGNB、中国绿色三星）针对电气节能环保设计的要求见表 6-15。

表 6-15　　绿色建筑评价标准对电气节能环保设计的要求

序号	标准名称	LEED（美国）	BREEAM（英国）	DGNB（德国）	中国绿色三星
1	供配电系统	—	—	—	三相配电变压器满足相关标准节能评价值要求

续表

序号	标准名称	LEED（美国）	BREEAM（英国）	DGNB（德国）	中国绿色三星
2	可再生能源应用（太阳能光伏）	得分点：可再生能源生产，增加可再生能源生产比例，根据可再生能源百分比得分 得分点：绿色电力和碳补偿，要求建筑使用绿色电力、碳补偿或可再生能源认证用能	Pol 氮氧化合物减排：太阳能光伏可以作为发电减排策略 可再生能源可以作为零碳或低碳技术在Ene01能源效率和Ene04零碳和低碳技术中得分	通过可再生能源可以降低ENV2.1全生命周期一次能源消耗中的消耗	太阳能（风能）光伏发电
3	电气设备	得分点：能源效率优化，要求电器和设备达到“能源之星”中关于建筑整体节能率要求，或者根据美国采暖、制冷与空调工程师学会（ASHRAE）高阶能源要求进行评分 得分点：增强设备调试	Ene01能源效率：对建筑整体能耗和建筑内能效做出要求	在ENV1.1全生命周期评估、ENV2.1全生命周期一次能源消耗中提出了对能源消耗的要求，其中电气设备作为耗能的一部分有所规定	（1）采用电梯和自动扶梯，电梯群控、扶梯自动启停 （2）水泵、风机等设备，及其他电气装置满足相关标准节能评价值要求 （3）水系统、风系统采用变频技术 （4）照明数量和质量满足相关标准 （5）节能空调供暖系统 （6）可独立调节供暖空调系统末端
4	照明	得分点：室内照明，提供照明控制、保证照明质量 得分点：能源效率优化，要求照明效率达到“能源之星”要求建筑整体节能率要求。或者根据美国采暖、制冷与空调工程师学会（ASHRAE）高阶能源要求进行评分	Ene02能源监控详细规定对照明、冷热系统、供电设施进行监测控制 Ene03室外照明 对室外照明效率提出要求	在ENV1.1全生命周期评估、ENV2.1全生命周期一次能源消耗中提出了对能源消耗的要求，其中照明作为耗能的一部分有所规定	（1）室外照明避免光污染 （2）分区、定时、感应节能控制 （3）照明功率密度达到标准的目标值
5	计量	得分点：建筑整体能源计量，包括电力系统计量	Ene02能源监控详细规定对照明、冷热系统、供电设施进行监测控制	各评价指标均要求运行数据进行正式认证	独立分项计量、计费

续表

序号	标准名称	LEED（美国）	BREEAM（英国）	DGNB（德国）	中国绿色三星
6	建筑设备管理	LEED 设备管理相关要求分布在各个电力相关条目中 PRO2.3 有系统的调试对建筑设备提出了定期调试要求	Ene02 能源监控详细规定对照明、冷热系统、供电设施进行监测控制	SOC1.5 用户控制对室内电气设备、照明的易于控制做出了要求 PRO2.3 有系统的调试对建筑设备提出了定期调试要求	（1）供暖、通风、空调、照明等设备自动监控系统 （2）智能化系统
7	室内环境质量监控	得分点：施工期室内空气质量管理计划：要求对空气质量进行监控	Ene02 能源监控详细规定对照明、冷热系统、供电设施进行监测控制	SOC1.2 室内空气质量需要室内环境质量监控设施，但未对监控提出要求	（1）与通风系统联动的二氧化碳浓度监测 （2）室内污染物超标监测 （3）与排风设备联动的地下车库一氧化碳浓度监测

6.3.3 绿色建筑评价标准中的电气技术措施

1. LEED 评价标准中的电气技术措施

（1）降低光污染：利用背光向上照射眩光（BUG）法或计算法达到对向上照射和光侵扰的要求。提高夜空可视度，改善夜间能见度，降低对野生动物和人的影响。

（2）调试和校验：根据适用于 HVAC&R 系统的 ASHRAE 指南 0-2005 和 ASHRAE 指南 1.1–2007（与能源、水、室内环境质量和耐久性相关）完成以下机械、电气、管道和可再生能源系统与组件的调试（Cx）。使项目的设计、施工和最后运营满足业主对能源、水、室内环境质量和耐久性的要求。

（3）建筑整体能源计量：新装或使用既有的整个建筑的能源表或可进行合计的分表来提供建筑整体的数据，以推算建筑的总能耗（电力、天然气、冷却水、蒸汽、燃油、丙烷、生物质能等）。通过跟踪记录建筑整体能耗来进行能源管理并确定更多节能的机会。

（4）照明及电气设备节能：通过整体能源效率优化模拟工作确定项目的节能率和得分。

（5）能源需求响应：设计建筑和设备以通过负载减卸或转移参与需求响应计划，以使能源产生和分配系统更高效、增加电网可靠性、减少温室气体排放。

（6）可再生能源：现场生产可再生能源，增加可再生能源的自给，减少与化石燃料能源相关的环境和经济危害。或购买绿色电力、碳补偿、可再生能源认证（REC）等实现对可再生能源的贡献。

（7）室内空气质量控制：通过 CO_2 浓度和 CO 浓度监控并联动新排风系统实现室内空气质量的控制。

（8）室内照明：为至少 90% 的个人使用空间提供独立照明控制，可以让用户调节照明以适合他们各自的任务和偏好，并且具有至少三种照明等级或场景（开、关、中等）。中等是最大照明等级的30%到70%（不包括自然采光的影响）。所有公共空间提供多区控制系统，可以让用户调节照明以满足群体需求和偏好，并且具有至少三种照明等级或场景（开、关、中等）。

2. BREEAM评价标准中的电气技术措施

BREEAM评价标准中电气相关要求集中在能源篇。

（1）可再生能源利用：Ene01能源效率中，可再生能源技术与设备的应用可以作为其中一个得分点，而Ene04低碳零碳技术中，可再生能源技术也作为相关的支撑技术成为可选项。但标准中未对可再生能源应用方式和应用量并未做细则要求。

（2）电气设备的性能效率：在Ene01能源效率中，对整个建筑能耗效率进行要求，其中电气相关设备作为建筑能耗的重要组成部分深受影响。条文除规定了建筑整体能源效率之外，还设立了外接电网、能源类型、电气设备耗能计算等与电气设计相关的选择项。

（3）照明：对于室内照明的相关要求被整合在能源效率Ene01条目中，Ene02为室外照明条目，为室外照明的照度密度等照明参数做出了规定。

（4）能耗计量、建筑设备管理、室内环境监控相关内容均体现在Ene02能源监控部分。标准提出了对相应建筑类型中冷热系统、照明、小型供电系统和其他耗能设施的计量、监控管理要求。

3. DGNB评价标准中的电气技术措施

在DGNB提出之前，德国已经具有了较为完备的建筑节能体系。因此DGNB更加关注建筑物和社区的环保性、节能性、经济性和舒适性，在其评估标准中，与电气专业直接相关的条目较少。

（1）在ENV1.1全生命周期评估、ENV1.2全生命周期一次能源消耗评估中，涉及全部能源消耗使用。其中详细规定了电气设备、照明、可再生能源应用等能源在全生命周期评估中的计算方式。其中在全生命周期一次能源消耗中，各种电气设施消耗均需要转化为一次能源进行计算，而采用可再生能源则可以降低项目的能源消耗。

（2）DGNB中没有专门的条目提出对计量的要求，但其采取的预评估政策要求正式评估应在建筑运行三年后根据实际运行数据进行包括能源消耗等条目的评估。因此精确可靠的分项计量措施依然必不可少。

（3）DGNB中也对用户控制的设计进行了要求，主要规定用户对于开关、控制的可达性和可控性，让用户更加容易地控制照明、空调等机电系统。这给建筑设备管理控制设计提出了要求，在设计过程中需要进一步考虑完成相关要求的智能化设计策略。

（4）DGNB对室内环境监控没有提出直接要求，但是在室内空气质量、室内通风质量等条目中均需要室内环境监控设施的辅助。

（5）建筑的碳排放量表现在建筑全寿命周期内一次性能源的消耗，进而排放出二氧化碳气体。DGNB对于建筑碳排放量的计算原则是：分别计算建筑材料在生产、建造、使用、拆除及重新利用过程中每个步骤的碳排放量并相加，形成建筑全寿命周期的碳排放总量。

对于降低建筑使用部分的碳排放量，要根据建筑在使用过程中的能耗，区分不同能源种类（石油、煤、电、天然气及可再生能源等），计算其一次性能源消耗量，然后折算出相应的二氧化碳排放量。在这一生产过程中，需要重视对能源使用部分的追踪，强调节约使用过程中一次性使用能源的消耗，包括提高采暖和电源部分可再生能源比例，而并不是盲目追求在城市建筑上光伏发电、风力发电等的推广，因为这些技术的应用受到许多限制，最终节能减排效果有限。

4. 中国《绿色建筑评价标准》中的电气技术措施（表 6-16）

表 6-16

分类	电气技术措施	措施分析
节地与室外环境	建筑及照明设计避免产生光污染。 （1）玻璃幕墙可见光反射比不大于 0.2 （2）室外夜景照明光污染的限制符合《城市夜景照明设计规范》（JGJ/T 163）的规定	（1）建筑物的光污染包括建筑反射光（眩光）、夜间的室外夜景照明以及广告照明等造成的光污染 （2）光污染控制对策包括降低建筑物表面（玻璃和其他材料、涂料）的可见光反射比，合理选配照明器具，采取防止溢光措施等 （3）室外夜景照明设计应满足《城市夜景照明设计规范》（JGJ/T 163—2008）第 7 章关于光污染控制的相关要求，并在室外照明设计图纸中体现
节能与能源利用（控制项）	（1）冷热源、输配系统和照明等各部分能耗应进行独立分项计量 （2）各房间或场所的照明功率密度值不应高于《建筑照明设计标准》（GB 50034）中规定的现行值	建筑分类能耗包括 8 类：电、水、燃气、供热、供冷、燃油和燃煤、可再生能源、其他能源。其中，建筑电类分项能耗包括 4 项 （1）照明及插座用电（分为 4 个一级子项：正常照明与插座、应急照明、室外景观照明、专用插座） （2）空调及供暖用电（分为 3 个一级子项：冷源站、热源站、空调末端） （3）动力用电（分为 3 个一级子项：电梯、水泵、通风机） （4）特殊用电（分为 6 个一级子项：信息中心、厨房餐厅、洗衣房、游泳池、健身房、其他） 分类、分项能耗数据计量装置，应选用具有标准通信协议接口、具备远传功能的产品，以便于设置独立的能源管理系统，并与楼宇设备管理系统（BA）组网，实现数据共享
节能与能源利用（照明与电气）	（1）走廊、楼梯间、门厅、大堂、大空间、地下停车场等场所的照明系统采取分区、定时、感应等节能控制措施 （2）照明功率密度值达到现行国家标准《建筑照明设计标准》（GB 50034）中规定的目标值 （3）合理选用电梯和自动扶梯，并采取电梯群控、扶梯自动启停等节能控制措施 （4）合理选用节能型电气设备 1）三相配电变压器满足现行国家标准《三相配电变压器能效限定值及能效等级》（GB 20052）的节能评价值要求 2）水泵、风机及其他电气装置满足相关现行国家标准的节能评价值要求	（1）照明系统的分区控制、定时控制、自动感应开关、照度调节等措施对降低照明能耗作用很明显。照明系统分区需满足自然光细用、功能和作息差异的要求。公共活动区域（门厅、大堂、走廊、楼梯间、地下车库等）以及大空间，应采取定时、感应等节能控制措施 （2）电梯和扶梯用电也形成了一定比例的能耗，而目前也出现了包括变频调速拖动、能量再生回馈等在内的多种节能技术措施。电梯和扶梯的节能控制适用于各类民用建筑的设计、运行评价。仅设有一台电梯或不设电梯的建筑，此条不参评

续表

分类	电气技术措施	措施分析
节能与能源利用（能量综合利用）	根据当地气候和自然资源条件，合理利用可再生能源	如采用光伏发电系统、导光管采光系统等。在人员长期工作或停留的地下房间或场所，无天然采光时宜设置导光设备，此措施不仅能够照明节能，还可有效地改善地下空间光环境质量
室内环境质量（控制项）	建筑照明数量和质量应符合现行国家标准《建筑照明设计标准》（GB 50034）的规定	各类民用建筑中的室内照度 E、照度均匀度 U_0、统一眩光值 UGR、相关色温 T_{cp}、一般显色指数 R_a 等照明数量和质量指标，应满足现行国家标准《建筑照明设计标准》（GB 50034）中的有关规定
室内环境质量（室内空气质量）	（1）对主要功能房间中人员密度较高且随时间变化大的区域设置室内空气质量监控系统 1）对室内的二氧化碳浓度进行数据采集、分析，并与通风系统联动 2）实现室内污染物浓度超标实时报警，并与通风系统联动 （2）地下车库设置与排风设备联动的一氧化碳浓度监测装置	详见“6.3.5　绿色建筑环境质量监控”
施工管理（过程管理）	（1）严格控制设计文件变更，避免出现降低建筑绿色性能的重大变更 （2）实现土建装修一体化施工	（1）绿色建筑在建造过程中应严格执行审批后的设计文件，设计文件局部变更时，不得显著影响该建筑绿色性能 （2）土建装修一体化设计与施工，对节约能源资源有重要作用。工程竣工验收时室内装修一步到位，可避免破坏建筑构件和设施
运营管理（控制项）	供暖、通风、空调、照明等设备的自动监控系统应工作正常，且运行记录完整	（1）供暖、通风、空调、照明系统是建筑物的主要用能设备。绿色建筑需对上述系统及主要设备进行有效的监测，对主要运行数据进行实时采集并记录；并对上述设备系统按照设计要求进行自动控制，通过各种不同运行工况下的自动调节来降低能耗 （2）对于建筑面积2万 m^2 以下的公共建筑和建筑面积10万 m^2 以下的住宅区公共设施的监控，可以不设置建筑设备自动监控系统，但应设简易有效的控制措施 （3）设计评价预审时，查阅建筑设备自动监控系统的监控点数 （4）运行评价时，查阅设备自动系统竣工文件、运行记录，并现场核查设备及其自控系统的工作情况

续表

分类	电气技术措施	措施分析
运营管理（智能化系统）	智能化系统的运行效果满足建筑运行与管理的需要	（1）通过智能化技术与绿色建筑其他方面技术的有机结合，可以有效提升建筑综合性能 （2）居住建筑智能化系统应满足《居住区智能化系统配置与技术要求》的基本配置要求，主要评价内容为居住区安全技术防范系统、住宅信息通信系统、居住区监控中心等 （3）公共建筑的智能化系统应满足《只能建筑设计标注》的基础配置要求，主要评价内容为安全技术防范系统、信息通信系统、建筑设备监控系统、安（消）防监控中心等 （4）国家标准《智能建筑设计标准》以系统合成配置的综合技术功效对智能化系统工程标准等级给予了界定，绿色建筑应达到其中的应选配置要求
运营管理（信息化管理）	应用信息化手段进行物业管理，建筑工程、设施、设备、部品、能耗等档案及记录齐全	（1）信息化管理是实现绿色建筑物业管理定量化、精细化的重要手段，对保障建筑的安全、舒适、高效及节能环保的运行效果，提高物业管理水平和效率，具有重要作用 （2）要求相关的运行记录数据均为电子文档，应提供至少1年的用水量、用电量、用气量和用冷热量的数据，作为评价的依据
运营管理（能耗管理系统）	（1）绿色公共建筑宜设置能耗管理系统，建立统一管理平台，采用专用软件，对水量、电量、燃气量、集中供热供冷量等能耗数据，分类分项进行监测、统计、分析和管理，并可自动、定时向上一级数据中心发送能耗数据信息 （2）现场能耗数据采集，宜利用建筑设备监控系统或电力监控系统的既有功能，实现数据共享	（1）高压供电时，应在高压侧设置电能计量装置，同时在低压侧进线柜设置低压总电能计量装置，以获取建筑总耗电量；在低压柜出线回路或楼层配电箱中设置分项能耗计量装置。能耗计量装置宜选用三相多功能电能表，以获取电压、电流、有功功率、无功功率、功率因数、谐波等参数 （2）建筑设备监控系统或电力监控系统中计量装置满足能耗管理系统要求时，可将其数据共享，为能耗管理系统所用
提高与创新	（1）采用分布式热电冷联供技术，系统全年能源综合利用率不低于70% （2）应用建筑信息模型（BIM）技术	（1）分布式冷热电三联供系统为建筑或区域提供电力、供冷、供热三种需求，实现能源的梯级利用 （2）建筑信息模型是建筑业信息化的重要支撑技术，其支持建筑工程全寿命周期的信息管理和利用，可以充分利用工程建筑各阶段、各专业之间的协作配合和各自资源，提高工程质量及效率，并显著降低成本

6.3.4 绿色建筑电气环保措施

绿色建筑电气环保措施，主要有：

（1）变压器选用低噪声干式变压器。高低压开关柜等配电设备元器件选用低噪声环保型，降低用配电设备的噪声及电磁污染。

（2）柴油发电机房采取隔声、吸声、消声、降噪及减振等多种措施，发电机组设减震基座，以降低震动及噪声。

（3）柴油机排烟管上安装高效消音器，烟气经净化器处理后高空排放，减小烟气对周围环境的污染，达到环保部门要求。

（4）采用低烟无卤清洁型电缆和导线，火灾时可以避免释放大量含氯的有毒烟雾，以保证人员在紧急情况时的安全疏散。

（5）火灾自动报警系统的感烟探测器选用光电感烟型产品，不选用离子感烟型产品。

（6）使用的 EPS 及 UPS 电源装置均配置免维护密封电池，运行过程中不产生废酸、废液，电池寿命终结时集中统一进行无害化处理。

6.3.5 绿色建筑环境质量监控

环境质量监控主要包括室温控制、水质监测和环境监测。

1. 室温控制

室温控制系统集成了多种类型的传感器，可以不间断的监测室内的温度、湿度、光线以及恒温器周围的环境变化，从而可以自动控制暖气、通风及空气调节设备（如空调、地暖、电暖器等），让室内温度恒定在用户设定的温度。它还可以通过用户设定的情景模式，或根据季节和环境温度，自动将室温调整到最舒适的状态。

2. 水质监测

水质监测系统可以通过配合各种水处理设备（如家用水处理设备、泳池水处理设备），对家庭用水进行全面的净化和纯化，还可以对泳池的水质、水温、水位进行检测，自动进行消毒、恒温和补水排水控制。

家用水处理系统包括中央净水系统、中央软水系统、中央纯水系统三个部分，对家庭用水进行全面的净化、软化、纯化，确保人们良好的健康用水生活品质。泳池水处理可选用泳池一体化循环设备，占地少，不需化学产品处理水质，完全靠物理铜、银离子（铜银离子发生器）杀菌、絮凝、除藻、消毒，完全替代传统泳池的氯或臭氧消毒及硫酸铜除藻，且无臭味、异味，全年保持水质品质。

3. 环境监测

环境监控系统配备了空气质量、PM2.5、温湿度、噪声、环境光等多种探测器，实时监测建筑室内环境质量，提高生活舒适度。当室内有害气体浓度监测结果超过标准值的时候，系统将自行启动空调、新风、空气净化器和换气扇等设备净化室内空气。

（1）主要功能房间中人员密度较高且随时间变化大的区域设置室内空气质量监控系统，对室内的 CO_2 浓度进行数据采集、分析，并与通风系统联动；对室内污染物浓度超标进行实时报警，并与通风系统联动。

（2）地下车库设置与排风设备联动的 CO 浓度监测装置。当 CO 超过一定的量值时需启动排风系统进行通风，但超过危险浓度设定值时还需发出警报，进行紧急处理。

6.4 绿色建筑节能环保技术的典型案例

6.4.1 住宅建筑节能环保技术典型案例

1. 项目概况（图 6-16）

图 6-16 某住宅项目全景图

项目类别：住宅　　总建筑面积：9.44 万 m^2

总建筑高度：54.1 ~ 83.7m　　层数：地下 1 层，地上 18 ~ 28 层

主要功能组成：7 栋 18 层 ~ 28 层住宅楼

已获认证等级：中国绿色建筑二星级设计标识

2. 绿色建筑关键评价指标

该项目采用了“复层绿化、透水地面、合理开发地下空间、场地风环境模拟、照明节能及控制、太阳能热水系统、节水器具、减压限流、人工湿地、高强度钢筋、自然采光优化”等绿色建筑技术，产生了良好的节能、节水效果，相应的关键评价指标见表 6-17。

表 6-17　　关键评价指标情况

指标	单位	填报数据
申报建筑面积	万 m^2	9.44

续表

指标	单位	填报数据
人均用地面积	m^2	14.1
地下建筑面积比例	%	24.4
透水地面面积比	%	54.2
单位面积能耗	kW·h/（m^2·年）	48.4
节能率	%	71.9%
可再生能源产生的热水比例	%	54.2
非传统水源利用率	%	18.7
绿地率（住宅建筑填写）	%	36.90

3. 增量成本

该项目绿色建筑增量成本情况见表 6-18。

表 6-18　　增量成本情况

指标	单位	填报数据
申报建筑面积	万 m^2	9.44
总增量投资成本	万元	463.94
单位面积增量成本	元 /m^2	49.15
年节约运行费用	万元 / 年	56.91

4. 绿色建筑关键技术

该项目相应的具体技术措施应用情况见表 6-19。

表 6-19　　绿色建筑关键技术

分类	技术措施
节地与室外环境	透水地面：室外透水地面面积比达到 54.2%
	室外风环境模拟优化
	复层绿化
	地下空间合理开发利用
	公共服务配套设施规划设计完善
节能与能源利用	围护结构热工设计满足节能标准
	节能照明及照明控制节能
	阳台壁挂式太阳能热水
节水与水资源利用	人工湿地回用雨水及优质杂排水
	节水型卫生器具及节水灌溉
	减压阀减压限流设计

续表

分类	技术措施
节材与材料资源利用	预拌混凝土及预拌砂浆
	造型简约设计
	高强度钢筋：使用比例达到 81.2%
室内环境质量	日照模拟优化
	自然采光模拟优化
	围护结构增强隔声设计
运营管理	分户、分类计量收费
	智能化设计
	设备、管道合理设置

6.4.2 办公建筑节能环保技术典型案例

1. 项目概况（图 6-17）

图 6-17 某办公建筑全景图

项目类型：办公楼　　总建筑面积：6.31 万 m^2

总建筑高度：221.5m　　层数：地下 5 层，地上最高 41 层

主要功能组成：41 层办公塔楼、31 层公寓式酒店、4 层商业裙房

拟获认证等级：美国 LEED CS 金级、中国绿色建筑一星级设计标识

2. 绿色建筑关键评价指标

项目采用了“地下空间开发、绿色低碳交通、场地开发保护、雨水回用、屋顶绿化、节水器具、高能效空调设备、分户计量、垃圾分类回收、建筑废弃物管理、排风热回收”等绿色建筑技术，产生了良好的节能、节水效果，相应的关键评价指标见表 6-20。

表 6-20　　关键评价指标情况

指标	单位	填报数据
申报建筑面积	万 m^2	6.31
容积率	m^2	7.21
地下建筑面积比例	%	42.98
单位面积能耗	kW·h/（m^2·a）	65.50
节能率	%	55.83
可再循环材料利用率	%	12.81
非传统水源利用率	%	1.87
绿地率	%	32.88

3. 增量成本

该项目绿色建筑增量成本情况见表 6-21。

表 6-21　　增量成本情况

指标	单位	填报数据
申报建筑面积	万 m^2	6.31
总增量投资成本	万元	260.76
单位面积增量成本	元 /m^2	41.32
年节约运行费用	万元 / 年	53.28

4. 绿色建筑关键技术

该项目相应的具体技术措施应用情况见表 6-22。

表 6-22　　绿色建筑关键技术

分类	技术措施
节地与室外环境	集约利用土地：容积率达 7.2
	室外风环境模拟优化
	复层绿化与立体绿化
	地下空间合理开发利用
	交通便利
节能与能源利用	外窗可开启通风设计
	节能照明及照明控制节能
	新排风热回收
	高效风机和水泵设计
节水与水资源利用	雨水回用设计
	节水型卫生器具及节水灌溉
	用水分户、分项计量

续表

分类	技术措施
节材与材料资源利用	预拌混凝土及预拌砂浆
	高强度钢筋设计
	可再循环材料设计
	灵活隔断设计
室内环境质量	空调末端可独立调节
	自然采光模拟优化
	围护结构隔声设计
	无障碍设计
运营管理	智能化设计
	设备、管道合理设置

6.4.3 博展建筑节能环保技术典型案例

1. 项目概况（图 6-18）

图 6-18　某博展建筑全景图

项目类型：会议中心　　总建筑面积：14.56 万 m^2

总建筑高度：64m　　层数：地下 1 层，地上 5 层

主要功能组成：31 个小会议厅、1 个 6000m^2 超大会议厅、若干小会议厅等。

已获认证等级：中国绿色建筑三星级设计标识

2. 绿色建筑关键评价指标（表 6-23）

表 6-23　关键评价指标情况

指标	单位	填报数据（小数点后保留两位）
申报建筑面积	万 m^2	14.56

续表

指标	单位	填报数据（小数点后保留两位）
建筑节能率	%	63.19
非传统水源利用率	%	47.40
绿地率	—	公共建筑不参评
可再生建筑材料用量比	%	30

3. 增量成本

该项目绿色建筑增量成本情况见表6-24。

表6-24　　增量成本情况

指标	单位	填报数据（小数点后保留两位）
申报建筑面积	万 m^2	14.56
总增量投资成本	万元	1865
单位面积增量成本	元 /m^2	128
年节约运行费用	万元 / 年	—

4. 绿色建筑关键技术

该项目相应的具体技术措施应用情况见表6-25。

表6-25　　绿色建筑关键技术

分类	技术措施
节地与室外环境	加强透水地面建设，增加雨水渗透面积
	室外风环境模拟优化
	复层绿化与立体绿化
	地下空间合理开发利用
	交通便利
节能与能源利用	围护结构设计满足公共建筑节能60%要求
	利用天然采光，采用节能灯具，并设置智能照明控制系统
	会议室和大宴会厅采用带热回收的空调机组，室内回风对新风进行预热
	高效风机和水泵设计
	对照明、动力、采暖空调、特殊用电等进行分项计量，对空调通风系统冷热源、风机、水泵等机电设备设置自动监控系统，全楼设置能耗监测与能源管理系统
节水与水资源利用	全部采用节水型卫生洁具及配水件，平均节水率为10%
	景观浇灌采用喷灌或微灌的节水灌溉形式，节水灌溉平均节水率30%
	对屋面雨水及路面雨水进行收集、处理，回用与景观道路浇洒；对优质杂排水进行收集，处理回用后用于冲厕

续表

分类	技术措施
节材与材料资源利用	预拌混凝土及预拌砂浆
	高强度钢筋设计
	可再循环材料设计
	灵活隔断设计
室内环境质量	人流量变化较大的商业区及大堂设置空气质量监测系统，实时监测室内空气质量
	自然采光模拟优化
	围护结构隔声设计
	无障碍设计
	采用中空百叶玻璃窗可改善室内热环境，减少采暖空调能耗
运营管理	智能化设计
	设备、管道合理设置
创新项	采用地源热泵系统

第7章 数据中心节能技术

7.1 数据中心节能技术的现状

数据中心在我国逐渐普及，但有资料显示，目前数据中心的平均 PUE 值在 2.2 ~ 3.0 之间，能源效率普遍低下，建设绿色数据中心已成为中国制造 2025 中绿色制造中的重点领域，需进行合理设计、有效管理，以实现其低碳绿色可持续发展。

7.1.1 绿色数据中心发展概况

云计算、物联网、数字城市和智慧城市等大数据的应用方兴未艾，“互联网 +”的概念被作为国家发展战略提出，而“互联网 +”的物质基础必定包含大量超规模的数据中心的建设。据 IBM 公司的统计表明，整个人类文明所获得的全部数据中，有 90% 是过去两年内产生的；而到了 2020 年，数据规模将达到目前的 44 倍。数据中心作为一个产业已经正式走上前台。

7.1.1.1 国外数据中心的发展情况

1. 数据中心大数据在美国已经提升到战略层面

美国政府将大数据视为强化美国竞争力的关键因素之一，把大数据研究和生产计划提高到国家战略层面。2012 年 3 月，美国奥巴马政府宣布投资 2 亿美元启动“大数据研究和发展计划”，这是继 1993 年美国宣布“信息高速公路”计划后的又一次重大科技发展部署。美国政府本身也是大数据的积极使用者，随着应用的深入，大数据使美国的医疗、交通、教育等公共事务服务质量得到显著提高。

2. 数据中心大数据在欧洲公共管理部门得到深入应用

大数据在 OECD 组织中的欧洲国家公共管理部门创造了上千亿欧元的潜在经济价值，

这些经济价值主要通过政府公共管理机构开支的减少、转移支付的下降及税收的增加来实现。英国政府紧随美国之后推出一系列支持大数据的发展举措。首先给予研发资金支持。2013 年 1 月，英国政府向航天、医药等 8 类高新技术领域注资 6 亿英镑，其中大数据技术获得 1.89 亿英镑的资金，是获得资金最多的领域。其次是促进政府和公共领域的大数据应用。据测算，通过合理、高效使用大数据技术，英国政府每年可节省约 330 亿英镑，相当于英国每人每年节省约 500 英镑。为了在医疗领域更好的应用大数据，2013 年 5 月，英国政府和李嘉诚基金会联合投资设立全球首个综合运用大数据技术的医药卫生科研机构，将透过高通量生物数据，与业界共同界定药物标靶，处理目前在新药开发过程中关键的瓶颈，集中分析庞大的医疗数据。

3. 日本政府把数据中心大数据作为提升日本竞争力的关键

日本政府在新一轮 IT 振兴计划中把发展大数据作为国家战略的重要内容，日本总务省 2012 年 7 月推出的新的综合战略“活力 ICT 日本”中，宣布将重点关注大数据应用，并将其作为 2013 年六个主要任务之一。

4. 澳大利亚、新加坡等国也重视数据中心大数据的发展

2013 年 8 月初，澳大利亚出台公共服务大数据政策，提出了大数据分析的实践指南，希望通过大数据分析系统提升公共服务质量，增加服务种类，为公共服务提供更好的政策指导。在新加坡，多个国际领先企业设立大数据技术研发中心，加速数据分析技术的商业应用。2014 年初，新加坡资讯通信发展管理局（IDA）还聘请了首任首席数据科学家，专门推进政府数据的开放和价值开发。

7.1.1.2 国外新型数据中心发展趋势

1. 数据中心数量逐年减少，单体规模不断增大

2012 年至今，随着数据中心变革性技术应用不断增加，数据中心开始进入整合、升级、云化的新阶段，大型化、专业化、绿色化是其主要特征，数据中心数量开始逐年减少，但单体建设规模却在激增。在美国，截至 2010 年底超过 2000m^2 的大型数据中心已经超过 570 个，约占全球大型数据中心总量的 50%。

2. 基于市场需求的明确定位是数据中心选址和建设考量的关键因素

欧美数据中心以商业化数据中心为主。从区域分布来看，美国主要分布在经济发达的西部和沿海地区，内陆相对较少。并且，在高科技产业聚集区和高校科研聚集区，数据中心数量明显多于其他地区。

欧洲数据中心主要集中分布在英国、德国、法国、荷兰等国家。英国作为老牌欧洲强国，ICT 产业发达，是欧洲最主要的网络节点之一，直通美洲大陆。德国是欧洲人口最多、土地最大的国家之一，尽管首都在柏林，但其数据中心主要集中在法兰克福，因为德国国内的数据中心主干节点和与其他国家网络节点都集中在法兰克福。可以看出，商业数据中心布局多尊重市场的选择，企业首先会考虑在数据中心建成运营后，能为哪些客户提供哪些服务，而且根据服务对象的不同，数据中心建设的层次和规模也会有所差异。同时，在网络基础环境等因素的限制下，往往会考虑周边产业发展状况及市场需求。因此，基于市

场需求的明确定位是企业在选址和建设数据中心时考虑的关键因素。

3. 大型数据中心建设考虑能源状况、气候状况及能耗治理

大型互联网数据中心建设常考虑土地、人力、水电及当地政策环境等因素，以降低数据中心建设和运营成本。目前，向高纬度、富能源地区迁移正成为数据中心布局的新特征。充分利用这些地区天然的气候条件、能源状况，土地、水电、税收等优惠政策，大幅降低数据中心运营成本。

7.1.1.3 国内数据中心的发展情况

国内数据中心建设大约经历了五代的发展历程，目前正由第五代向第六代演进，见表 7-1。

表 7-1 国内数据中心建设发展历程

发展历程	年份 / 年	特点	备注
第一、二代	1960—1990	应用降温措施至专用空调机防静电概念的引进和应用 稳定工作时间为几十小时至几天	为单个计算机系统设计
第三代	1990—2000	制定标准 网络设备大量使用，对数据的严格保护 全面采用恒温恒湿专用空调 供电系统、防雷接地、综合布线、机房装修等系统逐步完善 稳定工作时间为几十天	IT 设备小型化，多台计算机服务器联网
第四代	2000—2005	更合理的可用性设计 更加重视数据的保存环境 更加严格的数据中心建设检测与监督 IT 工作时间基本上定连续的（365 × 24） 系统稳定几个月或连续稳定	IT 设备的进一步小型化
第五代	2005—2010	高可用、系统模块化 注重扩展性、关注管理	
第六代	2010 年至今	云态化、规模化 高可用、预制化 微模块化、多态化、绿色化 更加关注运维	

随着互联网 +、云计算和大数据产业的加速发展，我国数据中心进入大规模的规划建设阶段。2011—2013 年上半年全国共规划建设数据中心 255 个，已投入使用 173 个，总用地约 713.2 万 m^2，总机房面积约 400 万 m^2。2015 年中国 IDC 市场延续了高速增长态势，市场总规模为 518.6 亿元人民币，同比增长 39.3%。

7.1.1.4 国内数据中心建设的趋势

2015 年，在互联网 +、云计算、大数据等新兴产业快速发展的推动下，国内数据中心

产业结构不断优化，跨界融合不断加深，生态圈逐步成形，开放、融合、共赢似乎已成为行业发展的主旋律。

1. 跨界进军数据中心风盛行

随着互联网＋战略的不断深入，更多的传统企业跨界到数据中心领域来。跨界企业的逐渐增多，不仅为数据中心行业带来了庞大资金和技术人才，也为诸多传统 IDC 企业的转型创造了良好的条件。

2. 数据中心建设热情有增无减

作为国内数据中心建设的三大巨头，中国联通 2015 年投巨资在全国规划建设十大云数据中心，全部建成后，数据中心总机架数将超过 25 万架，具备容纳 300 万台服务器的承载能力。中国移动则斥资 45 亿元在河南打造大型数据中心，项目建成后，将能够部署服务器机架 1.69 万架，可同时容纳 15 万台服务器。中国电信也正着力建设内蒙古云数据中心，目标规划可容纳 10 万个机架。除运营商这三大主力外，以阿里、腾讯为代表的互联网企业也争先恐后地投入到数据中心建设中来。阿里张北云数据中心项目在张北县开工，预计 2016 年 4 月投入运营。总投资 30 亿元的重庆腾讯云计算数据中心项目在重庆云计算产业园开工建设，首期将于 2017 年投用。

3. 传统 IDC 企业掀起上市热潮

就在业界大举进攻数据中心领域时，诸多传统 IDC 企业为增强自身实力纷纷选择上市之路，在 2015 年，赞普科技、奥飞数据、景安网络、天舰股份等企业均成功实现上市。通过各种融资渠道获得资金，进一步加大在数据中心和相关产品研发上的投入。

4. 群雄争霸 CDN

据数据统计，全球 CDN 产业规模已从 1999 年的 2500 万美元增长到 2013 年的 40 亿美元，预计 2015 年达到 60 亿美元。在国内，随着互联网、移动互联网流量的爆发式增长，尤其是来自视频以及云计算的高速增长，中国 CDN 市场孕育着巨大的潜力，并吸引了越来越多的厂商涉足 CDN 领域，CDN 市场的强势增长更加促进了数据中心建设行业的发展。

7.1.2　数据中心节能现状

随着云计算、大数据应用的发展，超过 100 个机架的数据中心比例逐年上升，2016 年预计达到 61%，而大型数据中心的电力消耗相当惊人，比如对一个 2000 个机架的数据中心来说，按每个机架功率平均 3kW 计算，2000 个机架最终负荷为 3kW × 2000=6000kW，每个小时耗电 6000kW · h，全年电力耗能为：6000kW × 24h/ 天 × 365 天 =52 560 000kW · h，按照 1 元 /（kW · h）计算，全年的电费 5256 万元，加上数据中心的空调、新风、照明及其他电力能耗，对一个 PUE 为 2 的数据中心而言，电费为 1.05 亿元。

据 ICTresearch 统计，2012 我国数据中心能耗高达 664.5 亿 kW · h，占当年全国工业用电量的 1.8%。根据预测，到 2015 年我国数据中心能耗预计高达 1000 亿 kW · h，相当于整个三峡水电站一年的发电量。我国数据中心能源利用效率水平整体偏低。据工信部统计，目前中国的数据中心的平均 PUE 值在 2.2 ~ 3.0 之间，而实际能耗可能高于这一数字。对企业而言，数据中心电费已成为很大一笔开支，例如中国联通2012年营业收入407亿美元，利润仅为12亿美元，但其电费开支却高达17亿美元。

7.1.3 数据中心节能存在的问题

目前数据中心最常用的考核指标仅仅是数据中心电能使用效率（PUE）。其实数据中心消耗的还可能有燃气、地热、太阳能和风能等其他能源形式，还消耗水。对这些资源的利用、考核目前基本上都停留在理论上，最新颁布的《数据中心资源利用能效要求和测量方法》（GB/T 32910.3—2016）在能效要求和测量方法上填补了国内的空白。

数据中心节能主要存在以下几点问题：

1. 缺乏主动节能的动力

公共机构和企业对提效节能普遍缺乏动力。公共机构是财政拨款单位，能源成本压力小。企业缺乏将数据中心节能提效与运维管理人员的绩效关联，设立必要的奖惩制度，所以管理和运维人员也缺乏动力。特别是近年来数据中心对业务的支撑作用日益增强，安全性受到越来越多的重视。很多数据中心管理者常常以数据中心安全为由，使节能改造的实施受到很多不合理的限制。

2. 用能管理与运行管理脱节

管理部门不能将数据中心的节能列为本单位节能工作的重点。因为，数据中心归信息部门管理，难以提出硬性节能要求。同时由于部门间协调问题时常导致节能改造方案不能按设计执行。

3. IT设备增长缺乏科学规划

调研发现，目前很多单位的IT设备增长基本处于无序状态，对IT设备需求与业务量的关系缺少科学分析，为了确保满足业务需求，经常会多报预算。在出现应急业务需求时，很多单位都是简单地额外购置新IT设备来应对，未优先考虑充分利用现有设备，导致单位数据中心IT设备的保有量高于信息业务的实际需求，也超出正常的安全冗余度要求，数据中心机房内IT设备的利用不充分，带来了不必要的能源消耗。

4. 节能改造资金支持难以落实

数据中心节能改造需要较大的改造资金，不论是企业还是公共机构通常没有设置节能改造专项经费，缺乏节能资金支持难以支持深入的节能提效改造。

5. 能耗计量不完备、不规范

能耗计量是建筑节能的重要基础性工作，要实现数据中心节能管理，需要完善的能耗分项计量。但据抽样调查，只有31.6%的数据中心有分项计量，30.1%的数据中心只有整体计量，还有38.3%的数据中心无计量。此外，有分项计量的数据中心，计量设备的安装也不很规范。

6. 缺少明确、量化的节能目标

要有力地推进节能，需要提出明确、量化的节能约束性目标。目前数据中心尚缺乏这样的节能目标，原因首先是技术层面的问题。第一，从全国范围来看，业界尚缺乏衡量数据中心能源利用效率的国家标准。第二，目前业界常用的，由美国绿色网格组织提出的表征数据中心能效的电能利用效率指标本身也不完善。第三，数据中心规模、业务类型、所在地区等因素都对其能源利用效率有一定的影响，理想的数据中心能效指标应该为一套指标体系，对不同规模、不同业务类型、不同气候区的数据中心有所区分，或根据各种因素对指标进行修正。《数据中心资源利用能效要求和测量方法》（GB/T 32910.3—2016）刚刚颁布，虽然实施还需要一段时间，但可以预期，能效指标体系的建立将极大地推进节能工作的开展。

7. 缺乏节能技术知识和信息

目前大部分数据中心的运维管理主要关注数据中心设备的正常运行，因此数据中心管理人员大多不具备数据中心节能技术知识，对相关信息了解较少。调研发现，有些数据中心由于管理人员不了解节能技术，往往采取的节能解决方案不理想。有些数据中心将有限的改造资金用于购买新的精密空调，能带来一定的节能效果，但却不如可利用自然冷源的空调明显。专家在评判数据中心节能改造方案时，一般认为投资回收期超过 5 年的效益就不太好了，但实际调研发现有些数据中心节能改造的投资回收期可达 10 年甚至几十年之久，这说明数据中心管理者对节能技术的认知不充分，对节能技术的选择不合理。

汇总来看数据中心节能存在的主要问题大致可以分为观念、管理和技术三个方面。

观念问题：是数据中心的经营者对节能的认识不足，导致数据中心能耗增加。数据中心管理人员缺少节能意识，认为实行节能改造将对数据中心日常运行造成风险，不愿意也不想节能改造。

管理问题：是在运维过程中，对节能的重视程度不够，导致许多节能手段和技术没有发挥其应有的作用。

（1）数据中心管理人员缺少节能管理专业知识，怕节能改造会对数据中心造成威胁。

（2）配电无计量，无法了解数据中心能耗情况。

（3）数据中心管理方法不正确，对改进意见不容易接受。

（4）数据中心设备布局过分考虑美观而忽略节能。

技术问题：是不了解数据中心的节能技术，把许多节能技术和产品堆积使用，效果适得其反；有些过度使用节能产品或不太成熟的节能技术，未达到节能效果。

数据中心维护结构、空调系统、运行管理等方面有一些易导致数据中心高能耗或存在使用安全隐患的问题：

（1）维护结构及设备布局主要问题：

1）外窗多，冷量损失大。

2）室外机摆放位置不当或由于空间问题，安装过密，导致不利于散热。

3）空调室外机放置噪声扰民。

4）数据中心位于大楼顶层，保温不好，温升明显。

5）空调室外机维护不及时，造成效率降低。

（2）空调系统及气流组织主要问题：

1）机柜布置没有按冷热通道摆放。

2）采用的送风方式不科学，为下送侧回或侧送侧回。

3）新风机使用的是换气机，无法保证数据中心正压。

4）下送风数据中心，由于地板下线槽过高过宽，地板下线缆过多、布局混乱或架空地板高度不够，导致送风阻力过大。

5）在有个别机柜高温时，如屏蔽机柜等局部高温热点的存在，为解决散热问题，管理人员把数据中心温度调到较低的温度，产生较大的能源浪费。

6）窗户可以随意打开，数据中心温湿度无法保证，且含尘浓度也无法保证，尘土堆积，能耗巨大。

7）有些北方改造的数据中心内有暖气无法拆除，且无法关闭，冬季出现空调制冷、暖气加热的极端耗能现象。

8）玻璃门机柜通风不好，机柜内走线很乱，机柜内散热不好。

9）很多机柜下走线口没有封堵，漏风严重。

10）空调区与主机区的回风由于各种阻隔，造成回风不畅。

7.2 数据中心节能技术的标准

7.2.1 数据中心标准体系

7.2.1.1 国家标准

相关国家标准见表7-2。

表7-2 相关国家标准

序号	专业	规范/标准名称	规范/标准编号
1	设计、竣工验收及交接	《电子信息系统机房设计规范》	GB 50174—2008
		《数据中心基础设施施工及验收规范》	GB 50462—2015
		《公共建筑节能设计标准》	GB 50189—2015
		《电子计算机场地通用规范》	GB/T 2887—2011
		《信息技术服务运行维护》	GB/T 2887—2012
		《建筑工程施工质量验收统一标准》	GB 50300—2010
2	供配电	《智能建筑工程施工规范》	GB 50606—2010
		《电气装置安装工程盘、柜及二次回路接线施工及验收规范》	GB 50171—2012
		《电气装置安装工程蓄电池施工及验收规范》	GB 50172—2012
		《建筑物电子信息系统防雷技术规范》	GB 50343—2012
		《建筑物防雷工程施工与质量验收规范》	GB 50601—2010
		《电气装置安装工程接地装置施工及验收规范》	GB 50169—2006

续表

序号	专业	规范 / 标准名称	规范 / 标准编号
3	空调暖通	《建筑节能工程施工质量验收规范》	GB 50411—2007
		《通风与空调工程施工质量验收规范》	GB 50243—2002
		《建筑给水排水及采暖工程施工质量验收规范》	GB 50242—2002
		《建筑电气工程施工质量及验收规范》	GB 50303—2011
		《制冷设备、空气分离设备安装工程施工及验收规范》	GB 50274—2010
		《建筑给水排水及采暖工程施工质量验收规范》	GB 50242—2002
		《给水排水管道工程施工及验收规范》	GB 50268—2008
		《给水排水构筑物工程施工及验收规范》	GB 50141—2008
		《工业设备及管道绝热工程施工规范》	GB 50126—2008
		《工业金属管道工程施工规范》	GB 50235—2010
4	消防	《室内火灾自动报警系统施工及验收规范》	GB 50166—2007
		《气体灭火系统施工及验收规范》	GB 50263—2007
		《自动喷水灭火系统施工及验收规范》	GB 50261—2005
		《建筑内部装修防火施工及验收规范》	GB 50354—2005
5	弱电及智能化	《安全防范工程技术规范》	GB 50348—2004
		《民用闭路监视电视系统工程技术规范》	GB 50198—2011
		《综合布线工程验收规范》	GB 50312—2007
6	装饰装修	《民用建筑工程室内环境污染控制规范》	GB 50325—2010
		《建筑装饰工程质量验收规范》	GB 50210—2011
7	能效	《数据中心资源利用第 3 部分：电能能效要求和测量方法》	GB/T 32910.3—2016

7.2.1.2 行业协会标准

相关行业协会标准见表 7-3。

表 7-3 相关行业协会标准

序号	行业或协会	规范 / 标准名称	规范 / 标准编号
1	通信行业	《电信互联网数据中心（IDC）总体技术要求》	YD/T 2542—2013
		《电信互联网数据中心（IDC）的能耗测评方法》	YD/T 2543—2013
		《互联网数据中心技术及分级分类标准》	YD/T 2441—2013
		《互联网数据中心资源占用、能效及排放技术要求和评测方法》	YD/T 2442—2013
		《电信建筑抗震设防分类标准》	YD/T 5054—2010

续表

序号	行业或协会	规范 / 标准名称	规范 / 标准编号
2	公安部	《安全防范系统验收规则》	GA 308—2001
		《建设工程消防验收评定规范》	GA 836—2009
3	工程建设标准化协会	《冷却塔验收测试规程》	CECS 118—2000
4	中国计算机用户协会机房设备应用分会	《数据中心基础设施（机房）等级评定标准》	AB/T 1101—2014
5	中国数据中心能耗检测工作组	《数据中心能耗检测规范及实施细则》	
6	中国数据中心产业发展联盟	《数据中心场地基础设施运维管理标准》	
7	工信部	《数据中心及高性能计算机节能标准》	

7.2.1.3 地方标准

相关地方标准见表 7-4。

表 7-4 相关地方标准

序号	地区	规范 / 标准名称	规范 / 标准编号
1	北京	《数据中心节能设计规范》	DB11/T 1282—2015
2	上海	《数据中心机房单位能源消耗限额》	DB31/××××—2012
3	山东	《数据中心能源管理效果评价导则》	DB37/T 2480—2014
4	江苏	《数据中心能效测量及评价方法》	编制中

7.2.2 数据中心节能标准

7.2.2.1 《电子信息系统机房设计规范》（GB 50174）

1993 年我国颁布了第一个机房设计规范——《计算机机房设计规范》（GB 50174—1993）。在 1993 版《计算机机房设计规范》的基础上，2008 年颁布了《电子信息系统机房设计规范》（GB 50174—2008），该规范是机房建设的一个重要标准，它主要指导设计单位如何设计一个符合规范的机房，同时对使用、规划、施工和验收单位也有重要的参考意义。是建设一个安全可靠的合格机房的基础。

《电子信息系统机房设计规范》（GB 50174—2008）的主要特点是：

（1）规范将电子信息系统机房分成 A、B、C 三级，以满足不同的设计要求。

（2）明确了术语和符号、机房分级标准、电磁屏蔽、机房布线、机房监控与安全防范 5 个章节的内容。

（3）附表提高了可操作性。

根据住房和城乡建设部“关于印发《2011年工程建设标准规范制订、修订计划》的通知”（建标〔2011〕17号）的要求将《电子信息系统机房设计规范》重新修编，并更名为《数据中心设计规范》，以便与国际接轨和交流。

GB 50174的修编工作已经基本完成，形成了报批稿。本次修编重点是数据中心分级、空气调节、电气、数据中心节能、消防等章节。主要技术内容大致为总则、术语、数据中心分级与性能要求、数据中心位置及设备布置、环境要求、建筑与结构、空气调节、电气技术、电磁屏蔽、机房布线、机房监控与安全防范、消防、给排水、数据中心节能等。

7.2.2.2 《数据中心基础设施施工及验收规范》（GB 50462—2015）

继《电子信息系统机房设计规范》的发布，配套编制了《电子信息系统机房施工及验收规范》（GB 50462—2008）。该规范总结了国内当时机房建设的最新实践经验，吸收了符合我国国情的国外先进技术。满足了建设和施工单位的需要，规范了工程施工技术，统一了施工检验标准，对提高工程质量发挥了积极的作用。

《电子信息系统机房施工及验收规范》（GB 50462）是机房建设的一个重要标准，它主要指导施工单位如何按照设计单位的设计图纸，将机房建设成为安全可靠的机房；指导监理单位在机房施工过程中督促施工单位按规范和施工图纸进行施工；指导验收单位对建设完成的机房进行验收。

2015年该标准进行修编，于2015年12月3日由中华人民共和国住房和城乡建设部发布并改名为《数据中心基础设施施工及验收规范》，自2016年8月1日起实施。其中3.1.5、5.2.10、5.2.11和6.2.2条是强制条款，必须严格执行。

7.2.2.3 《计算机场地通用规范》（GB/T 2887—2011）

2011年7月29日由住建部发布，2011年11月1日实施，为《计算机场地通用规范》（GB/T 2887—2011），是在《计算机场地技术要求》（GB 2887—1982）、《计算机场地通用规范》（GB 2887—2000）的基础修编完成的。新修订的《计算机场地通用规范》与《电子信息系统机房设计规范》一样，增加了机房分级、场地抗震、机房布线、安防、屏蔽室效能测试、火灾自动报警系统测试、气体灭火系统测试、电视监控系统和出入口控制系统测试等内容，细化和增加了场地条件要求。

该规范应该归为产品规范，主要是规范在一种什么样的运行环境下计算机设备可以正常工作。它的应用周期是数据中心的全过程，即从数据中心规划、设计、施工、验收，一直到维护。

7.2.2.4 《计算机场地安全要求》（GB/T 9361—2011）

2011年12月30日发布，2012年5月1日实施的《计算机场地安全要求》是在《计算站场地安全要求》（GB 9361—1988）的修编基础上完成的。新修订的《计算机场地安全要求》增加了场地抗震、安防、电视监控系统和出入口控制系统测试等内容，细化和增加了场地安全条件要求。

《计算机场地安全要求》也是一个产品规范，主要是对安放计算机的场所提出的安全要求，是贯穿在机房建设的全过程的针对机房安全的总的要求。

7.2.2.5 《电子信息系统机房环境检测标准》

《电子信息系统机房环境检测标准》是根据住房和城乡建设部“关于印发《2008年工程建设标准规范制订、修订计划（第二批）》的通知”（建标〔2008〕105号）于2009年开始编制的，目前还在编写讨论稿阶段。规范编制的目的是规范机房内各项参数的测量方法、指标，规定使用仪器的类型和精度等级，使测量参数具有可复查性和权威性，保证电子信息设备能在一个符合标准的环境中安全、稳定地运行。《电子信息系统机房环境检测标准》适用于新建、改建和扩建的建筑物中的电子信息系统机房的环境检测。《电子信息系统机房环境检测标准》是为避免在机房检测过程中主观因素的影响，是《电子信息系统机房施工及验收规范》（GB 50462—2008）的补充和配套标准。

7.2.2.6 《数据中心综合监控系统工程技术规范》

《数据中心综合监控系统工程技术规范》是根据住房和城乡建设部“关于印发《2011年工程建设标准规范制订、修订计划》的通知”（建标〔2011〕17号）的要求开始编制的。将机房综合监控管理系统工程的建设纳入机房工程建设的规范管理，可以统一规划、统一设计、统一施工，避免重复建设、重复施工和资源浪费。编制的内容主要包括：

（1）对信息系统机房综合监控系统技术进行规范化、标准化。

1）监控内容的标准化：根据信息系统机房的等级（A级、B级、C级）制定所需监控的内容。

2）系统结构的标准化：确定系统的总体结构，采用集散或分布式网络结构，支持各种传输网络。

3）系统功能的标准化：能够本地和远程监视和操作，实现各系统之间的有效联动。系统应易于扩展和维护，具备显示、记录、控制、报警、趋势分析和提示功能。

4）接口技术标准化：对综合监控管理系统与各接口子系统进行连接时信息交互接口的相关内容进行定义和描述。

（2）对信息系统机房综合监控系统工程建设中的现场勘察、工程设计（安全性设计、可靠性设计、电磁兼容性设计、环境适应性设计、系统集成设计）、施工、检验、验收的各个环节提出严格的质量要求。

7.2.3 政府关于数据中心节能的政策

中国政府及相关行业对数据中心节能减排和绿色环保建设非常重视，早在“十二五”期间，工业和信息化部在《工业节能十二五规划》提出，到2015年，数据中心PUE值需下降8%的目标。国家发改委等组织的云计算示范工程也要求示范工程建设的数据中心PUE要达到1.5以下等相关政策和法规。

7.2.3.1 中国政府对数据中心发展的支持

2013年1月工业和信息化部、国家发展和改革委员会、国土资源部、国家电力监管委员会、国家能源局共同发布的《关于数据中心建设布局的指导意见》明确发出了国家对数据中心节能减排的支持："对满足布局导向要求，PUE在1.5以下的新建数据中心，以及整合、改造和升级达到相关标准要求（暂定PUE降低到2.0以下）的已建数据中心，在电力设施建设、电力供应及服务等方面给予重点支持；支持其参加大用户直供电试点。地方政府相关部门应合理安排上述数据中心的用地规模，在市政配套设施方面予以保障，在资金、人才、网络建设等方面给予支持。特殊情况下，不满足布局导向要求的新建超大型、大型数据中心，如果达到相关标准要求（PUE在1.5以下），经过工业和信息化部、国家发展和改革委员会等部门组织的专家评审，认为符合特定需要和国家支持发展方向的，也可以享受上述支持政策。"

同年2月工业和信息化部又发布了《关于进一步加强通信业节能减排工作的指导意见》，提出目标："到2015年末，通信网全面应用节能减排技术，高能耗老旧设备基本淘汰，初步达到国际通信业能耗可比先进水平，实现单位电信业务总量综合能耗较2010年底下降10%；推进信息化与工业化深度融合，促进社会节能减排量达到通信业自身能耗排放量的5倍以上；新建大型云计算数据中心的能耗效率（PUE）值达到1.5以下；电信基础设施共建共享全面推进，数量上有提高、范围上有拓展、模式上有创新；新能源和可再生能源应用比例逐年提高。"同时强调重点任务之一是："促进数据中心选址统筹考虑资源和环境因素，积极稳妥引入虚拟化、海量数据存储等云计算新技术，推进资源集约利用，提升节能减排水平；出台适应新一代绿色数据中心要求的相关标准，优化机房的冷热气流布局，采用精确送风、热源快速冷却等措施，从机房建设、主设备选型等方面降低运营成本，确保新建大型数据中心的PUE值达到1.5以下，力争使改造后数据中心的PUE值下降到2以下。"

2014年国务院发布的《关于加快发展节能环保产业的意见》中指出："开展数据中心节能改造，降低数据中心、超算中心服务器、大型计算机冷却能耗。"

2014年5月，国家发展改革委、财政部、工业和信息化部、科技部发布了《关于请组织申报2014年云计算工程的通知》，要求：面向政务应用的公共云计算服务，云计算服务平台所用数据中心PUE（能耗指标）不高于1.5。面向重点行业的公共云计算服务，如金融、交通、医疗、电商、教育、工业等重点领域提供具有行业特点的云服务，公共云服务平台所用数据中心PUE不高于1.5。也就是说如果提供云服务的数据中心PUE高于1.5，则政府将不得租用，使这类高能耗数据中心难以为继，无法生存。

2015年3月，工信部、国管局和国家能源局共同发布了《关于印发国家绿色数据中心试点工作方案的通知》。通知指出："近年来，我国数据中心发展迅猛，总量已超过40万个，年耗电量超过全社会用电量的1.5%，其中大多数数据中心的PUE仍普遍大于2.2，与国际先进水平相比有较大差距，节能潜力巨大。同时，数据中心产生大量的温室气体排放，消耗大量的水资源，其设备废弃后造成较大污染，给资源和环境带来巨大挑战。”

“为强化绿色数据中心建设，我们制定了《国家绿色数据中心试点工作方案》，拟分重点、分领域、分步骤提升数据中心节能环保水平。”

“以建立绿色数据中心的推进机制、引导数据中心节能环保水平全面提升为目标，在现有绿色数据中心工作基础上，优先在生产制造、能源、电信、互联网、公共机构、金融等重点应用领域选择一批代表性强、工作基础好、管理水平高的数据中心，开展绿色数据中心试点创建工作，以技术创新和推广为支撑，以标准研制和技术评价为保障，使绿色数据中心试点发挥辐射带动作用，形成可复制的推广模式，引导数据中心走低碳循环绿色发展之路。”

在此基础上，提出了三个原则和一个目标。

（1）能效提升与低碳环保并重原则。

（2）分类实施和指导原则。

（3）技术与管理并行原则。

2015年12月21日，工业和信息化部办公厅、国家机关事务管理局办公室和国家能源局综合司三部门根据《国家绿色数据中心试点工作方案》（工信部联节〔2015〕82号，以下简称《工作方案》）的要求，经试点地区主管部门联合推荐及专家审查，确定了84个国家绿色数据中心试点单位，其中制造领域8家、金融领域3家、能源领域1家、公共机构16家、电信领域27家、互联网领域29家，详见附件1《国家绿色数据中心试点单位名单》。《工作方案》确定了6大试点内容，包括积极开展绿色数据中心技术创新和推广、提高绿色数据中心管理水平，将节能环保工作纳入考核体系、建立试点数据中心节能环保指标监测体系、完善绿色数据中心标准和评价体系，推动形成国家标准体系、加强公共服务能力建设、开展国际合作。同时明确了主要目标：“到2017年，围绕重点领域创建百个绿色数据中心试点，试点数据中心能效平均提高8%以上，制定绿色数据中心相关国家标准4项，推广绿色数据中心先进适用技术、产品和运维管理最佳实践40项，制定绿色数据中心建设指南。”

一个目标是：“宣传和推广一批先进适用的绿色技术、产品和运维管理方法，培育和发展一批第三方检测评价、咨询机构，支持和鼓励一批绿色数据中心技术、解决方案、运维服务的提供商。初步形成具有自主知识产权的绿色数据中心技术体系、创新与服务体系，构建试点数据中心节能环保指标监测体系，确立绿色数据中心标准和评价体系。”

《工作方案》的主要亮点：

一是市场主导，政府引导。《工作方案》积极发挥市场主导作用，以企业为主体，鼓励企业根据市场需求自主探索节能环保改造和建设方向。同时，明确中央政府和地方政府的职责分工，强化地方政府职责，发挥地方能动性和组织协调作用，由省级工业主管部门会同相关部门，按本方案要求，组织辖区内试点单位结合本地实际编制申报材料，制订具体实施方案。

二是试点先行，分类指导。通过试点工作，开展技术和产品鉴定，制定和完善绿色数据中心相关标准，确立评价指标和评价方法，推广先进适用技术。同时，总结经验，分类指导绿色数据中心的规划、建设及运营，引导数据中心节能环保水平全面提升。

三是财政政策和金融政策合力支持。《工作方案》一方面鼓励对绿色数据中心试点方案中提出的项目，符合国家能源管理中心、清洁生产专项资金支持范围的，予以优先支持。另一方面通过建立多元化资金支持方式，要求试点地区利用节能减排、技术改造、清洁生产、循环经济等财政引导资金，加大统筹力度给予支持。

四是机制创新。《工作方案》积极探索建立绿色数据中心技术创新和推广应用的激励机制和融资平台，完善多元化投融资体系，鼓励在数据中心领域推广合同能源管理和融资租赁等新型服务模式，研究节能量交易等新型方式。

2016 年 6 月 28 日，国管局、国家发展改革委为贯彻落实党中央、国务院关于加快推进生态文明建设的战略部署，深入推进“十三五”时期全国公共机构节约能源资源工作，根据《中华人民共和国国民经济和社会发展第十三个五年规划纲要》和有关政策精神，编制并印发《公共机构节约能源资源“十三五”规划》的通知。通知中要求开展绿色信息行动。

加强机房节能管理，建设机房能耗与环境计量监控系统，对数据中心机房运行状态及电能使用效率（PUE）、运行环境参数进行监控，提高数据中心节能管理水平。开展绿色数据中心试点，实施数据中心节能改造，改造后机房能耗平均降低 8% 以上，平均 PUE 值达到 1.5 以下。组织实施中央国家机关 5000m^2 绿色数据中心机房改造。加大公共机构采购云计算服务的力度，鼓励应用云计算技术整合改造现有电子政务信息系统，实现数据信息网络互联互通，数据信息资源共享共用，减少数据信息资源浪费。

7.2.3.2 各级地方政府及相关行业对节能数据中心发展的支持

北京市在 2011 年 12 月发布的《北京市“十二五”时期工业与软件和信息服务业节能节水规划》中制定了关于能耗、水耗、二氧化碳等排放的约束性指标。2012 年 5 月，北京市经信委发布《关于加快推进软件和信息服务业节能工作的意见》的通知，指出“新建、扩建单个项目年综合能耗在 1000t 标准煤以上的项目必须进行节能评估和审查，达不到合理用能标准和节能设计规范要求的项目，不予审批。对重点用能企业，探索以单位增加值能耗、IDC 机房电源使用效率（PUE）值、服务器计算能效等指标对企业进行综合能效评估，对规模小、效益产出低、能耗较大的企业要限期整改。重点在数据中心、基站、电源、办公、驻地网等领域推进节能技术改造，到 2015 年力争建设 50 项节能示范工程。鼓励采用仓储式、集装箱式数据机房等建设方式，提高数据中心整体能效；应用优化软件架构、采用云计算等技术，提高 IT 设备利用率；利用自然冷热源、精确制冷技术、变频技术，减少空调用电量。”

北京市经信委将于近期发布调控数据中心产业发展的相关政策，进一步提出数据中心能效分级、数据中心节能设计规范以及软件和信息服务业节能评估规范。《北京市数据中心节能设计规范》规定新建数据中心的 PUE 值不得大于 1.5。上海市、山东省等也相继发布了类似的标准、规范和指导意见，限制高能耗数据中心的建设、鼓励和发展绿色数据中心。

7.3 数据中心节能的技术与措施

数据中心的节能大体上可以分为设备节能和技术节能。设备节能容易实现，但一般花费多。技术节能的效果与规划设计、施工及运维人员的水平有较大关系。

7.3.1 数据中心节能设备

数据中心高能效空调设备、高效率 UPS 设备、智能照明设备、新型新风设备及节能服务器为常见的节能设备。

7.3.1.1 高能效空调设备

制冷系统在数据中心的能耗高达 40%，而制冷系统中压缩机能耗的比例高达 50%。因此将自然冷却技术引入到数据中心应用，可大幅降低制冷能耗。自然冷却技术可以分为直接自然冷却和间接自然冷却。直接自然冷却直接利用室外低温冷风，作为冷源引入室内，为数据中心提供免费的冷量；间接自然冷却，利用水（乙二醇水溶液）为媒介，用水泵作为动力，利用水的循环，将数据中心的热量带出到室外侧。风冷及水冷室内机组制冷系统主要由压缩机、膨胀阀、蒸发盘管及室内风机。

（1）压缩机：机房空调专用风冷冷水机组，压缩机多采用涡旋压缩机或螺杆式压缩机。采用涡旋压缩机的机组，可含多个压缩系统，制冷系统根据制冷需求，可阶梯式输出制冷量。对于采用螺杆压缩机的机组，可调节压缩机转速，无级调整制冷输出。

（2）风机：室内风机目前已经改进发展至航空级复合材料叶轮 EC 离心风机。该风机比最早交流电机传动带传动离心风机节能高达 50% 以上。

（3）节流部件：在节流元件中，目前制冷系统中越来越多地使用电子膨胀阀，该阀能实时精确控制制冷剂流量，通常采用电子膨胀阀比采用热力膨胀阀的制冷系统节能 8% 左右。

（4）加湿器：目前，机房空调主要采用电极式加湿及远红外加湿。随着数据机房节能减排的进一步要求，相信超声波加湿机的应用将有广阔的前景。

衡量数据中心的空调节能指标是能效比 EER，EER= 制冷量 / 所需要的能耗，目前在我国数据中心建设中主流使用空调种类和能效比见表 7-5。

表 7-5 我国数据中心建设中主流使用空调种类和能效

类型	风冷空调系统	风冷冷水系统	水冷冷水系统
主要形式	数据中心精密空调室内机（含压缩机）+ 冷媒管路 + 室外机	数据中心空调室内机 + 冷冻水循环管路 + 冷冻水泵 + 风冷冷水机组	数据中心空调室内机 + 冷冻循环管路 + 冷冻水泵 + 冷水机组 + 蓄冷罐 + 冷却水泵 + 冷却水循环管路

续表

类型	风冷空调系统	风冷冷水系统	水冷冷水系统
能效比 EER	2.8 左右	能效比 4.0 左右。若带自然冷功能，年均可再节能 18% 以上	全系统能效比可以达到 5 ~ 6。若带自然冷功能，年均可再节能 18% 以上
优缺点	简单，不节能	较节能，较小依赖水，较复杂，投资大	节能，复杂，较高依赖水投资大
系统设计	受室内机与室外机的距离限制，通常每层或几层设置室外机平台，室外机数量多，影响美观	室内机与室外机的距离不受限制，主机可置于屋顶	室内机与室外机的距离不受限制，冷却塔与制冷数据中心占地面积较大，系统复杂

可以看出水冷冷水系统的能效比最佳，加上再利用冬季室外的低温自然条件对机房进行降温（即当室外温度低于 12℃时，关闭冷冻机组，空调收集到的热通过水泵送到室外通过风扇进行自然风的降温），其节能效果更佳。对南京地区，虽然冬季的时间不长，但全年在 10℃以下的天气超过 100 天（指 11 月至次年的 3 月，其中包含夜间的低温时间），占全年的近 1/3，仅冬季采用自然风的冷却一项节电率能达到 15% ~ 25%。因此考虑水冷空调加自然风冷却的系统，对提高能效比和节能会起到立竿见影的效果。

（1）行（列）间级空调。将终端靠近 IT 设备热源的空调设计技术，采用了提高回风温度、100% 显热、低能耗风扇和缩短送风距离等技术，大大降低了空调的运行能耗。

（2）机架式空调。将服务器机柜与机房空气实行完全隔离，实行机柜里制冷的一种空调设计技术。最大限度地提高了冷热交换效率，大大地缩短了空调送风距离，从而最大限度地降低了 PUE 空调能效因子系数。

（3）自然冷媒空调。采用自然冷媒摄取室外低温，从而降低空调能耗的技术方案，统称 Free Cooling。自然冷媒包括风和水以及制冷剂等，由于数据机房对空气洁净度的要求，无隔离的室外直接冷源实际上是不可用的。最近某公司已研究出间接利用室外冷源的“智能循环”技术，该技术可以使机房空调在适合的户外环境温度下利用室外冷源而无须开启压缩机，在降低空调运行能耗的同时，对机房内的空气洁净度不会产生任何干扰。

（4）动力热管空调。热管热泵双模空调可以根据室外温度条件通过智能控制器自动选择最佳的工作模式，实现高效节能的目标。数据中心直冷机柜则实现了数据中心服务器机柜、节能传热系统以及服务器外壳一体化设计，达到接触传热，无须考虑冷暖风道问题。热管是一种新型高效的换热元件，可以将大量热量通过很小的换热面积高效传输而无须外动力或者很小的外动力。主要应用于石化、电力、冶金等工业场合的余热回收。在室外温度适宜的冬季和过渡季，利用热管换热器，利用室外自然冷源，冷却数据机房环境，降低室内恒温恒湿机组的制冷负荷，可以大幅降低在相应场合的空调能耗，甚至可以关闭室内制冷机。热管换热器采用更节能全铝换热器，进一步提高了热管换热性能，在热管系统方面更是发明独创了动力热管系统，解决了传统热管在安装应用时所受位置及传热功率方面限制的难。热管换热系统和热泵制冷系统使用同一套管路循环，实现热管换热技术和热泵制冷技术的完美组合，实现一体机模式，降低空调整体成本，并节约机房空间。

（5）可再生能源空调。太阳能空调是未来主要的可再生能源空调发展方向。这是一种零碳排量的空调技术，它的应用速度取决于光伏材料效率提高和成本降低的速度。

7.3.1.2 模块化 UPS

如何合理配置 UPS 节能措施如下：

（1）是采用模块化的机房布局，按照合理的需求，分割成物理上相互独立机房（目前单个机房面积在 300m^2 左右），在做好装修和基础配电之后，当启用一个机房时再配备相应的 UPS。其优点有：易于规划，分期投入，达到节能，保护设备的维保期、后采技术的先进性和投资。

（2）是采用模块化的 UPS，在机房投入运行时，先期可以按照实际的负载配备模块化的 UPS，随着设备的增加随时增加 UPS 的模块（热拔插不用停电）。比如一个 300m^2 机房，按照设计容量需要 400kW，在刚投入使用时只有 150kW 的负载，可以采购一台 500kW 的模块式 UPS（由 10 个 50kW 的模块组成），但先配 4 个模块，得到的是一个 200kW 的 UPS，随着负载的增加，随时增加模块，实现不停电的在线扩容。

7.3.1.3 智能照明

根据数据中心的建筑布局和照明场所，在满足标准规定的场所照度和照明功率密度的前提下，合理选择照明光源类型是降损节能的有效方法之一。机房内选用 T8 或 T5 系列三基色直管荧光灯、LED 等高效节能光源作为主要的光源，以电子镇流器取代电感镇流器，应用电子调光器、延时开关、光控开关、声控开关、感应式开关取代跷板式开关等，将大幅降低照明能耗和线损。

7.3.1.4 智能自控新风冷气机

智能自控新风冷气机可以有效减少空调的运行时间，节约空调用电的同时延长空调的使用寿命，减少空调的维护费用，从而减少客户开支，提高能源利用率，降低单位产值能耗，保护环境，减轻政府能源供需压力。智能节能空调系统由智能控制器、传感器、进风装置、出风装置、防护罩、空气过滤装置和其他附件组成的，其原理是利用室外的冷空气与机房室内的热空气对流，来降低室内的温度；同时当室内温度达到设定值时，精密空调自动停机，缩短空调工作的时间，从而节省大量电能。

7.3.1.5 节能服务器

量化和提高数据中心的能源效率，意味着需要提高服务器的能源效率，需要了解的是服务器各个部件的具体能效指标，目前还没有服务器能源效率标准，但一般而言，影响服务器能源效率有以下几个关键的元件（表 7-6）。

表 7-6　　影响服务器能源效率的几个关键元件

关键的元件	技术特点	备注
电源	将 120 ~ 240V 交流电转成 3.5V、5V 和 12V 的直流电；服务器只有 30% ~ 50% 的电源利用效率	采用 208V 或 240V 的服务器，不用 120V 的服务器，这样可以节省约 2% ~ 3% 的能耗
风扇	CPU 的核数越多，需要配置的高速运转的风扇越多；这些风扇可能会消耗掉服务器总电力消耗的 10% ~ 15%	采用了热静力学控制风扇，当需要更多的空气流通给服务器降温时，它可以提高风扇的运转速度
CPU	CPU 是电力消耗的大户，计算量越大，服务器的总体电力消耗就越多；服务器 CPU 空闲时间达到了 90%，只有很短的时间达到了峰值，但电力消耗却一刻也没停止	选择 CPU 数量和类型时，都要依赖于应用程序的计算负载和性能需求，如果 CPU 数量刚好满足计算负载和性能需求，那服务器的效率就是最好的
内存	每个芯片模块上的内存越大，每 GB 内存的电力消耗就越小，同样，内存越快，电力消耗越多	采用单体大内存
硬盘	大容量和小容量消耗的能量都一样；转速直接影响硬盘的电力消耗	一般情况下选择使用 10 000 转速的硬盘或固态硬盘（SSD）

7.3.2　数据中心节能技术与设计

目前国内数据中心规模大小差异很大，大型数据中心通常管理严格，节能措施到位，节能较好。规模较小的数据中心则有较大差距，而且小规模数据中心在数量上占绝大多数。数据中心应从规划设计开始就考虑数据中心的节能是最节约成本和一劳永逸的方法。

7.3.2.1　数据中心规划与计划

数据中心的规划设计，一般分为如下三个步骤：

（1）详尽前期调研。对国内外先进数据中心进行考察调研、案例分析，与国内外知名厂商及专业咨询公司进行技术交流，深入了解各类主流产品方案和特点。

（2）自我评估总结。对数据中心的计算机及机房场地环境做全面的资产评估，包括设备的生命周期以及目前所处阶段等信息。

（3）编制可行方案。结合自身业务特点，参考借鉴国际、国内相关标准，编制项目可行性研究报告、数据中心整体架构与建设方案、数据中心机房建设需求及其基础设施建设方案、数据中心建设规范与管理规范等，总结归纳出较为合理的规划设计思路和具体建设实施方案。在确定方案时，需要注意的是，不要用短期的节省交换长期的风险。

7.3.2.2　数据中心节能技术

1. 针对机柜进行冷通道封闭，形成科学的气流组织

采用冷通道封闭，可将冷热气流相互隔离开来，防止气流短路及冷热风相混合，提高

空调机的制冷效率，在能够满足机房设备正常散热的情况下，关掉一部分空调，让数据中心的制冷系统更高效地运行。

冷通道封闭要做到以下四点：

（1）地板安装必须不漏风。只有在冷通道内才能根据负荷大小替换相应的通风地板。通风地板的通风率越大越好，建议采用高通风率地板。不建议使用可调节的通风地板，一是阻力大，二是运维一般做不到这么精细的管理。

（2）冷通道前后和上面要求完全封闭，不能漏风。建议采用能自动关闭的简易推拉门，在门上建议安装观察玻璃。

（3）采用高通孔率机柜，并建立冷热通道。机柜前部的冷通道必须封闭，没有安装设备的地方必须安装盲板，建议使用免工具盲板。机柜两侧的设计不能漏风。

（4）地板下电缆、各种管道和墙的开口处要求严格封闭，不能漏风。地板上的开口或开孔也都要严格封闭，不能漏风。

2. 采用高效智能的供配电电系统（图 7-1）

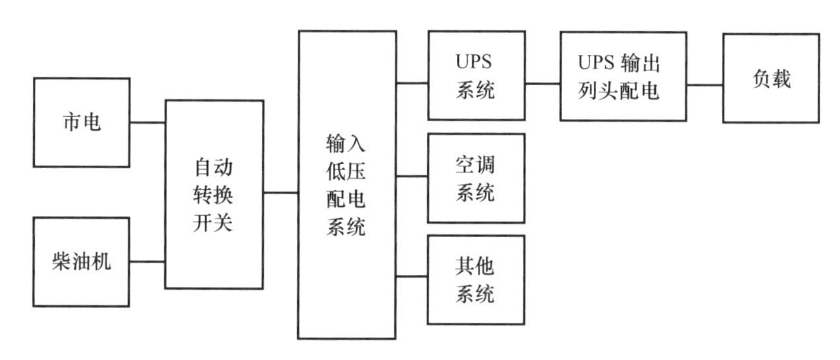

图 7-1　数据中心供配电系统

在数据中心配电系统中，除前级的中压和变压器之外，主要就是 UPS 系统、配电柜和电力电缆，其中 UPS 自身的耗能和多台 UPS 并联中环流产生的损耗，大电流、长距离传送所产生的损耗等。因此在初期规划和设计时需要将这部分的损耗降到最低，具体的节能措施有以下几个方面：

（1）供电系统的布局。供电系统中线路越长损耗越大，因此减小变压器房与 UPS 房的送电距离，减小 UPS 输出到机柜的送电距离，从而降低母线或电缆在电流传输中的损耗。

（2）选用高性能的 UPS。目前流行的 UPS 有工频机和高频机两种，其性能比较见表 7-7 和表 7-8。

表 7-7　　工频机与高频机的性能比较

指标	高频机	工频机
技术	IGBT 整流 +IGBT 逆变，无变压器	可控硅整流 + IGBT 逆变 + 变压器升压 + 谐波滤波器
输入功率因数	0.99	0.8

续表

指标	高频机	工频机
本身功耗	小	比高频机大 5%
对电网干扰（谐波）	小	大，需要外加谐波滤波器
体积	250kV 功率，重 850kg	200kV 功率，重 1380kg
对电网的适应能力	输入电压 ±30%	输入电压 ±10%
价格	低（是工频机价格的 3/4）	高

表 7-8　工频机与高频机的工作效率比较

不同负载	高频机效率	工频机效率（需要加装谐波滤波器）
100%	96% 以上	92% ~ 93%
40%	93% ~ 94%	90% ~ 92%
25%	91% ~ 93%	89% ~ 90%

综上所述，数据中心应选用高性能高频 UPS，其效率高、节能、重量轻，而且价格低。

（3）减少 UPS 的并联环流产生的损耗。减少 UPS 的并联或不采用并联，是降低损耗的一个措施，即不应用按楼层或多个机房集中供电的方式。合理规划机房的面积，其单个机房的供电需求控制在单台 UPS 容量安全运行的范围内。采用 2N 的双回路供电，即每个机房配两台 UPS，分别给双电源的设备供电，有效地解决和控制并联环流带来不必要损耗。

（4）应用智能化 PDU。采用 PDU 的智能化和网络化的方向发展，实现数据中心用电安全管理和运营管理。通过对各种电气参数的个性化，精确化的计量，对现有用电设备进行实时管理，对机柜用电进行安全管理。同时，通过侦测每台 IT 设备的实时耗电，就可以得到数据中心详细的电能数据。

3. 照明节能

（1）智能照明，安装智能照明控制系统，除了必须满足机房监控要求的照明之外，其余的灯具通过智能照明控制系统做到人进亮灯，人走灭灯。

（2）在满足眩光限制和配光要求条件下，采用节能的光源，减少照明的能耗。在同样照度的前提下，提高灯具效率，减少所需的灯具数量。

（3）方便、灵活的控制数据中心各区域内的灯具，可采用智能照明控制或墙壁开关分场景、分区域控制，还可加入红外、光控、声控等控制手段。实现节能，延长灯具使用寿命。

4. 通过数据中心整合和虚拟化，实现高密度服务器配置

实现高密度配置，减少电力消耗。若果将整合与虚拟化结合起来，就是一种解决方案，这可以节约管理时间，降低升级成本，增加运营环境的可调性，节约电能。

5. 数据中心建筑节能

早期的一些机房由于未考虑机房建筑节能，围护结构传热损失比较大，加上一些大楼内机房和办公用房混用，建造时窗墙比例偏大并大量采用玻璃幕墙，这些因素都增加了空

调负荷，导致机房空调系统浪费严重，能耗消耗严重。需对机房建筑围护结构进行高水平的保温隔热，对外墙增加保温隔热层。在外墙围护结构保温隔热良好的情况下，对机房内墙、机房地板、机房天花采取保温隔热措施。

7.3.3 数据中心节能的运维管理

数据中心运维管理是实现数据中心节能的保证。一个跨平台、跨厂商的数据中心运维管理平台，可以实现对基础设施、环境参数、服务、网络和存储设备、各类软件平台等上千种产品的数十万关键指标进行深入监控并进行统一集中、可视化、智能化管理，能够提高各种资源的使用效率，发现各种运行瓶颈，有效地调整和增加数据中心业务系统运行资源，降低业务运行成本。

数据中心管理的六大原则：

原则一，机房是数据中心的主题。机房是数据中心运营的依托主体，对机房进行管理和优化，是数据中心开展一切工作的基本。

原则二，以“数据服务”为核心。数据中心运营的关键是要向外提供各种各样的数据服务，数据中心的所有工作都是为了保障向外提供更多服务。数据中心内的各种设备，如存储、网络、服务器、应用软件、防火墙等，要加强对这些设备和软件的管理，确保向外提供稳定的数据服务。

原则三，确保数据中心运行安全。对数据中心管理要时刻保持一种危机感，使命感，在数据中心稳定运行的时候，也要时刻保持警惕，防止意外发生。在日常管理中，要做足预防工作，避免危险出现。

原则四，及时发现故障并消除隐患。数据中心里没有注意的隐患都可能引发故障。一个数据中心有数十万的服务器设备，几乎每天都会有设备故障，要保证这些故障不影响到数据中心的业务，需要做好预案，一旦发生这些故障，该如何切换业务，确保业务稳定。所以能在危险暴露之前就消除，付出的代价最小。

原则五，保证建筑工程质量。数据中心建筑工程质量的好坏，关系到数据中心运行生命周期的长短。从数据中心建筑建设、设备采购、改造等都要主抓质量，尤其是关键部件，质量一定要过硬。

原则六，抓紧运维管理，提高节能效果。运维工作作为数据中心生命周期中最长、最重要的阶段，应该作为长期的管理工作来抓。

在确保数据中心稳定运维的同时，要关注数据中心的两项节能：

1. 精准制冷，群控节能

在保障机房设备正常运行的前提下，通过减少冗余空调设备的运行时间，来降低整个机房的能耗，实现空调系统的备份 / 轮循功能、层叠功能、避免竞争运行功能、延时自启动功能。

2. 建立机房散热及气流组织模型

由专业的散热工程师利用计算流体动力学（CFD）技术，针对中心机房空调气流组织特性的数值分析与模型实验，深入分析中心机房内部的气流速度场、温度场分布，并在此基础上得出合理的冷量调配设计方案，获得最佳的送回风状态，满足设备的散热需要，同时使空调负荷降低，得到最优冷量配置的效果。

7.4 数据中心节能技术的典型案例

7.4.1 小（微）型数据中心的节能案例

1. 应用背景

某银行各营业网点，设备间主要包括核心业务系统设备，如路由器、交换机、光端机、ATM 自助设备、终端、打印机、刷卡器等，安保监控系统设备如硬盘录像机、显示器、摄像头等。针对上述应用一般需要采用一到三台机柜，若采用标准机房建设模式，投入成本太高，管理复杂，因此采用微型模块化数据中心解决方案。

2. 方案优势

该方案集成了集成机柜及前后通道密封系统、综合布线、模块化 UPS 及供配电系统、制冷系统、动环监控系统、消防系统于一体的绿色、环保、节能的整机解决方案。同时通过即插即用型模块化产品组件配置组合，灵活满足用户针对机房应用的需求，可实现标准化管理和无人值守，协助用户降低 OPEX 和运维成本。其应用特点是所需机房面积较小，功率密度不高，配电功率不大 5 ~ 10kW，管理要求高，具体体现在以下四点：

（1）快速部署。各部件遵循国内、国际标准，即插即用，安装简便，安装仅需 1 天，大大缩短业务上线周期。

（2）高效节能。整体设计为全封闭式结构，冷热通道均密闭的方案，相比开放式的设计，用于温度调节的能耗大幅降低；采用行级空调制冷，靠近热源配置，更加精确地将冷气流送向所需之处；采用高效模块化 UPS，可以实现弹性配置。

（3）智能管理。集中式监控平台对各节点运行状态、市电状态、环境温度、PUE 等进行实时监控；强大的报表功能，对机房进行精细化管理；全年 7 × 24h 无人值守，远程监控以及智能人性化管理。最大限度地降低 IT 部署及运维成本。

（4）安全可靠。全封闭微环境，对周边环境依赖小，具有防尘、防噪特性，从而使 IT 设备故障率大幅度下降，生命周期延长 1~2 倍。关键设备支持 N+1/2N 设计，断电后蓄电池持续供电，最大限度地保障 IT 设备稳定运行；完善的监控系统，具有多级自动报警功能，提供本地语音告警、本地处置，电话语音告警和网络视频监视、远程处置，紧急状态自动保护处置三种告警处置方式，可随时远程了解机柜内的情况，提升机柜的防护能力；紧急通风系统是实现故障时开放散热的物理基础，从而保障应急处理、自动保护功能的实现；选配自动探测灭火系统，防止火灾带来的损失。

7.4.2 中型数据中心案例

1. 项目概述

建设内容包括机柜系统、冷通道封闭系统、列间空调系统、供配电系统和机房智能管理控制系统以及相关集成工作。共采用 89 台 600mm × 1200mm × 2000mm 的服务器机柜，6 台智能配电柜和 17 台等级空调，组成 4 双列封装冷通道（表 7-9）。

表 7-9 封装冷通道设备明细

冷通道	机柜	空调	智能配电柜	通道长度
系统 1	11 个	2 个	1 个	4.02m
系统 2	30 个	6 个	2 个	10.86m
系统 3	30 个	6 个	2 个	10.86m
系统 4	18 个	3 个	1 个	6.24m
合计	89 个	17 个	6 个	—

2. 项目设计目标

计算机机房是各类信息的中枢，机房建设工程必须保证计算机系统设备能够达到长期、安全、可靠运行，同时还为机房工作人员提供一个美观、舒适的工作环境。所以对此机房的安全性、可靠性和可管理性提出了很高的要求，为此，设计力求达到以下四个目标：

（1）高效节能，绿色环保。采用密闭冷 / 热通道技术，有效地解决数据中心局部热点问题，并且更加精确的制冷，减少能耗；另一方面，让冷热空气隔离，有效地提高了空调的制冷效率，从而降低 PUE，大大降低运营成本。在封闭冷通道的情况下，室内风机的送风量为没有封闭通道时的 70% 时，即可达到与其相同的冷却效果。

（2）快速部署，模块化设计，标准化接口。在数据中心建设过程中，相关产品设备在工厂完成预制，如光纤预端接系统（MPO），这样一来，在项目现场只需简单的组装，就可以完成部署，快速上线。

（3）提高机房利用率。根据实际项目经验统计，采用的模块化数据中心模式，同等情况下主设备区净面积（不含空调区域）约占大楼总建筑面积的 30% ~ 36%，而传统的机房利用率约为 28%。

（4）节约人力成本。利于维护管理。基础设施系统中设备配置容易统一，设备类型的减少将大大减少维护工作量，节约了人力成本。简单清晰的模块式系统架构，使维护人员更容易熟悉大楼系统和功能分区，在出现故障时，有助于维护人员快速进行故障定位、诊断和排除。

3. 项目设计方案

（1）机柜系统。机柜采用“面对面、背靠背”摆放方式，整个机柜模块化群组搭建，排列扩容。采用全拆装式全模块式设计，方便运输、安装灵活，设计及制造符合 GB/T 3047.2092、IEC 297、IEC 197、BS 15954 等标准。机柜尺寸：600mm × 1200mm × 2000mm，标准 19 寸安装，容量 >42U。

（2）封闭冷通道系统。通道天窗比机柜顶部高 300mm（离架空地板高 2300mm），两侧为同机柜等宽的固定天窗，中间为活动天窗。采用全模块式设计，方便运输、安装灵活；通道天窗系统采用弧形设计，天窗由支撑件和翻转天窗组成。通道移门系统采用门盒式设计，移门采用整块 10mm 厚钢化玻璃，无边框，当通道开启时移门可藏入门盒内；门盒外侧侧板为两段可拆卸式，方便设备侧面维护。列头与列尾间各设置一对双开平移无框钢化玻璃门，成一个密封的空间，让冷空气流有效地在进入设备，门上下、两侧安装有密封条，有效防止冷风泄露。冷通道配置节能照明系统，采用冷光源（LED）灯光设计，可做到按需定点照明控制，照明组件通过外置开关控制开启或关闭，节能环保实现人进灯开，人走灯灭。

（3）供配电系统。在该项目中按 B 级供电方式设计，引入 1 路市电和 1 路发电机电。UPS 系统选用 1+1 供电方式，2 台模块化 UPS 主机，UPS1 与 UPS2 组成 1+1 并机架构；每台 UPS 各承担 50% 负载。UPS 采用在线式双变换技术，为客户提供宽范围交流输入电压、完善的保护措施、强大的并机功能和灵活的备电时间选择；采用先进的网络通信技术，在 UPS 上安装 SNMP 通信接口，运用大楼综合布线 4 对双绞线，直接接入网络。网络上的任何一台 PC 都可监控 UPS。具有冗余备份、稳定可靠、高效节约、绿色环保、柔性智能，简易灵活等特点。

（4）机房制冷系统。该项目设计用高效直接蒸发式列间制冷系统，形成一套完整的针对本机房情况量身定做的方案；配置了高效直流变频 EC 压缩机、EC 风机，电子膨胀阀、室外机配置高效变频猫头鹰式风机，以及先进的 EVO 控制系统支持，不仅减少了机房中空调摆放的占地，同时也提高了交换机的利用率，因此，采用高效直接蒸发式列间制冷系统会达到节能、节地的双重效果。列间制冷系统高可靠性、灵活性，动态制冷，具备适应快速更新变化的机房负荷，可实现多套机组群组运行，且可实现共同联控，最多群控 32 台机组进行统一管理。行级制冷：高性能行级空调，风冷形式，前送风后回风，水平送风距离仅 2 ~ 6m，不受限于风道及开孔地板，送风效率大大提升，完美匹配高密加封闭冷热通道场景，大幅降低 PUE，解决局部热点问题。因为本方案机房按照国家 B 类机房标准进行设计，所有在考虑制冷设备时需要进行 N+X 冗余配置，即需要制冷设备有容错冗余。

（5）综合布线系统。主干系统采用多模 OM3 光缆和铜缆双绞线布线的组合配置，以相互备份。铜缆布线采用 6 类非屏蔽系统，光纤布线采用万兆多模预端接系统。每个设备机柜内安装一个 6 类非屏蔽配线架和 24 根 6 类非屏蔽网线，每个机柜内信息点汇聚到所在通道的网络列头机柜。每个设备机柜内安装一个 4 口 MOP 模块配线架和一条 12 芯预端接光缆、1 个 12 口 MPO 模块，每个机柜内信息点汇聚到所在通道的网络列头机柜。

（6）智能管理控制系统。根据用户需求，我们设计的方案采用分布式、纯 IP 的组网方式，与各模块之间使用 IP/TCP 协议传输，有智能化的前端采集设备，多级别用户管理等；本方案机房与 UPS 动力环境监控管理系统主要有以下几部分组成：

1）智能设备（UPS、电池、配电柜、精密空调、定位漏水）监控分别采用对应的网络前端智能监控主机，采集各动力设备的数据。

2）动力环境（温湿度、漏水、红外、门磁等）监控采用机架式环境扩展智能监控主机，采集环境的状态。

3）安防监控采用IP接入的方式，将视频系统和门禁管理系统集中后台监控。

4）后台管理监控中心平台来实现对该机房动力、环境、视频、门禁等系统进行集中监控管理，当监控设备出现异常，系统自动、及时地通过手机短信、邮件、多媒体声音等方式报警。

附录1 影响中国建筑电气行业品牌评选

1.1 影响中国建筑电气行业品牌评审规则、流程和评审团队

1.1.1 评选介绍

中国建筑节能协会建筑电气与智能化节能专业委员会、全国智能建筑技术情报网、智能建筑电气传媒机构联合举办“影响中国智能建筑电气行业年度优秀品牌评选”活动。评选过程公平公正性强、线上线下互动参与范围广、专家评审团阵容强大权威性高、品牌价值提升快、颁奖现场隆重、持续推广力度大等特色在行业内独树一帜，倾力打造“最具公信力”的评选平台。

该评选活动将采取多种方式进行投票：在中国智能建筑信息网（www.ib-china.com）开通投票平台；在《智能建筑电气技术》杂志上刊登选票；在行业相关展会、沙龙、会议上发送选票。充分利用传媒机构平台全方位、立体化、多渠道的传播优势，聚合资源、提升品牌形象，促进行业发展，弘扬表彰优秀企业、优秀品牌，为智能建筑电气行业的繁荣发展做出贡献。

1.1.2 评选宗旨

（1）多种渠道收集评选选票综合评判，弘扬表彰优秀企业。

（2）汇集各行业内新老品牌全面展示，提供交流服务平台。

（3）邀请智能建筑权威专家坐镇参评，引领行业健康发展。

1.1.3 评审团队

评审包括大众投票和专家评审，大众投票团包括中国智能建筑信息网的网友，《智能建筑电气技术》的读者以及智能建筑电气传媒机构组织的展会、沙龙等的参会人员。

专家评审团由中国建筑节能协会建筑电气与智能化节能专业委员会专家库专家组成。

1.1.4 主办单位简介

（1）中国建筑节能协会建筑电气与智能化节能专业委员会：中国建筑节能协会是经国务院同意、民政部批准成立的国家一级协会，由住房和城乡建设部主管，其下属分会“建筑电气与智能化节能专业委员会”由中国建筑设计研究院负责筹建，已正式通过民政部审批，其致力于提高建筑楼宇电气与智能化管理水平，加强与政府的沟通，进行深层次学术交流，促进企业横向联合，规范行业产品市场，实现信息资源共享并进行开发利用；积极组织技术交流与培训活动，开展咨询服务；编辑出版发行有关刊物和资料；保障国家节能工作稳步落实，促进建筑电气行业节能技术的发展。

（2）中国勘察设计协会建筑电气工程设计分会：中国勘察设计协会是民政部批准，住建

部主管的国家一级行业协会，其下属建筑电气工程设计分会（以下简称电气分会）是由设计单位、建设单位、高等院校、研究机构、产品商和集成商等人士自愿组成的全国性非营利性社会团体。致力中国一流电气协会服务，搭建中国一流电气交流平台，创新中国一流电气技术推广，推动中国建筑电气行业发展。服务促品牌，交流促推广，研究促技术，创新促发展。打造中国建筑电气行业（建设单位、设计单位、生产厂商）三位一体的高端技术交流平台。

（3）智能建筑电气传媒机构：依托中国建筑节能协会建筑电气及智能化专业委员会、全国智能建筑技术情报网和中国建筑设计研究院（集团）三大技术力量，充分发挥行业协会的指导作用、领先的技术水平、强大的专家号召力、多种媒体形式等四大优势，致力于打造全方位、立体化、多渠道的媒体宣传平台。举办行业顶级技术交流活动，针对当前行业的新热点、新技术、新方案进行研讨，促进行业发展进步。旗下媒体：《智能建筑电气技术》杂志、中国智能建筑信息网（www.ib-china.com）、中国建设科技网（www.znjzdq.cn）、ib-china 壹周刊、智能建筑电气手机报、智能建筑电气专业传媒机构官方微博、智能建筑电气专业传媒机构官方微信。

1.1.5　评选奖项

十大优秀品牌奖
供配电优秀品牌
建筑设备监控及管理系统优秀品牌
智能家居优秀品牌
安全防范优秀品牌
建筑照明优秀品牌
综合布线优秀品牌
公共广播及会议系统优秀品牌
行业单项优秀奖
最具行业影响力品牌
最佳用户满意度品牌
最佳产品应用品牌
最具市场潜力品牌
最佳性价比品牌
最佳科技创新品牌

1.1.6　评选流程

第一阶段：初选阶段（每年 5 ~ 10 月）开始投票。采用中国智能建筑信息网在线投票，《智能建筑电气技术》杂志等媒体刊登选票，论坛、沙龙、行业展会等渠道获得投票。

第二阶段：统计阶段（10 月末）。汇集所有选票，排出入围前 20 名企业。

第三阶段：专家评审（10 月末）。由专家评审团综合统计结果，评出十大优秀品牌及单项优秀奖获奖名单。

第四阶段：颁奖典礼（11 月）。邀请专家评委、获奖企业代表出席颁奖盛典，现场公示获奖企业票数和专家参评意见，为获奖企业颁发荣誉证书和奖杯。

第五阶段：媒体宣传（11 ~ 12 月）。智能建筑电气专业传媒机构通过杂志、网站、微博、微信等媒体平台全程跟踪报道并对获奖企业进行深度宣传。

1.2 第四届影响中国建筑电气行业品牌评选（2015 年）

获得十大优秀品牌大奖的企业分别是（排名不分先后）：

供配电优秀品牌：

ABB（中国）有限公司、施耐德电气（中国）有限公司、常熟开关制造有限公司、西门子（中国）有限公司、深圳市泰永电气科技有限公司（贵州泰永长征技术股份有限公司）、珠海派诺科技股份有限公司、安科瑞电气股份有限公司、北京双杰电气股份有限公司、浙江中凯科技股份有限公司、深圳市中电电力技术股份有限公司

建筑设备监控及管理系统优秀品牌：

霍尼韦尔安防（中国）有限公司上海分公司、北京江森自控有限公司、西门子（中国）有限公司、施耐德电气（中国）有限公司、同方泰德国际科技（北京）有限公司、重庆德易安科技发展有限公司、浙江中控自动化仪表有限公司、北京易艾斯德科技有限公司、加拿大达美通控制有限责任公司、南京天溯自动化控制系统有限公司

智能家居优秀品牌：

ABB（中国）有限公司、广州市河东智能科技有限公司、霍尼韦尔环境自控产品（天津）有限公司、施耐德电气（中国）有限公司、快思聪亚洲有限公司、邦奇智能科技（上海）有限公司、广州视声电子实业有限公司、TCL- 罗格朗国际电工（惠州）有限公司、福建省冠林科技有限公司、南京普天天纪楼宇智能有限公司

安全防范优秀品牌：

霍尼韦尔安防（中国）有限公司、上海三星商业设备有限公司、安保迪科技（深圳）有限公司、飞利浦（中国）投资有限公司、杭州海康威视数字技术股份有限公司、ABB（中国）有限公司、深圳市泰和安科技有限公司、博世（上海）安保系统有限公司、广州市瑞立德信息系统有限公司、松下电器（中国）有限公司

建筑照明优秀品牌：

邦奇智能科技（上海）有限公司、惠州雷士光电科技有限公司、广州市河东智能科技有限公司、广州世荣电子有限公司、欧司朗（中国）照明有限公司、佛山电器照明股份有限公司、西蒙电气（中国）有限公司、浙江中控自动化仪表有限公司、广东三雄极光照明股份有限公司、松下电器（中国）有限公司

综合布线及线缆优秀品牌：

上海市高桥电缆厂有限公司、浙江一舟电子科技股份有限公司、苏州康普国际贸易有限公司、泰科电子（上海）有限公司、耐克森综合布线系统（亚太区）、美国西蒙公司、上

海快鹿电线电缆有限公司、莫仕（中国）投资有限公司、美国 UCS（优势）布线产品事业部、德特威勒（苏州）电缆系统有限公司

广播电视及会议系统优秀品牌：

深圳市台电实业有限公司、飞利浦（中国）投资有限公司、利亚德光电股份有限公司、铁三角大中华有限公司、北京迪士普音响科技有限公司、博世（上海）安保系统有限公司、广州市保伦电子有限公司、提讴艾（上海）电器有限公司、哈曼（中国）投资有限公司、恩平市海天电子科技有限公司

获得单项优秀奖的企业：

最具行业影响力品牌：同方泰德国际科技（中国）有限公司

最具市场潜力品牌：德特威勒（苏州）电缆系统有限公司

最佳用户满意度品牌：莫仕（中国）投资有限公司

最佳产品应用品牌：深圳市台电实业有限公司

最佳科技创新品牌：广州市荣电子有限公司

最佳性价比品牌：浙江一舟电子科技股份有限公司

1.3 第五届影响中国建筑电气行业品牌评选（2016 年）

获得十大优秀品牌大奖的企业分别是（排名不分先后）：

变压器及应急电源系统优秀品牌：

施耐德电气（中国）有限公司、ABB（中国）有限公司、伊顿电源（上海）有限公司、顺特电气设备有限公司、康明斯（中国）投资有限公司、大全集团、特变电工沈阳变压器集团有限公司、台达集团、深圳市中电电力技术股份有限公司、溯高美索克曼电气有限公司

高低压配电装置系统优秀品牌：

深圳市泰永电气科技有限公司（贵州泰永长征技术股份有限公司）、ABB（中国）有限公司、常熟开关制造有限公司（原常熟开关厂）、施耐德电气（中国）有限公司、西门子（中国）有限公司、浙江中凯科技股份有限公司、伊顿电源（上海）有限公司、正泰集团、北京双杰电气股份有限公司、安科瑞电气股份有限公司

母线及线缆系统优秀品牌：

美国 UCS（优势）布线产品事业部、施耐德电气（中国）有限公司、上海市高桥电缆厂有限公司、伊顿电源（上海）有限公司、ABB（中国）有限公司、耐克森综合布线系统（亚太区）、大全集团、德特威勒（苏州）电缆系统有限公司、上海快鹿电线电缆有限公司、通用（天津）铝合金产品有限公司

设备监控及能效管理系统优秀品牌：

北京江森自控有限公司、施耐德电气（中国）有限公司、加拿大 Delta 控制有限责任公司、霍尼韦尔智能建筑与家居集团大中华区智能建筑部、厦门万安智能有限公司、西门子（中国）有限公司、浙江中控自动化仪表有限公司、南京天溯自动化控制系统有限公司、同方泰德国际科技（北京）有限公司、深圳市中电电力技术股份有限公司

智能家居系统优秀品牌：

邦奇智能科技（上海）股份有限公司、TCL-罗格朗国际电工（惠州）有限公司、广州市河东智能科技有限公司、福建省冠林科技有限公司、海尔 U-home、ABB（中国）有限公司、霍尼韦尔智能建筑与家居集团大中华区智能建筑部、松下电器（中国）有限公司、快思聪亚洲有限公司、南京普天天纪楼宇智能有限公司

消防及应急照明系统优秀品牌：

深圳市泰永电气科技有限公司（贵州泰永长征技术股份有限公司）、珠海西默电气股份有限公司、中消恒安（北京）科技有限公司、深圳市泰和安科技有限公司、安科瑞电气股份有限公司、西门子（中国）有限公司、沈阳宏宇光电子科技有限公司、南京亚派科技股份有限公司、施耐德电气（中国）有限公司、欧司朗（中国）照明有限公司

安全防范系统优秀品牌：

广州市瑞立德信息系统有限公司、霍尼韦尔智能建筑与家居集团大中华区智能建筑部、博世（上海）安保系统有限公司、杭州海康威视数字技术股份有限公司、施耐德电气（中国）有限公司、韩华泰科（天津）有限公司、HID Global、飞利浦（中国）投资有限公司、松下电器（中国）有限公司、金三立视频科技（深圳）有限公司

建筑照明系统优秀品牌：

广州世荣电子股份有限公司、欧司朗（中国）照明有限公司、惠州雷士光电科技有限公司、邦奇智能科技（上海）股份有限公司、美国路创电子公司、通用（天津）铝合金产品有限公司、广州市河东智能科技有限公司、松下电器（中国）有限公司环境方案公司、施耐德电气（中国）有限公司、惠州市西顿工业发展有限公司

综合布线系统优秀品牌：

浙江一舟电子科技股份有限公司、美国 UCS（优势）布线产品事业部、莫仕（中国）投资有限公司、TCL-罗格朗国际电工（惠州）有限公司、耐克森综合布线系统（亚太区）、美国西蒙公司、南京普天天纪楼宇智能有限公司、西蒙电气（中国）有限公司、德特威勒（苏州）电缆系统有限公司、康普公司

广播电视及会议系统优秀品牌：

深圳市台电实业有限公司、飞利浦（中国）投资有限公司、博世（上海）安保系统有限公司、BOSE 公司、提讴艾（上海）电器有限公司、广州市迪士普音响科技有限公司、利亚德光电股份有限公司、长沙世邦通信技术有限公司、北京铁三角技术开发有限公司、哈曼（中国）投资有限公司

单项优秀奖：

最具市场潜力品牌：美国 UCS（优势）布线产品事业部

最具行业影响力品牌：广州市河东智能科技有限公司

最佳科技创新品牌：广州世荣电子股份有限公司

最佳用户满意品牌：北京双杰电气股份有限公司

最佳产品应用品牌：深圳市台电实业有限公司

最佳新锐品牌：浙江德塔森特数据技术有限公司

附录 2 《智能建筑电气技术》杂志与中国智能建筑信息网

《智能建筑电气技术》杂志

双月刊

《智能建筑电气技术》杂志创办于 2002 年，是由中国建筑设计研究院主管、亚太建设科技信息研究院主办、入选《中国核心期刊（遴选）数据库》的综合性专业国家级正式技术刊物。国内统一正式出版刊号：CN 11-5589/TU 和国际标准连续出版物号：ISSN 1729-1275。邮发代号 80-610。

杂志常设栏目有：综合设计、供配电、照明、防雷接地、建筑设备控制与管理、通信与网络、机电节能、智能家居、业界动态、技术园地、产品世界、企业之窗。

中国智能建筑信息网

“中国智能建筑信息网”由中国建筑设计研究院机电专业设计研究院、全国智能建筑技术情报网、亚太建设科技信息研究院主办，是一家本行业唯一通过建设部批准，北京市工商局注册，带有“中国”字头的机电设备专业网站。

网站自 1998 年创办至今，在业内具有深远影响。中国智能建筑信息网是一家提供行业信息、创意、策划和专业服务的机构。在广泛的合作伙伴中，吸纳了一批富有活力、敬业精神和拥有专业知识的队伍，以行业资源重组、优势联合为手段，致力于提供全方位的服务。

参考文献

[1] 王志峰，原郭丰．分布式太阳能热发电技术与产业发展分析 [J]．中国科学院院刊，2016，31（2）：182-190.
[2] 齐洪波．风能与生物质能发电研究 [J]．应用能源技术，2015，（4）：39-42.
[3] 朱洪英．风电工程设计中的重要环节及应注意的问题 [J]．能源技术经济，2010，22（1）：36-39.
[4] 王宇春，詹明秀．风能与其他能源互补发电系统研究综述 [J]．绿色科技，2015（9）：312-316.
[5] 邱亮新．光伏发电并网大电网面临的问题与对策 [J]．中国新技术新产品，2016（9）：65-66.
[6] 李秉璋，陈宏，刘晨阳．太阳能光伏发电系统在城市环境中的应用——以宁波“零能耗”建筑为例 [J]．住宅与房地产下，2016（2）：235-236.
[7] 国家电网公司．国家电网公司促进新能源发展白皮书（2016）[R]．国家电网公司，2016.
[8] 王承煦，张源．风力发电 [M]．北京：中国电力出版社，2003.
[9] 中国能源建设集团云南省电力计院有限公司．云南省昆明市老屋基风电场工程可行性研究报告 [R]．2016.
[10] 中水北方勘测设计研究有限责任公司．中节能柯坪一期 20MW 光伏电站项目初步设计报告 [R]．2015.
[11] 北极星电力网．生物质发电相关政府配套优惠政策 [EB/OL]．2016-7-27．http://news.bjx.com.cn/html/20160727/755729.shtml.
[12] OFweek 太阳能光伏网．2015 年我国各省光伏装机数据排名及分析 [EB/OL]．2016-3-11．http://solar.ofweek.com/2016-03/ART-260009-8420-29074650.html.
[13] 中国投资咨询网．我国生物质能源发展方向及市场规模预测 [EB/OL]．2016-7-18．http://www.ocn.com.cn/chanye/201607/oxbow18121258.shtml.
[14] 中国产业信息网．2016 年中国生物质能开发利用行业发展规模 [EB/OL]．2016-8-12．http://www.chyxx.com/industry/201608/437401.html.
[15] 中国城市科学研究会．世界绿色建筑正常法规及评价体系 2014[M]．北京：中国建筑工业出版社，2014.
[16] 章国美，时昌法．国内外典型绿色建筑评价体系对比研究 [J]．建筑经济，2016（8）：76-80.
[17] 王志成，约翰·凯·史密斯．美国绿色建筑产业化发展态势（上）[J]．住宅与房地产，2016（22）：122-127.
[18] 王庄林，伊藤元重，吉田修，等．日本绿色建筑产业化发展动向（中）[J]．住宅与房地产，2016（14）：70-74.
[19] 中国城市科学研究会．中国绿色建筑 2014[M]．北京：中国建筑工业出版社，2014.
[20] 胡芳芳．中美英绿色（可持续）建筑评价标准的比较 [D]．北京：北京交通大学，2010，6.
[21] 卢求．德国 DGNB——世界第二代绿色建筑评估体系 [J]．世界建筑，2010，1-5.
[22] 中华人民共和国住房和城乡建设部．绿色建筑评价标准 [M]．北京：中国建筑工业出版社，2014.
[23] 中华人民共和国住房和城乡建设部．绿色建筑评价技术细则 [M]．北京：中国建筑工业出版社，2014.

广州世荣电子股份有限公司

世荣电子致力于照明控制、酒店客房控制和智能家居系统的研究、开发及制造，旗下有爱默尔、爱瑟菲品牌的智能照明事业部，以及好士福智能家居事业部，其中爱瑟菲作为世荣电子股份有限公司在智能照明、智能酒店客房控制以及智能家居集成领域的旗舰品牌，产品和服务已经在大型机场、大型商业广场、高铁车站、地铁、体育场馆、会展中心、五星级酒店、高端写字楼，高端住宅、别墅、城市地标建筑等5000多个项目中得到使用。

世荣电子作为第一家全面部署第四代智能控制系统的厂家，在广州拥有近1万平方米的研发中心，在生产设备上引进国际先进技术、高端自动化生产设备，推出了一系列高端智能控制设备。另外针对智能家居行业我们也推出了全新系列的智能家居控制面板，并且可以进行量身定制，电子猫眼技术，客房集中控制软件控制技术、内部呼叫系统、背景音乐、安防控制系统、可视对讲、无线信号覆盖、背景音乐、家庭影音、家庭新风、净水、空调、地暖等控制系统，引领了整个智能控制行业的发展。

世荣电子是国家评定的高新技术企业，拥有德国莱茵ISO9001质量体系认证、ISO14000环境质量认证以及职业健康安全认证，中国总部位于广州，在全国一、二线城市均拥有我们的销售分子公司。世荣电子多次获得了“影响中国智能建筑行业十大优秀品牌”“中国建筑智能行业智能照明系统十大品牌”“智能建筑行业知名品牌”“智能建筑行业优秀品牌”“科技创新百强企业”，荣获中国饭店协会颁发的“金马奖”，获得“中国最佳灯光控制系统供应商”等荣誉。

SHIP 一舟模块化数据中心基础设施解决方案

浙江一舟电子科技股份有限公司是专业的模块化数据中心基础设施解决方案提供商，是国家级重点高新技术企业，提供先进的封闭冷通道模块、制冷模块、供配电模块、数据中心布线模块及智能化运维管理系统。同时拥有建筑智能综合布线业界最完整的、端到端的产品线和融合解决方案，通过全系列的铜缆布线解决方案、光纤布线解决方案、智能家居布线解决方案、安防线缆解决方案和专业基础网络服务，灵活满足全球不同客户的差异化需求以及快速创新的追求。

一舟坚持以全系列解决方案、持续技术创新为客户不断创造价值。公司在北京、宁波以及在美国田纳西州、德国阿伦斯堡等地设有研发机构，并依托分布于全球的各个分支机构，凭借不断增强的创新能力、突出的灵活定制能力、日趋完善的交付能力赢得全球客户的信任与合作。

公司拥有领先的研发、生产、检测设备，生产规模居于世界前列，年销售额约四十亿元。在国内拥有三个工业园，两个宁波一舟工业园与江西一舟工业园，分别位于浙江宁波、江西上饶，下属六家子公司，并在 30 个省会城市和 22 个发达地级市建立了销售公司，营销网络遍布国内各省市。目前公司有员工 4000 多人，其中研发、技术支持人员 500 多人，同时在国内外广泛引进销售、生产、研发、技术等行业专业人才。

根植国内，提升民族品牌的内涵，以民族品牌的繁荣为己任，一舟始终以它作为公司发展的源动力。“SHIP 一舟”是国际知名品牌，经过 26 年的发展，“SHIP 一舟”已成为业内的领导品牌。在品牌影响力、行业地位等方面具有领先优势，同时参加多项国标、行标修编和参编工作。如《数据中心设计规范》《数据中心基础设施施工及验收规范》《数据中心设施运行维护规范》《电子会议系统工程施工与质量验收规范》《综合布线系统工程设计规范》《综合布线系统工程验收及规范》以及《工程建设标准体系电子工程部分》等多项国家标准。

随着数据中心建设热潮的不断涌起，SHIP 一舟模块化数据中心基础设施解决方案已经开始广泛应用于政府、教育、金融、公安、医疗以及运营商等各个行业的关键业务应用、高带宽应用，新兴应用。高可靠性以及稳定的产品品质得到了相关客户的一致肯定。